実務に役立つ
シーケンス制御入門

藤瀧和弘・著

Ohmsha

本書を発行するにあたって，内容に誤りのないようできる限りの注意を払いましたが，本書の内容を適用した結果生じたこと，また，適用できなかった結果について，著者，出版社とも一切の責任を負いませんのでご了承ください．

本書は，「著作権法」によって，著作権等の権利が保護されている著作物です．本書の複製権・翻訳権・上映権・譲渡権・公衆送信権（送信可能化権を含む）は著作権者が保有しています．本書の全部または一部につき，無断で転載，複写複製，電子的装置への入力等をされると，著作権等の権利侵害となる場合があります．また，代行業者等の第三者によるスキャンやデジタル化は，たとえ個人や家庭内での利用であっても著作権法上認められておりませんので，ご注意ください．

本書の無断複写は，著作権法上の制限事項を除き，禁じられています．本書の複写複製を希望される場合は，そのつど事前に下記へ連絡して許諾を得てください．

出版者著作権管理機構
（電話 03-5244-5088, FAX 03-5244-5089, e-mail: info@jcopy.or.jp）

JCOPY ＜出版者著作権管理機構 委託出版物＞

まえがき

　現代社会において，自動化された機器はあらゆる分野で必要不可欠なものになっています．身近なものでは，家庭用の洗濯機やエアコン，電気冷蔵庫など多くの家電製品があります．また，街中には自動販売機，信号機，エレベータなどがあり，工場の生産ラインでも自動化された機器が数多く活躍しています．このように自動化された機器が普及したことで，我々の生活は便利で快適なものになりました．また，工場の生産ラインにおいては，省力化や大量生産，製品の品質向上の面で大きく貢献しています．

　自動制御はいくつかの種類に分類することができますが，その中でもシーケンス制御は歴史も古く，最も基本となる制御であり，現在でも大変重要な役割を担っています．近年は，容易に小形化が可能でさまざまな利点を持つPLC（プログラマブルロジックコントローラ）による制御が主流になりつつありますが，電磁リレーによるシーケンス制御も，電気的ノイズに強く，開閉できる負荷容量が大きいなどの長所を持ち，今でも多くの場所で使われています．

　本書は，シーケンス制御の基礎から基本的な保守点検に至るまで，初学者でも理解しやすいように，できるだけ平易に解説してあります．シーケンス図は，説明に必要な内容だけを示し，不要なものは極力省いて簡潔でわかりやすい図にしてあります．実際に使われるシーケンス図はさまざまな情報をすべて書き込んでいるため，とても複雑で難しそうに見えますが，基本的な内容はどれも一緒で，基礎をよく理解しておけば，徐々に慣れてわかるようになります．

　制御機器の故障を未然に防ぐには確実な保守点検が必要です．また突然起こる故障にも迅速に対処できるようにしておく必要があります．制御回路に発生する故障はさまざまな症状，原因があり，あらゆるケースについてすべてを覚えておくことはできません．そこで，本書は制御用機器の中でも，特にトラブルの発生する割合が多い電磁リレーについて，症状や原因，対処法についてまとめました．故障などのトラブルに対処するには，制御用機器の性質や特性について普段から知っておく必要があります．また，保守点検についても，制御用機器の持つそれぞれの特性を理解し，よく起こるトラブルの例を普段から頭に入れておくことで，故障発生時に速く適切な対処が可能になります．

まえがき

　電気で制御される機器を安全に使うには，日頃から電気配線の状態についても注意して見る必要があります．電線が絶縁不良になると感電や火災の危険があります．これらを未然に防ぐために，専用の測定器による点検も不可欠で，絶縁抵抗計やテスタなど，測定器の基本的な使用法についても解説しました．

　読者の皆様がシーケンス制御の基礎と保守点検の概要を理解し，少しでも実務の参考にして頂ければ幸いです．

　最後に，本書の制作にあたり，私に執筆の機会を与えて下さった株式会社オーム社の皆様に心からお礼申し上げます．

2012 年 4 月

藤 瀧 和 弘

目次

1章 身近にある制御
- 1-1 自動制御とは ………………………………………………… 2
- 1-2 洗濯機の制御と温度制御 …………………………………… 6
- 1-3 シーケンス制御の実際 ……………………………………… 11
- 1-4 電気回路とシーケンス制御 ………………………………… 13
- 1-5 シーケンス図と実際の配線 ………………………………… 17
- 練習問題 ………………………………………………………… 20

2章 シーケンス制御の基本
- 2-1 接点とその表し方 …………………………………………… 22
- 2-2 接点の基礎知識 ……………………………………………… 29
- 2-3 接点を使う制御回路 ………………………………………… 33
- 2-4 シーケンス図の描き方 ……………………………………… 36
- 2-5 シーケンス図に使う文字記号 ……………………………… 42
- 2-6 シーケンス図の位置参照方式 ……………………………… 53

3章 さまざまな制御用機器
- 3-1 命令用機器 …………………………………………………… 56
- 3-2 検出用機器 …………………………………………………… 63
- 3-3 制御操作用機器 ……………………………………………… 72
- 3-4 表示用機器と警報用機器 …………………………………… 81
- 3-5 操作対象機器 ………………………………………………… 84
- 練習問題 ………………………………………………………… 94

4章 動作を知るタイムチャート
- 4-1 タイムチャートとは ………………………………………… 96
- 4-2 タイムチャートの描き方 …………………………………… 99

v

- 4-3 基本回路のタイムチャート ………………………………… 104
- 4-4 シーケンス図とタイムチャート ……………………………… 106
- 4-5 タイムチャートから制御回路を考える …………………… 108

5章　論理回路

- 5-1 論路回路とは ………………………………………………… 112
- 5-2 AND 回路 ……………………………………………………… 114
- 5-3 OR 回路 ………………………………………………………… 116
- 5-4 NOT 回路 ……………………………………………………… 118
- 5-5 NAND 回路 …………………………………………………… 120
- 5-6 NOR 回路 ……………………………………………………… 122
- 5-7 XOR 回路 ……………………………………………………… 124

6章　基本的なシーケンス制御回路

- 6-1 自己保持回路とは …………………………………………… 128
- 6-2 インタロック回路とは ……………………………………… 133
- 6-3 電源側優先回路 ……………………………………………… 136
- 6-4 時限動作回路 ………………………………………………… 139
- 6-5 繰返し動作回路 ……………………………………………… 143
- 6-6 計数制御回路 ………………………………………………… 145
- 6-7 基本的な回路の組合せ ……………………………………… 147

7章　電動機を制御する回路

- 7-1 主回路と操作回路 …………………………………………… 150
- 7-2 電動機の運転・停止回路 …………………………………… 153
- 7-3 電動機を2箇所以上から制御する ………………………… 158
- 7-4 電動機の正転・逆転切換え回路とインタロック回路 …… 161
- 7-5 三相誘導電動機のY-△始動回路 …………………………… 166
- 7-6 液面制御回路 ………………………………………………… 172

8章　制御回路の検査点検

- 8-1　制御回路のトラブルの原因と対策 …………………………… 176
- 8-2　目視による点検と日常の点検 ………………………………… 180
- 8-3　テスタによる点検 ……………………………………………… 184
- 8-4　機器や電路の絶縁抵抗値を測定する ………………………… 189
- 8-5　負荷電流を測定する …………………………………………… 192
- 8-6　アースの点検と接地抵抗値 …………………………………… 194
- 8-7　三相の相順序の検査 …………………………………………… 197

索　引 ……………………………………………………………………… 201

1章
身近にある制御

- 1-1　自動制御とは
- 1-2　洗濯機の制御と温度制御
- 1-3　シーケンス制御の実際
- 1-4　電気回路とシーケンス制御
- 1-5　シーケンス図と実際の配線

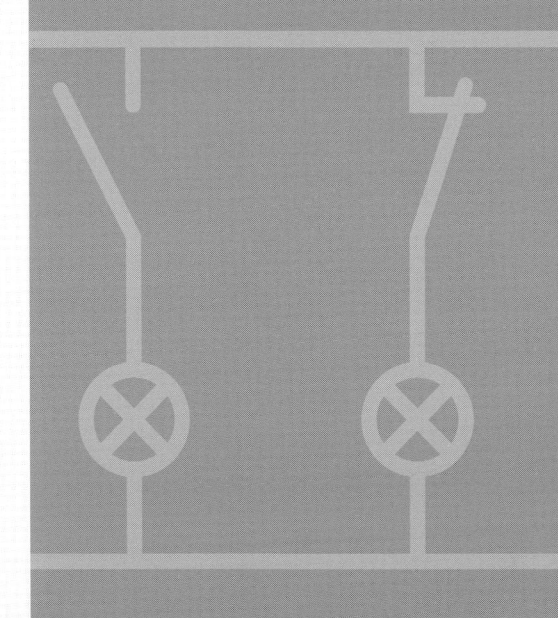

1-1 自動制御とは

　私たちの身のまわりには電気を使ったたくさんの機器が活躍しています（図1・1）．これらの機器は，人が直接操作するものや，すべて自動的に動作するものなどさまざまなものがあります．

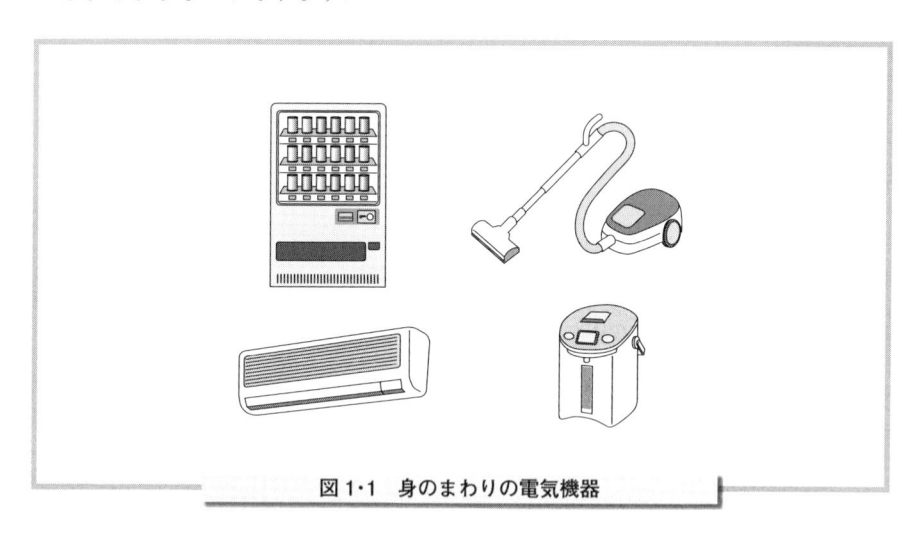

図1・1　身のまわりの電気機器

　普段何気なく利用しているものですが，その多くは自動制御によって動作しています．
　懐中電灯や照明器具は，「明るくする」という目的のためにスイッチを操作します．このように，ある目的を達成するためにスイッチなどを操作することを，**制御**といいます．
　このとき，図1・2，図1・3のように手などでスイッチを操作して明かりをつけるものを**手動制御**といいます．これに対して，図1・4のようにセンサなどを使って自動的に明かりをつけるものを**自動制御**といいます．

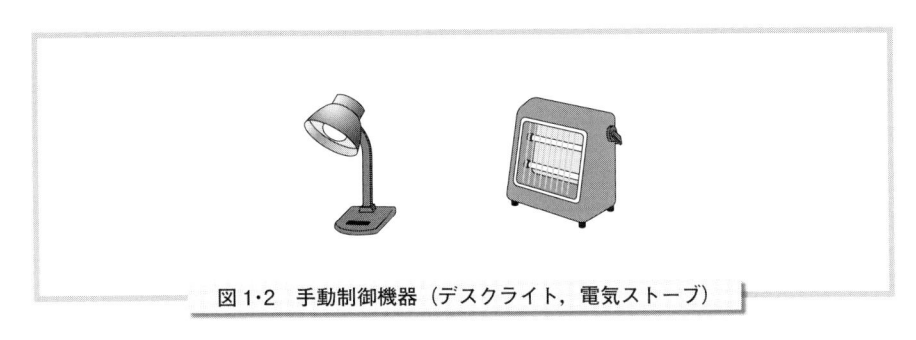

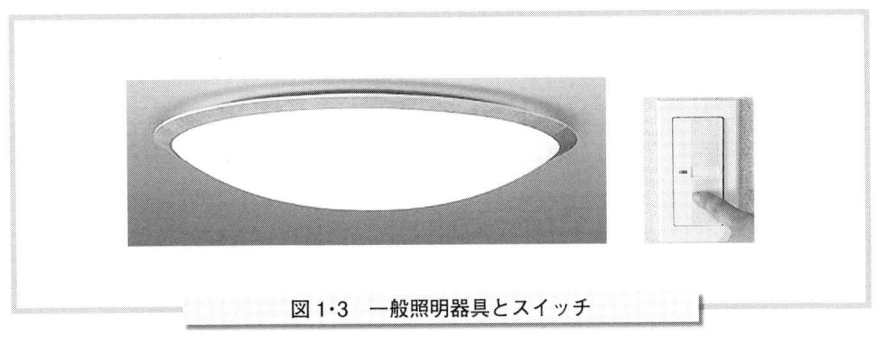

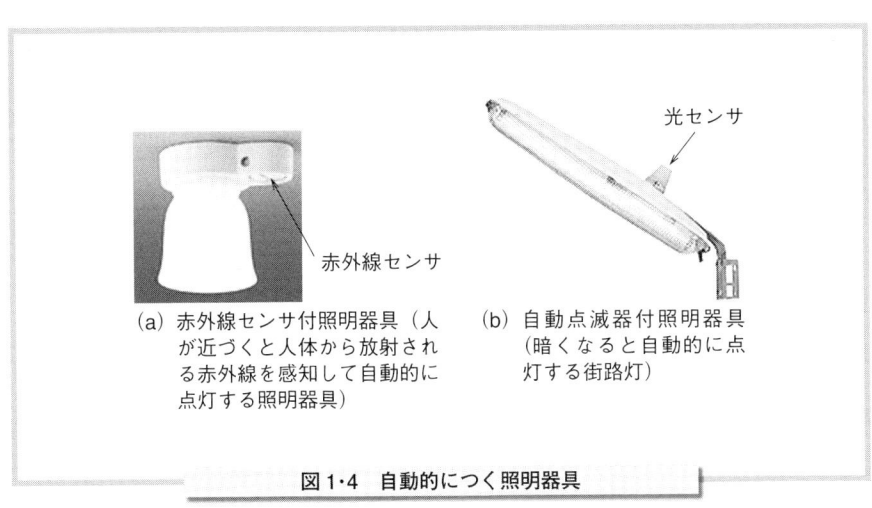

図1・2　手動制御機器（デスクライト，電気ストーブ）

図1・3　一般照明器具とスイッチ

赤外線センサ

光センサ

(a) 赤外線センサ付照明器具（人が近づくと人体から放射される赤外線を感知して自動的に点灯する照明器具）

(b) 自動点滅器付照明器具（暗くなると自動的に点灯する街路灯）

図1・4　自動的につく照明器具

　家庭で使う全自動洗濯機や電気炊飯器の動作は，洗濯や炊飯が終了するまで，すべて自動で行う自動制御です．電気冷蔵庫も電源さえ入れておけば，一日中庫内を一定温度に冷やすための自動制御運転をします（図1・5）．

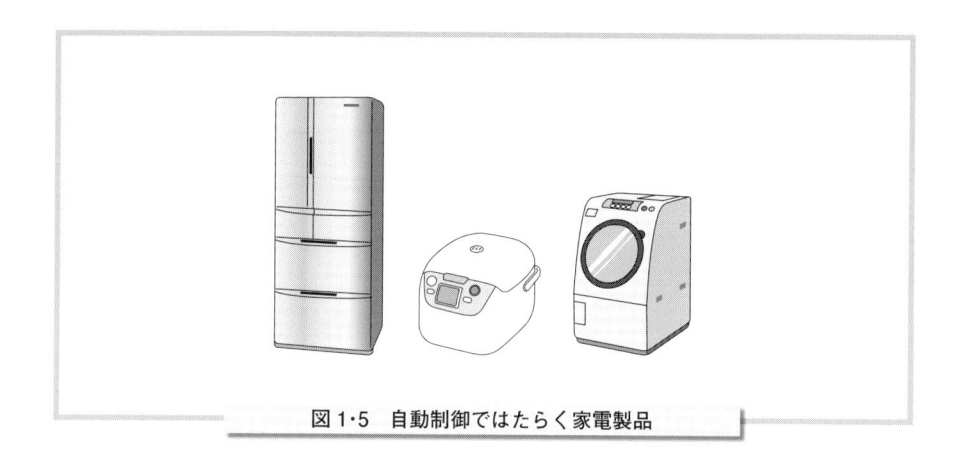

図1・5　自動制御ではたらく家電製品

なお，制御に関する用語は，JIS（日本工業規格）[*1]に定義されています．

◆ JISの定義
制御：ある目的に適合するように，制御対象に所要の操作を加えること．control
手動制御：直接又は間接に人が操作量を決定する制御．manual control
自動制御：制御系を構成して自動的に行われる制御．automatic control

図1・6に示すような懐中電灯の電気回路は，豆電球，スイッチ，乾電池，および電線から構成されています．この中で，「明るくする」という目的を達成するために光を出すのは豆電球です．このように，目的を達成するための器具や装置を**制御対象**といいます．また，豆電球を点灯するためには，スイッチを操作する必要があり，これを**制御機構**といいます．

なお，乾電池は豆電球が光を出すためのエネルギーを供給するもので**電源**といい，これから供給された電気エネルギーを豆電球によって光エネルギーに変換します．また，電線は電気の通り道になるもので，電気を通しやすい銅などの金属が用いられます．

---

*1　JIS：（日本工業規格）Japanese Industrial Standard の略．

図 1・6　懐中電灯の構成

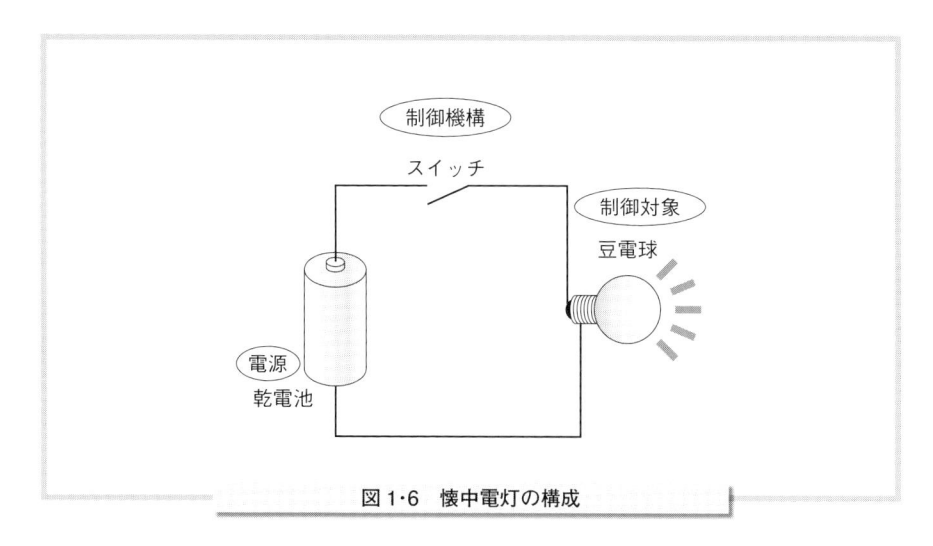

　自動制御は，家庭内だけでなく，ビルの空調システムや照明，エレベータ，さらに工場の生産ラインなど，あらゆる分野で活躍しています（**図 1・7**）．これらの自動化により，省エネや省人化および生産性，安全性，品質の向上が進み，自動制御は現代社会にとって不可欠なものとなっています．

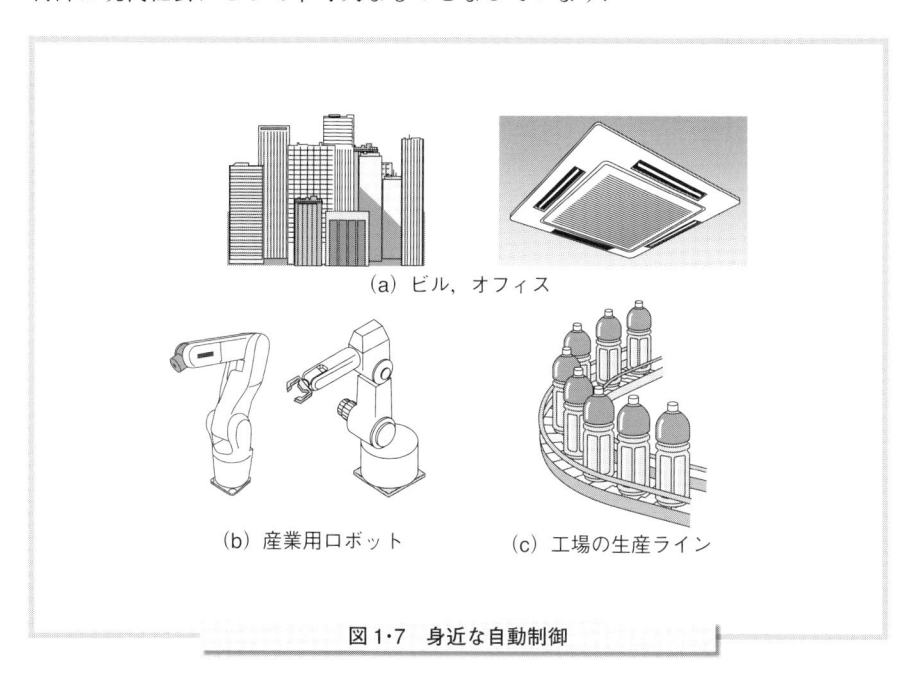

(a) ビル，オフィス
(b) 産業用ロボット
(c) 工場の生産ライン

図 1・7　身近な自動制御

1-2 洗濯機の制御と温度制御

　自動制御は私たちの身近な所にも使われています．自動制御は，全自動洗濯機や信号機などに使われる**シーケンス制御**と，エアコンやコタツの温度制御などに使われる**フィードバック制御**にわけられます．

　ここで，シーケンス制御の例として，全自動洗濯機の動作を見てみましょう．全自動洗濯機の動作は，「給水，洗濯，すすぎ，脱水」という各行程を，決められた順序で進めていきます（図1・8）．

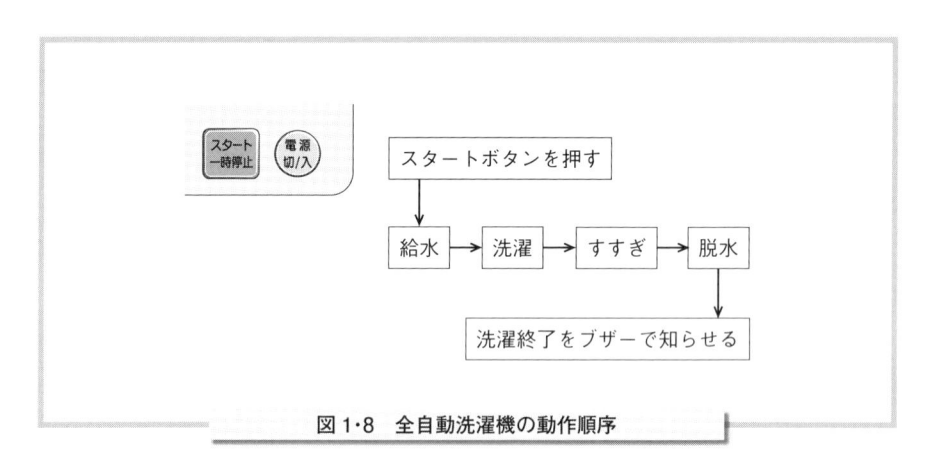

図1・8　全自動洗濯機の動作順序

　このように，あらかじめ定められた順序で動作する制御を**シーケンス制御**といいます．信号機が，青から黄，そして赤と，決まった順序で点灯する動作や，「エレベータのボタンを押すと，かごが降りて来て，到着すると自動的にドアが開く．」といった動作もシーケンス制御によって行われています（図1・9）．

6

(a) 信号機の点灯動作順序：
青→黄→赤

(b) エレベータ（ボタンを押す→エレベータが到着する→ドアが開く）

図1・9　シーケンス制御の例

なお，シーケンス制御についても JIS に定義されています．

◆ JIS の定義
シーケンス制御：あらかじめ定められた順序又は手続きに従って制御の各段階を逐次進めていく制御．Sequential Control

次にエアコンの動作を見てみましょう．エアコンは，室温を目標の温度に近づけるために室内機に備えられた温度センサによって室温を計測し，結果をフィードバックして目標の値と比較し，室外機モータのパワーを調整する制御をします（図1・10）．

このように，フィードバックによって目標値と結果の値を比較して操作量を調整するような制御を**フィードバック制御**といいます．

◆ JIS の定義
フィードバック制御：フィードバックによって制御量を目標値と比較し，それらを一致させるように操作量を生成する制御．Feedback Control

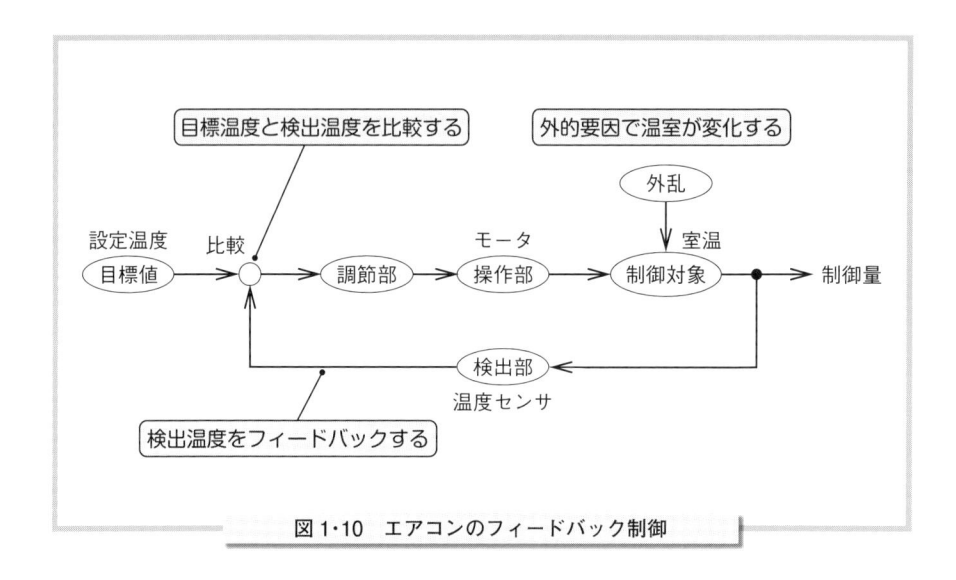

図1・10　エアコンのフィードバック制御

　コタツや冷蔵庫の温度の調整にもフィードバック制御が利用されています．単純な回路のコタツでは，温度が設定値まで上昇するとバイメタルを利用した接点が開いてヒータへの通電を切り，温度が下がると接点が閉じてヒータに通電します（**図1・11**）．

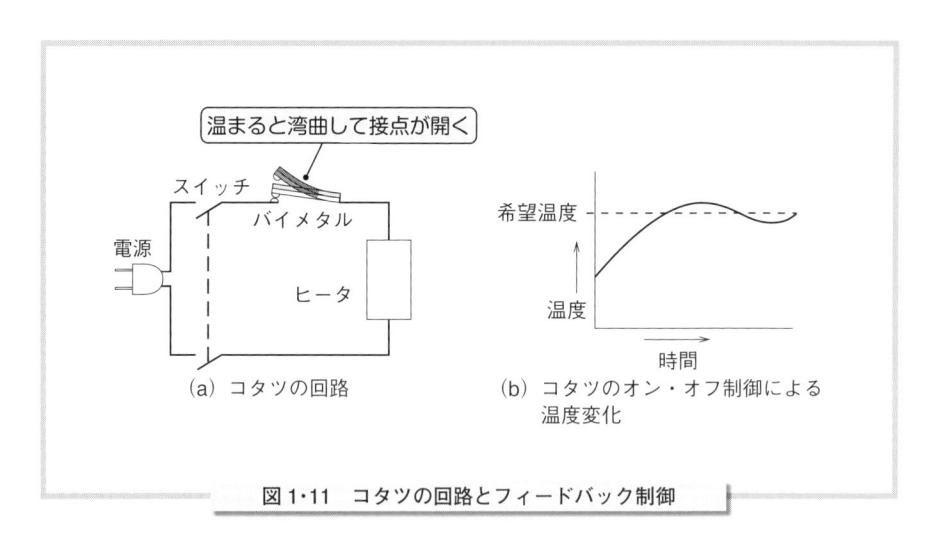

図1・11　コタツの回路とフィードバック制御

　このように接点を入り切りして行う制御を**オン・オフ制御**（on-off control），

あるいは2位置制御といいます．この制御は，コタツ内温度が目標値に達してからバイメタルの接点が動作するため，常に目標値を行き過ぎてしまい，いつになっても目標値と一致しないという欠点があります．

そこで，エアコンなどのフィードバック制御では，室温をさらに目標値に近づけるためにきめ細かな制御が行われています．出力を連続的に変えられるインバータエアコンでは，始動時に室温と目標温度との差（偏差）が大きければ，それに比例してモータも大きな出力で運転し，室温を一気に希望の温度に近づけ，偏差が小さくなれば出力も小さくして，短時間で目標値に近づけることができます．このように偏差に比例した操作をする制御を**比例制御**（P制御：Proportional control）といいます（**図1・12**）．

しかし，この動作は室温が目標値に近づくと出力も小さくなり，室温を目標値に一致させることができず，室温と目標温度との差（残留偏差）がわずかに残ります．

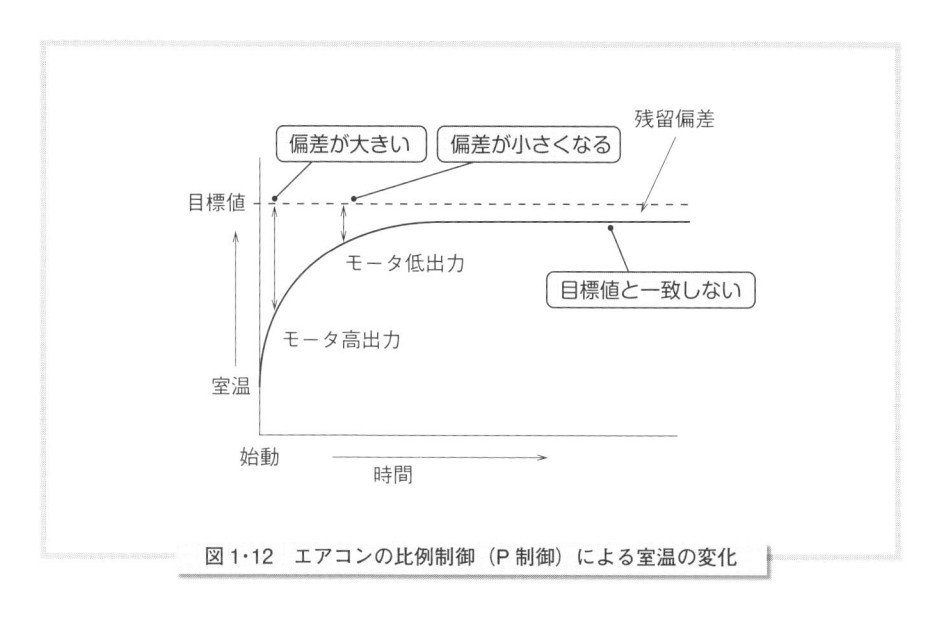

図1・12 エアコンの比例制御（P制御）による室温の変化

そこで，残留偏差の時間に関する積分値に比例してモータの出力を調整することで残留偏差が0になるような制御を行います．これを**積分制御**（I制御：Integral control）といい，これによって室温と目標値を一致させることができます．このように，比例制御と積分制御を合わせて行うものを**比例積分制御**あるいは，**PI制御**といいます（**図1・13**）．

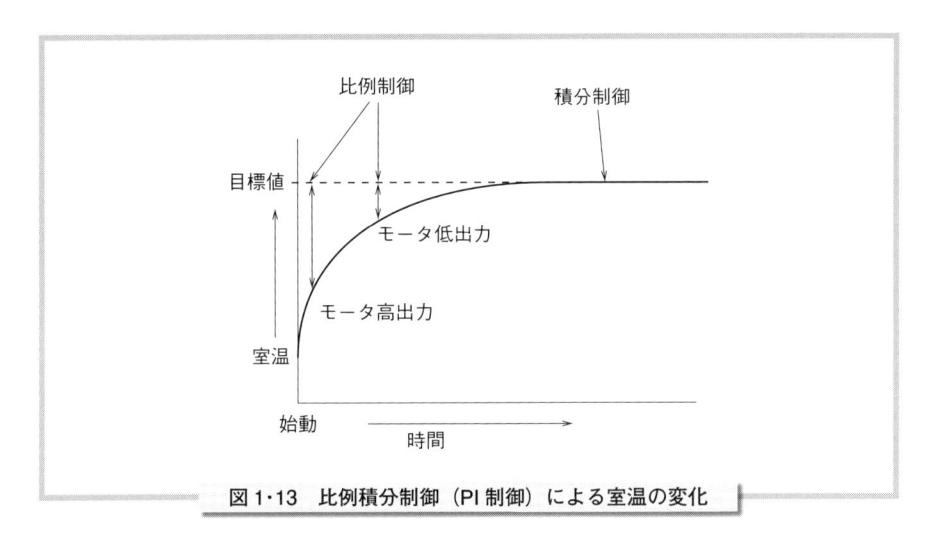

図1・13 比例積分制御（PI制御）による室温の変化

さらに，外気温の変動や，窓の開閉による室温の急激な変動など，外乱にも素早く対応するためには**微分制御**（**D制御**：Derivative control）が対応します．微分制御とは，室温が急変した時に目標温度と室温との偏差の微分値に比例させてモータの出力を調整し，偏差が小さなうちに短時間で室温を元に戻すものです（図1・14）．

このように，PI制御に微分制御を加えたものを**PID制御**といいます．

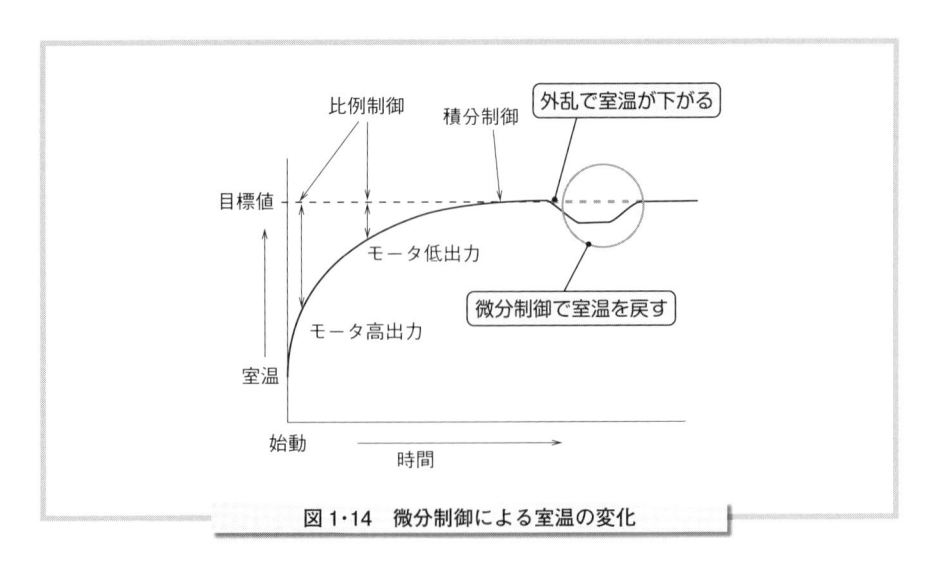

図1・14 微分制御による室温の変化

1-3 シーケンス制御の実際

　実際のシーケンス制御はいくつかの制御が組み合わされて制御全体を実現しています．例えば，全自動洗濯機の動作を見ると，「給水，洗濯，すすぎ，脱水」という全体の流れは初めから定められた順番で動作する**順序制御**ですが，「給水が始まり，水が規定量になったことを水位スイッチが検知したら，給水弁を閉じて給水を止める」という動作は**条件制御**になります（**図1・15**）．

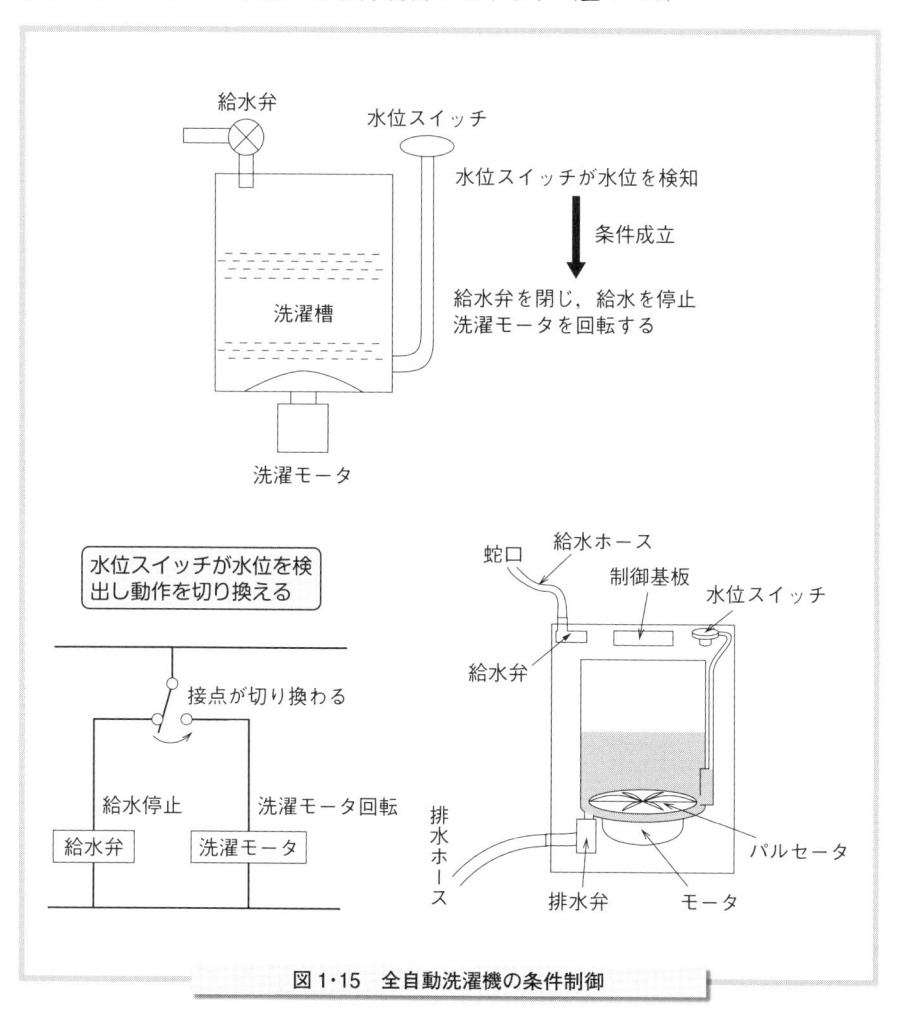

図1・15　全自動洗濯機の条件制御

また，洗濯行程や脱水行程は，**時限制御**により，あらかじめ設定された時間だけ動作し，すすぎ動作は**計数制御**によりあらかじめ設定された回数だけすすぎ動作をします．

　信号機の場合では，順序制御により青，黄，赤の順でランプを点灯し，それぞれのランプの点灯時間は時限制御で行います．また，歩行者用の押しボタンスイッチを押すと，条件制御によって歩行者用信号機が青に変わり，一定の時間が経過すると青のランプが計数制御によって数回点滅したあとに赤に変わります（**図1・16**）．

歩行者用押しボタンを押すと青に変わり，一定時間点灯後，青が点滅して赤に変わる

図1・16　歩行者用信号機と押しボタンスイッチ

　このように，シーケンス制御は，順序制御，条件制御，時限制御および計数制御など複数の制御方式を複合的に用いて全体の制御を実現しています．なお，これらの各制御についても，JISで定義されています．

◆ JISの定義
順序制御：あらかじめ定められた順序で機器や装置を動作させる制御
条件制御：条件が成立した時に機器や装置を動作させる制御
時限制御：あらかじめ設定した時限で機器や装置を動作させる制御
計数制御：機器の動作回数や製品数などを数え，設定した回数を数えたら制御対象へ動作指令を出す制御

1-4 電気回路とシーケンス制御

　シーケンス制御の回路図を理解するには電気回路の基本について知っておく必要があります．電気回路は仕事をするための負荷と，それを操作するスイッチ，および電源から構成されます．電源には「時間とともに大きさと流れる向きが周期的に変化する交流電源」と，「大きさと流れる向きが常に一定の直流電源」があり，負荷に応じて使いわけます．

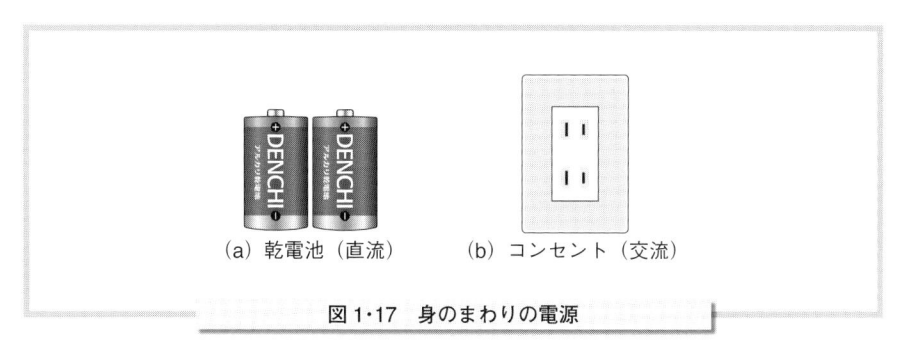

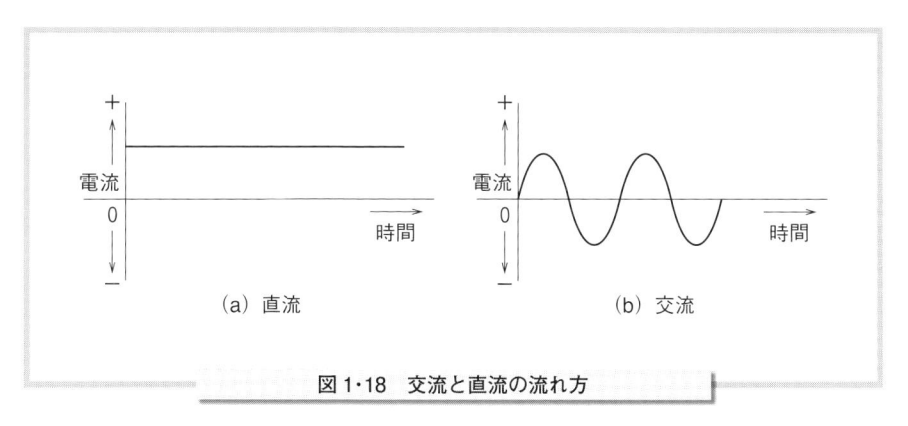

(a) 乾電池（直流）　　(b) コンセント（交流）

図 1・17　身のまわりの電源

(a) 直流　　(b) 交流

図 1・18　交流と直流の流れ方

　ここで，**図 1・19** に示したような，電球を点滅する電気回路を見てみましょう．負荷は電気エネルギーを光や熱あるいは力などのエネルギーに変換して仕事をします．スイッチは電気回路の入り切りをします．

　電気回路は電流が電源からスイッチ，負荷を通り再び電源に帰る閉回路で構成されます（**図 1・20**）．

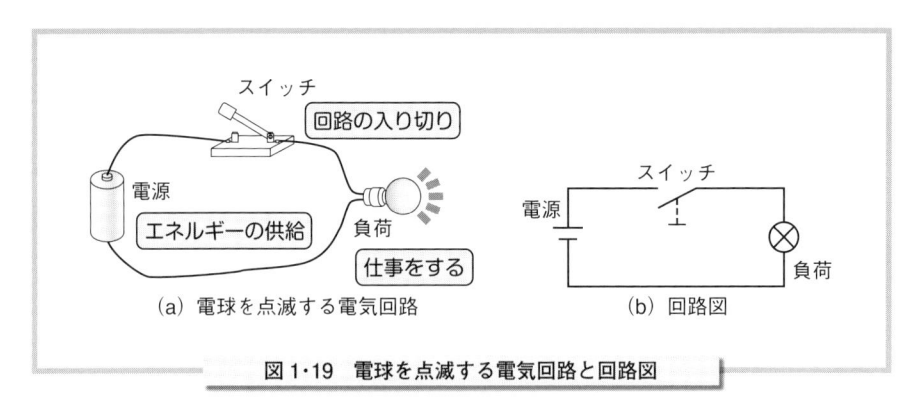

図1・19 電球を点滅する電気回路と回路図

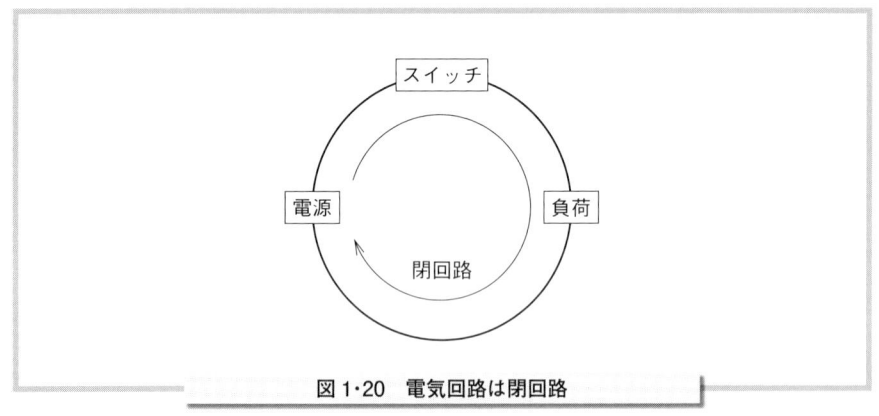

図1・20 電気回路は閉回路

電源に複数の負荷を接続する場合は，必ず電源に対して並列に接続します．これは，各負荷に電源電圧がそのまま加わるようにするためです．例えば，100Vの電源に定格電圧100Vの負荷を2個接続する場合，並列に接続すれば各負荷に100Vの電圧が加わり定格通りの仕事をしてくれます（**図1・21**）．

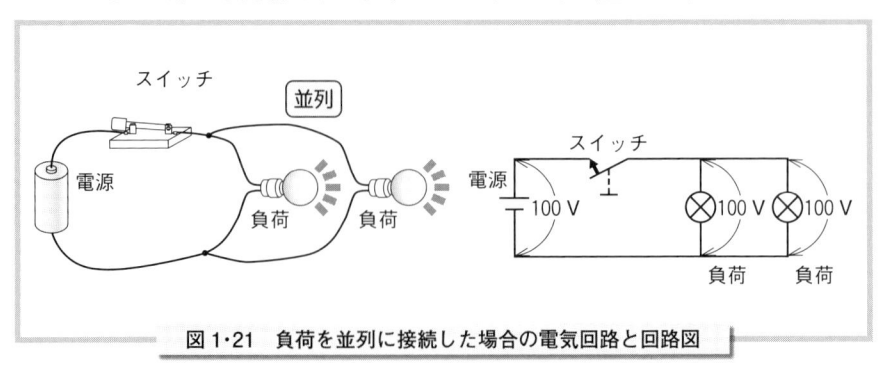

図1・21 負荷を並列に接続した場合の電気回路と回路図

しかし，2個の負荷を直列に接続してしまうと，各負荷に電流は流れますが，電源電圧が半分に分圧され，各負荷には50Vの電圧しか加わらず，希望通りの仕事をしません．また，負荷の大きさが違う場合は，小さな負荷の方に50V以上の電圧が加わり，大きな負荷には50V以下の電圧が加わります（**図1・22**）．

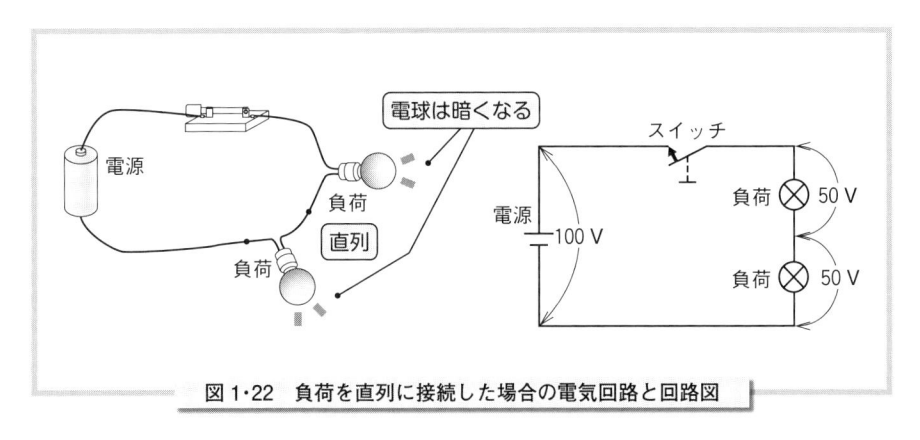

図1・22　負荷を直列に接続した場合の電気回路と回路図

一般家庭で使う定格電圧100Vの電気機器も，電源に対してすべて並列に接続され，すべての機器に100Vの定格電圧が加えられています．またコンセントも同様に並列に接続され，各コンセントの電圧は100Vになっています（**図1・23**）．

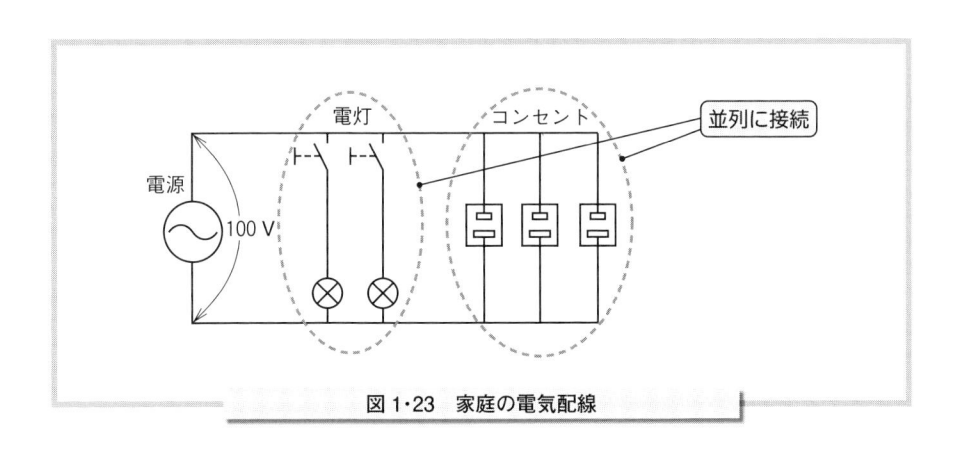

図1・23　家庭の電気配線

シーケンス制御回路も，各種制御用機器は電源に対して並列に接続し，各機器に定格の電圧が加わるようにします．また，制御用機器は外見が同じでも交流用と直流用があり，定格電圧もさまざまなタイプが用意されています．機器に誤っ

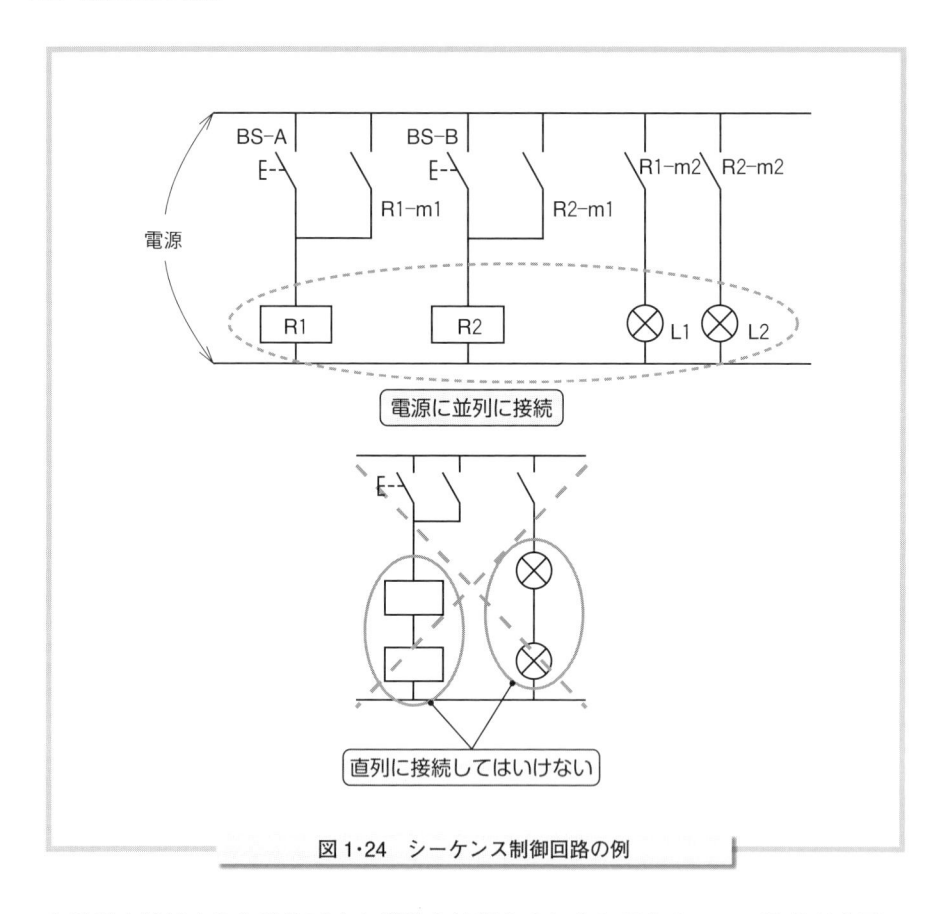

図1・24 シーケンス制御回路の例

た電源を接続すると動作不良や機器を焼損するおそれがあるので、注意が必要です.

1-5 シーケンス図と実際の配線

電球をスイッチで点滅する回路（**図 1・25**（a））を一般的な電気配線図で表すと図 1・25（b）のようになります．これをシーケンス図の描き方で表すと，図 1・25（c）のようになります．

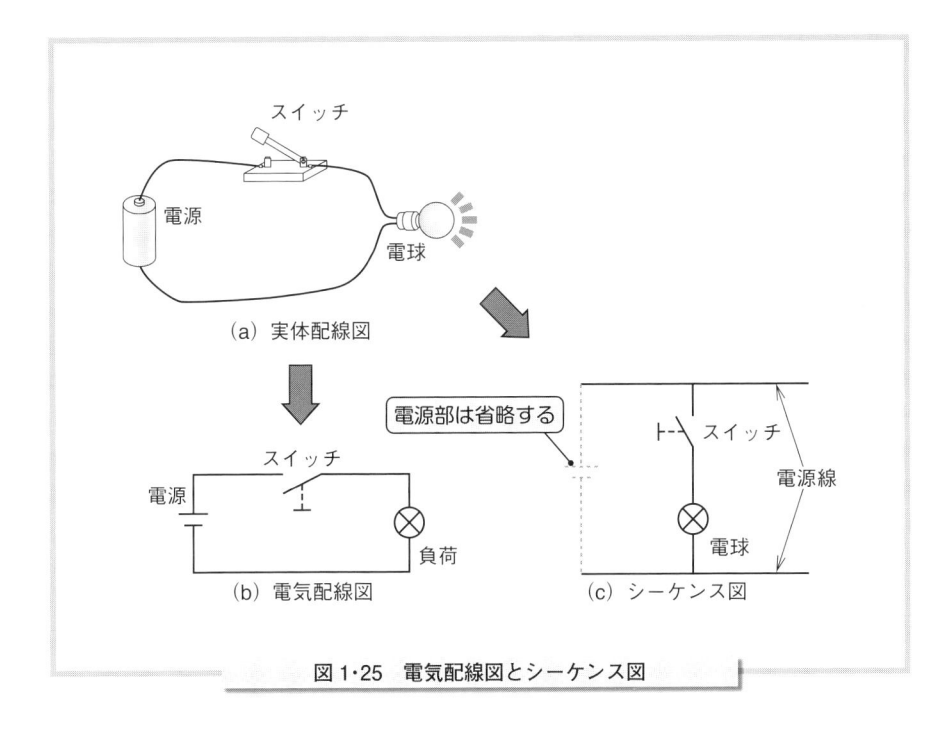

図 1・25　電気配線図とシーケンス図

シーケンス図では，2 本の電源線を平行に描き，その間にスイッチや電球を描き込みます．その他，シーケンス図はいくつかの約束に従って描き表す必要があります（36 ページ参照）．

シーケンス図は，回路図を見ればある程度回路の内容を知ることができますが，実際に配線しようとすると意外に難しいものです．それは，シーケンス図における電線の接続箇所と，実物における接続箇所が違うからです．

シーケンス図上では電源線から分岐して描かれた箇所の実際の接続は，分岐点では接続せず，制御用機器の端子を経由するように配線します（**図 1・26**）．

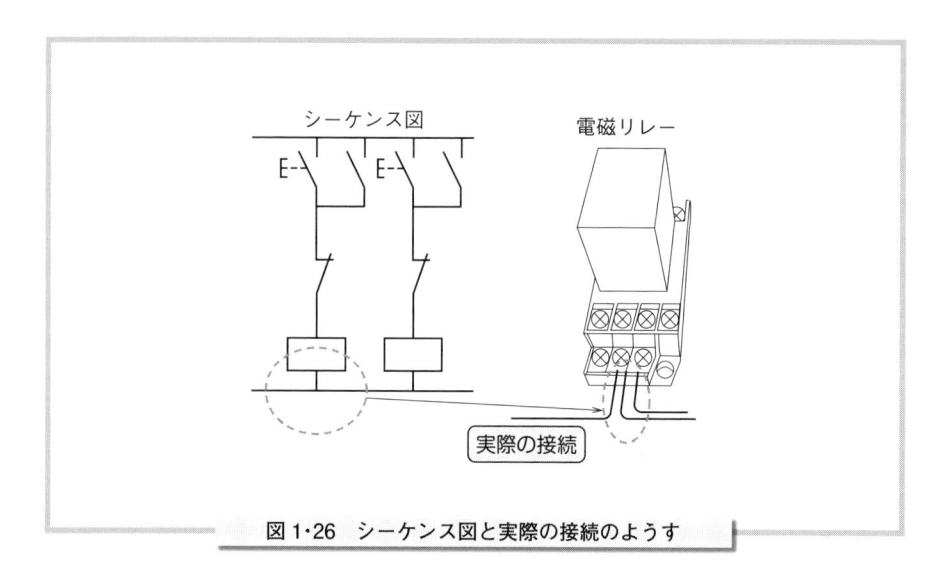

図1・26　シーケンス図と実際の接続のようす

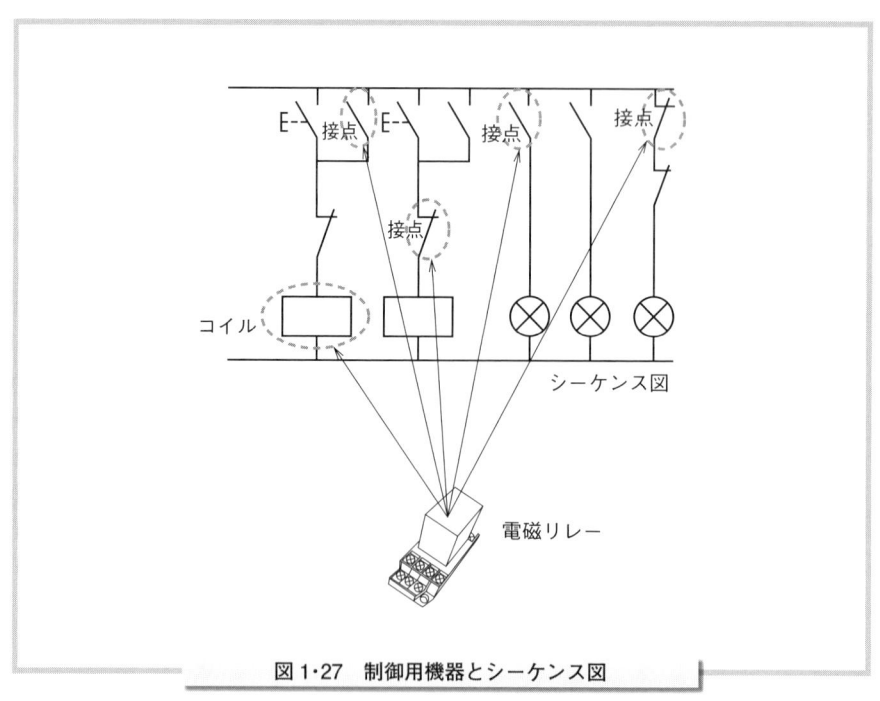

図1・27　制御用機器とシーケンス図

また，一つの制御用機器に内蔵されている複数の接点がシーケンス図上では一か所に集まっているとは限らず，離れた場所に分散することもあります（**図1・27**）．

　このような場合，制御用機器の接点とシーケンス図における接点の位置関係を把握することが，シーケンス図を理解するうえでとても大切です．

　実際のシーケンス図には，制御用機器や接点を表す文字記号（42ページ参照）が表記されているので，それらを参考にして制御用機器と接点の位置関係を知ることになります．

Check! 練習問題

(1) ある目的に適合するように，(a)に所要の(b)を加えることを制御という．

(2) 手動制御とは直接又は間接に(a)が(b)を決定する制御である．

(3) (a)を構成して(b)的に行われる制御を自動制御という．

(4) あらかじめ定められた(a)又は(b)に従って制御の各段階を逐次進めていく制御を(c)という．

(5) フィードバックによって(a)を(b)と比較し，それらを一致させるように操作量を生成する制御を(c)という．

(6) シーケンス制御を用いる装置や機器の例を挙げなさい．

(7) フィードバック制御を用いる装置や機器の例を挙げなさい．

(8) あらかじめ定められた(a)で機器や装置を動作させる制御を順序制御という．

(9) (a)が成立した時に機器や装置を動作させる制御を条件制御という．

(10) あらかじめ設定した(a)で機器や装置を動作させる制御を時限制御という．

(11) 機器の(a)や(b)などを数え，設定した回数を数えたら制御対象へ動作指令を出す制御を計数制御という．

○練習問題 解答○

(1) (a) 制御対象，(b) 操作

(2) (a) 人，(b) 操作量

(3) (a) 制御系，(b) 自動

(4) (a) 順序，(b) 手続き，(c) シーケンス制御

(5) (a) 制御量，(b) 目標値，(c) フィードバック制御

(6) 信号機，エレベータ，全自動洗濯機など

(7) エアコン，コタツ，ジャーポットなど

(8) (a) 順序

(9) (a) 条件

(10) (a) 時限

(11) (a) 動作回数，(b) 製品数

2章 シーケンス制御の基本

2-1 接点とその表し方
2-2 接点の基礎知識
2-3 接点を使う制御回路
2-4 シーケンス図の描き方
2-5 シーケンス図に使う文字記号
2-6 シーケンス図の位置参照方式

2-1 接点とその表し方

　接点とは，電極が付いたり離れたりして電気回路の開閉を行うもので，リレーシーケンス制御では，さまざまな機器を作動するために重要な働きをします．

　接点は大別すると基本的なタイプが3種類あります．シーケンス制御を理解するには，この三つの接点の動作や接点を表す図記号を知る必要があります．

　まず，休止状態で開き，動作時に閉じる接点を**メーク接点**（Make contact）あるいは **a 接点**（a：arbeit[*1] contact の頭文字）といいます．つぎに，休止状態で閉じ，動作時に開く接点を**ブレーク接点**（Break contact）あるいは **b 接点**といいます．そして，メーク接点とブレーク接点を合わせた構造の**切換え接点**があります．この接点は，**c 接点**（Change-over contact）あるいは**トランスファ接点**ともいいます．

　メーク接点を使った電球の点滅回路（**図 2・1**）では，接点が動作して閉じると電球が点き，接点が復帰して開くと電球は消えます．

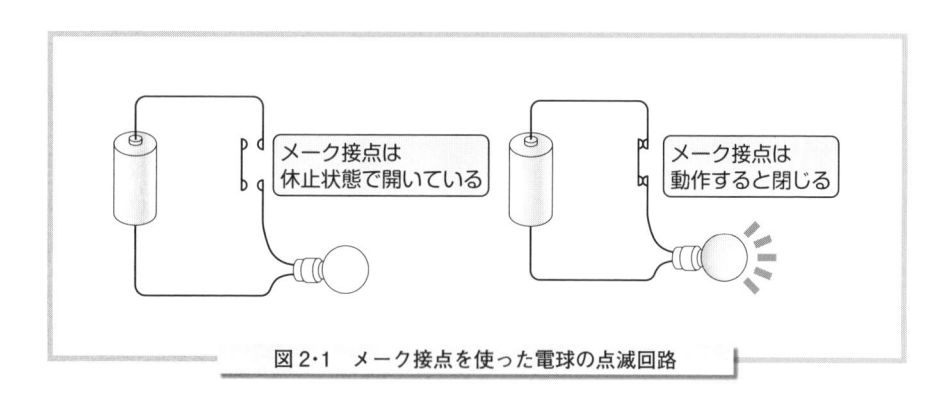

図 2・1　メーク接点を使った電球の点滅回路

　ブレーク接点を使った電球の点滅回路（**図 2・2**）では，接点が動作する前から電球は点灯し，接点が動作して開くと電球は消えます．

[*1]　「動作すると閉じて回路が働く接点」ということから arbeit（ドイツ語で「労働，アルバイト」の意味）という単語が使われています．

図 2・2 ブレーク接点を使った電球の点滅回路

（ブレーク接点は休止状態で閉じている／ブレーク接点は動作すると開く）

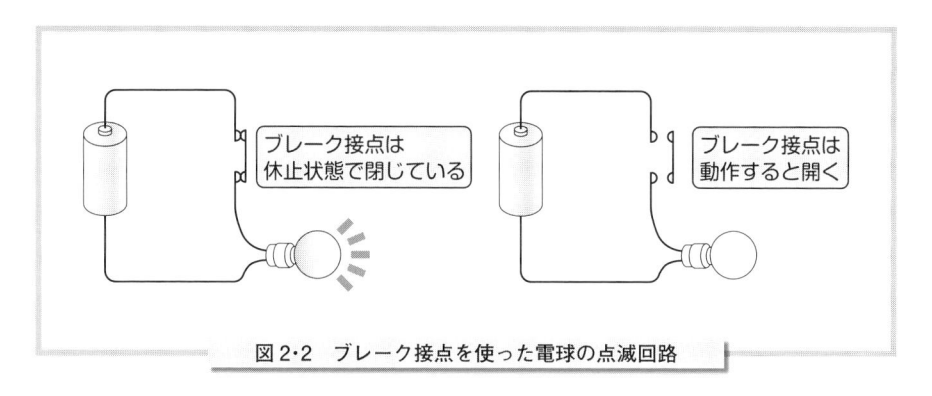

また，切換え接点（**図 2・3**）は，回路を切り換える場合に利用します．

図 2・3 切換え接点

メーク接点 ＋ ブレーク接点 ＝ 切換え接点

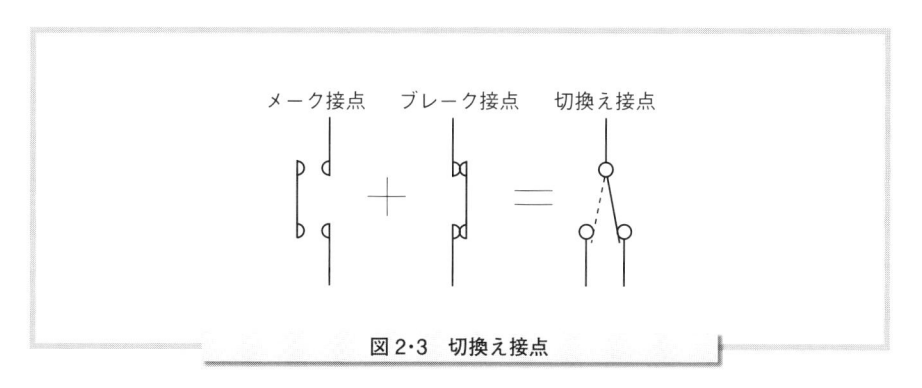

図 2・4のように，切換え接点に二つの電球を接続すると，接点が切り換わるたびに点灯する電球が切り換わります．

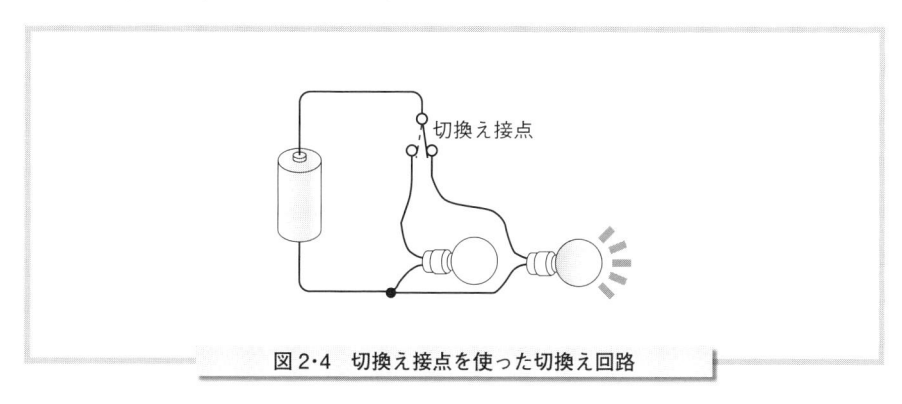

図 2・4 切換え接点を使った切換え回路

これらの接点は JIS（**日本工業規格**）により図記号が定められています．シー

ケンス図を描く場合は**図2・5**で示すようなJISで定められた図記号を用いて描き表します.

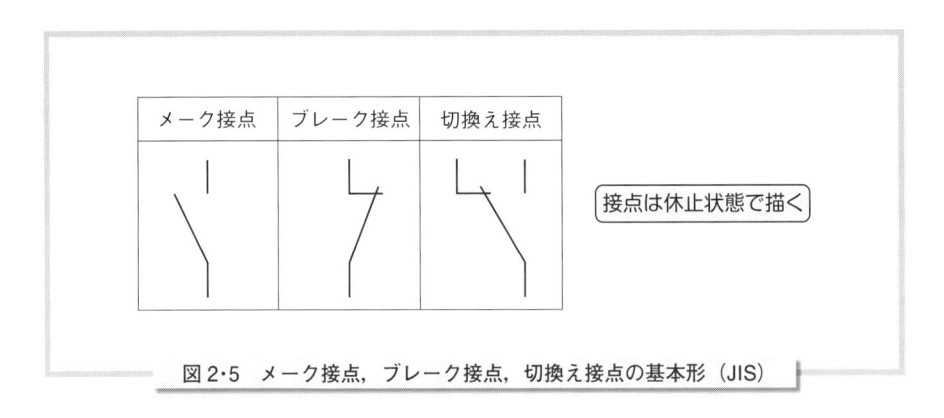

図2・5 メーク接点,ブレーク接点,切換え接点の基本形(JIS)

制御用機器の接点は,押したり引いたりするさまざまな方法で操作されます.例えば,押しボタンスイッチはボタンを押す操作によって接点が動作します.**図2・6**に押しボタンスイッチの動作と接点図記号を示します.押しボタンスイッチを押すと,メーク接点が閉じ,ブレーク接点は開きます.手を離すと各接点は復帰用バネの力で元の状態に戻ります.JISでは,このような制御用機器の操作方法を表す図記号を**操作機構図記号**(図2・7)として定めています.操作機構図記号は,接点の基本形に付け加えて表します.

2-1 接点とその表し方

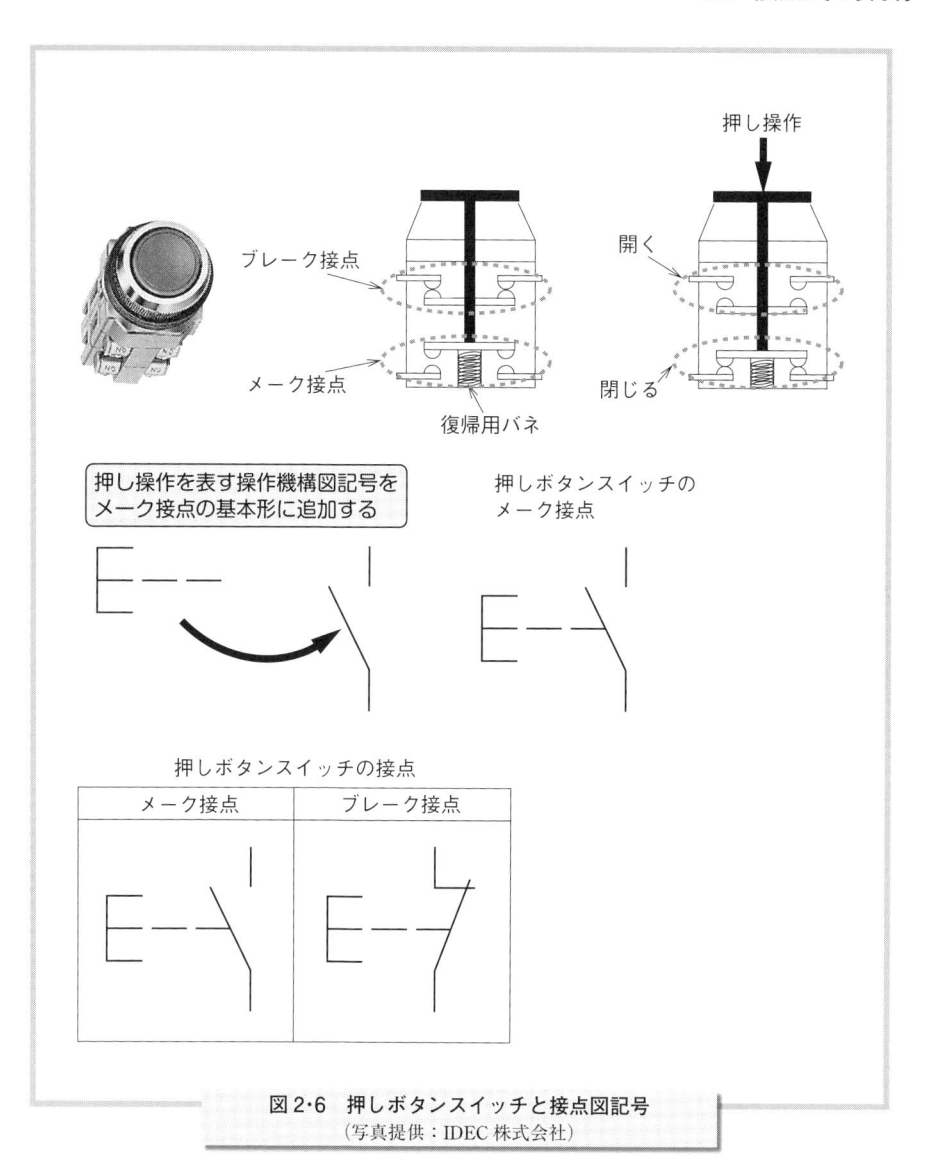

ブレーク接点
メーク接点
復帰用バネ
押し操作
開く
閉じる

押し操作を表す操作機構図記号を
メーク接点の基本形に追加する

押しボタンスイッチの
メーク接点

押しボタンスイッチの接点

メーク接点	ブレーク接点

図2・6 押しボタンスイッチと接点図記号
(写真提供：IDEC 株式会社)

25

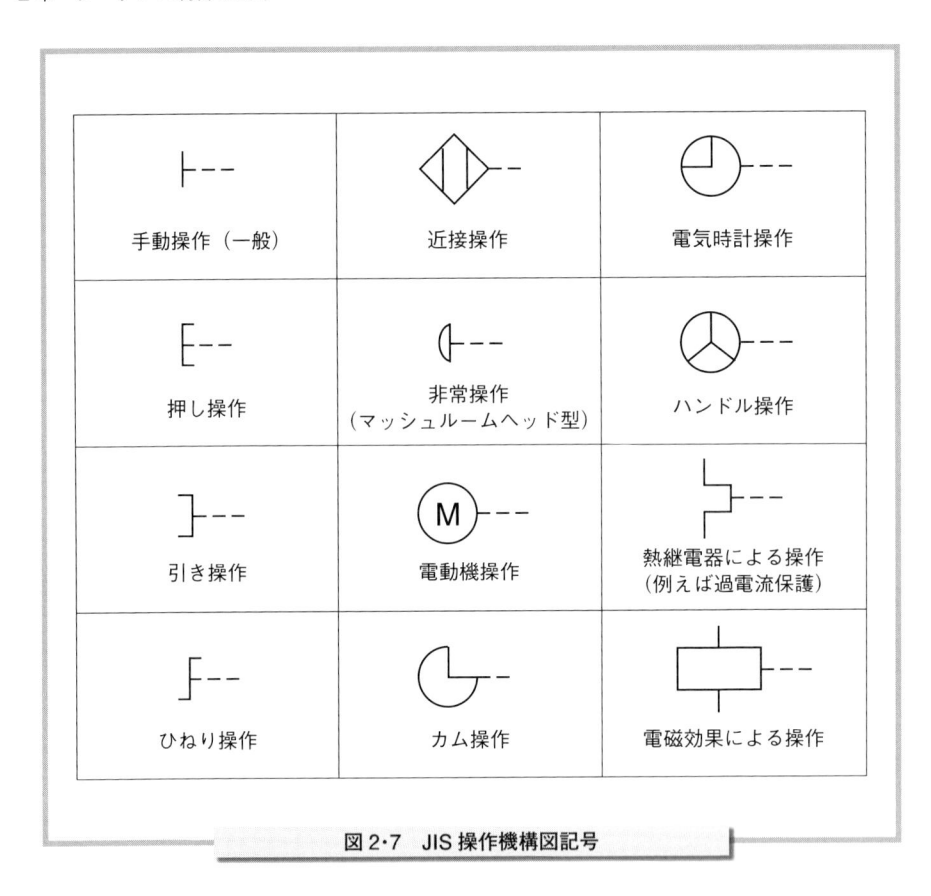

⊢-- 手動操作（一般）	◇-- 近接操作	⊕-- 電気時計操作
E-- 押し操作	⊖-- 非常操作（マッシュルームヘッド型）	⊗-- ハンドル操作
⌐-- 引き操作	Ⓜ-- 電動機操作	⌐-- 熱継電器による操作（例えば過電流保護）
F-- ひねり操作	⊂-- カム操作	▭-- 電磁効果による操作

図 2・7　JIS 操作機構図記号

　また，各種制御用機器の接点の開閉機能を表す図記号が JIS によって定められています．例えば，**図 2・8** に示すような物体の位置を検出する**マイクロスイッチ**の接点は，接点の基本形に位置スイッチ機能を示す**限定図記号**を付けて表します．JIS の限定図記号と使用例は**図 2・9** のようになります．

2-1 接点とその表し方

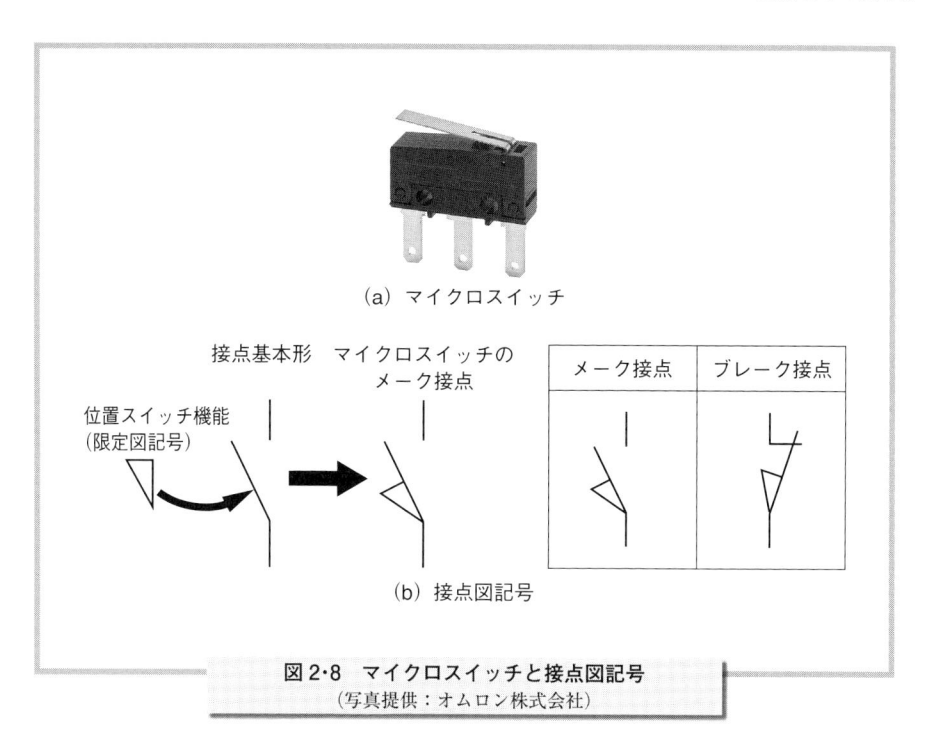

(a) マイクロスイッチ

図2・8 マイクロスイッチと接点図記号
(写真提供:オムロン株式会社)

接点基本形　マイクロスイッチの
　　　　　　メーク接点

位置スイッチ機能
(限定図記号)

(b) 接点図記号

メーク接点	ブレーク接点

機　能	限定図記号	使用例
接点機能	 ◐	
遮断機能	 ×	
断路機能	 —	
負荷開閉機能	 ○	
継電器又は開放機能を備えた自動引外し機能	■	
位置スイッチ機能	 ◁	
自動復帰機能 (例えば, ばね復帰)	 ◁	
非自動復帰 (残留) 機能	 ○	

図2·9　JISの限定図記号と使用例

2-2 接点の基礎知識

　制御で使われる接点は開閉することで電流を直接制御します．この時，接点の機械的な接触や，開閉時に発生する**アーク放電**[*2]により，接点の摩耗や転移および破損などが起き，電流の正常な開閉ができなくなることがあります（図2・10）．

　また，図2・11に示すように，接点に直流が流れる場合は交流電流のようなゼロ点がないため，アークが消えにくく，さらに電流方向が一定のために接点の転移現象[*3]も起こりやすく，制御できる電流容量は非常に小さくなります（図2・12）．

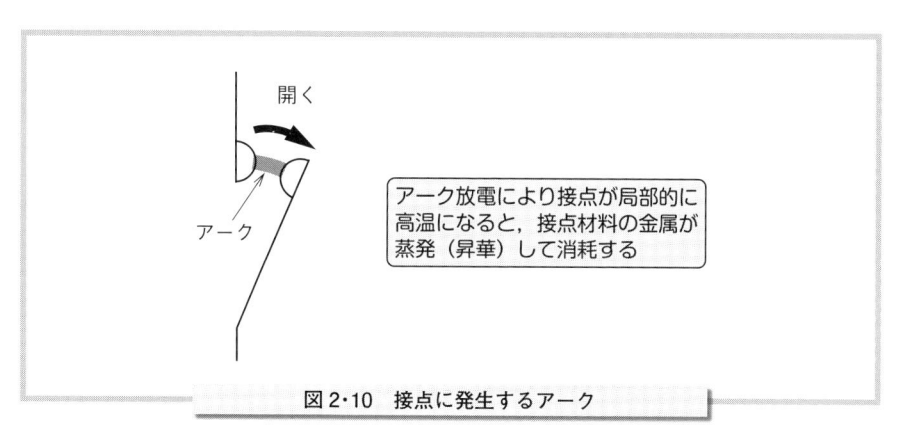

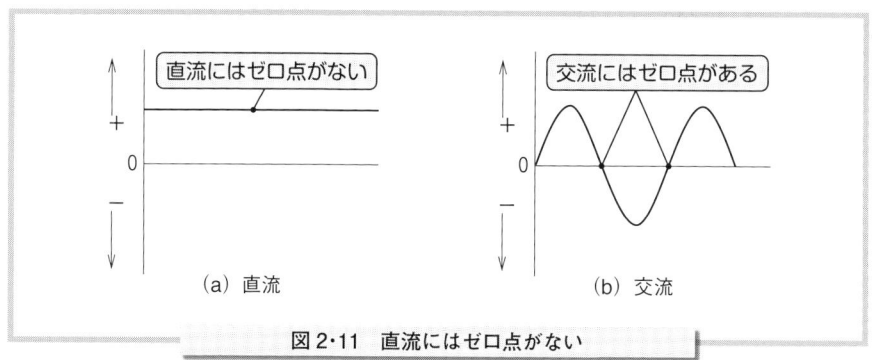

図2・10　接点に発生するアーク

図2・11　直流にはゼロ点がない

[*2] 電位差により，接点間の気体に絶縁破壊が起きて発生する放電現象．単にアークまたは電弧ともいいます．
[*3] 接点の片方が溶融あるいは蒸発して他方の接点に転移することで片方の接点は凹形に，他方は凸形になる現象．凹と凸がロックされ接点溶着のような状態になるおそれがあります．

図2・12　接点の転移現象

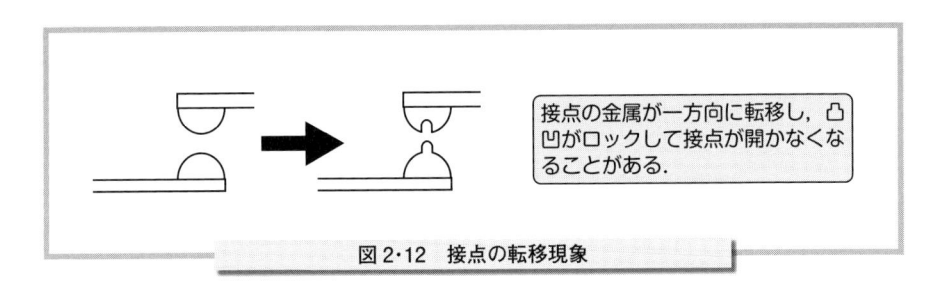

　モータやソレノイドのような，コイルを持つ誘導性負荷がある回路の接点を開くと，負荷から発生する**逆起電力**[*4]によってアーク放電が起き，接点を損傷するおそれがあります．そこで，接点を保護するために**図2・13**のようにアークを吸収する接点保護回路を組み込むなどの対策が必要になります．

　回路にコンデンサのような容量性負荷がある場合，接点が閉じた瞬間に**表2・1**で示すような定常電流の数十倍以上の**突入電流**が流れ，接点が溶着したり破損するおそれがあるため，接点容量に余裕を持たせたり，**図2・14**のような突入電流を防ぐ**サージ吸収回路（サージキラー）**を使って接点を保護する必要があります．また，モータやランプ負荷の場合にも大きな突入電流の流れることがあり，同様の対策が必要です．

---

*4　コイルに蓄積された磁気エネルギーの放出により発生する起電力を逆起電力といいます．

2-2 接点の基礎知識

（a）ダイオード方式

直流電源／誘導性負荷／ダイオード

コイルに蓄積された磁気エネルギーをダイオードによって電流の形でコイルへ流し，誘導性負荷の抵抗分でジュール熱として消費させる

（b）バリスタ方式

直流電源または交流電源／誘導性負荷／バリスタ

バリスタの定電圧特性を利用して接点に高い電圧が加わらないようにする

（c）CR方式

直流電源／抵抗／コンデンサ／誘導性負荷

直流電源または交流電源／抵抗／誘導性負荷／コンデンサ

接点オフ時の逆起電力をコンデンサによって抑制し，接点オン時の突入電流は抵抗によって抑制する

図2·13 接点保護回路

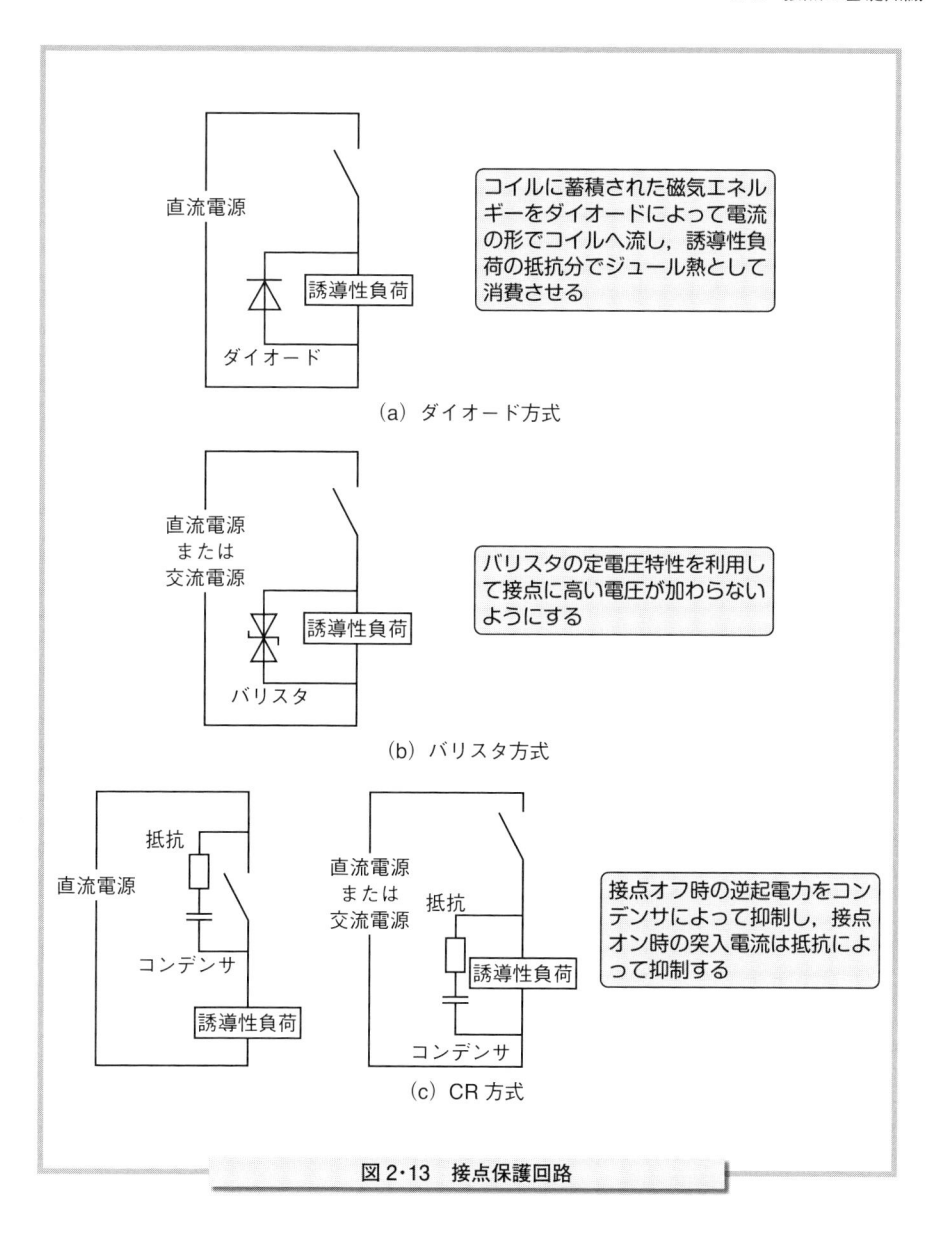

表2・1 突入電流の大きさ

負　荷	突入電流
モータ	定常値の　5～15 倍
ソレノイド	定常値の 10～20 倍
トランス	定常値の　5～15 倍
電磁開閉器	定常値の　3～10 倍
コンデンサ	定常値の 20～40 倍
ランプ（白熱灯）	定常値の 10～15 倍

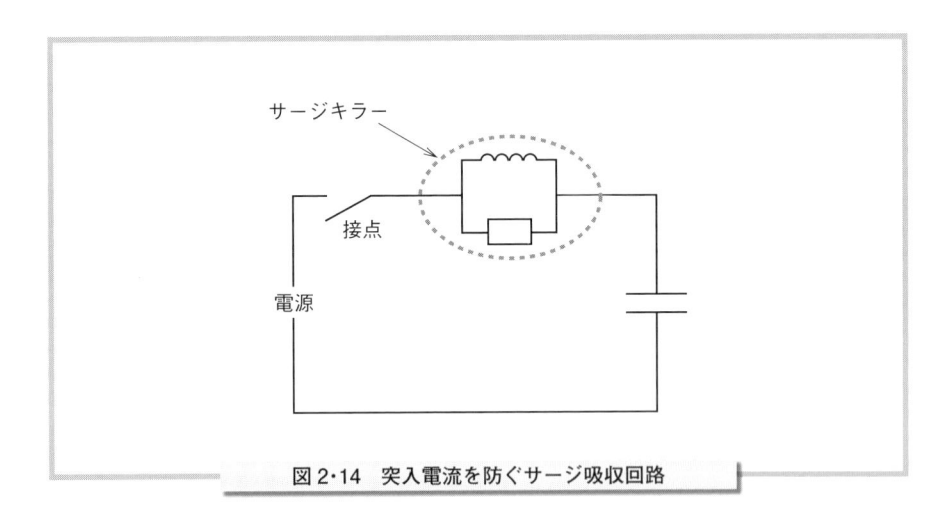

図2・14　突入電流を防ぐサージ吸収回路

2-3 接点を使う制御回路

シーケンス制御は接点のある**電磁リレー**（図2・15）などを使うものと，接点のない**トランジスタ**や**サイリスタ**などの**半導体素子**を使うものにわけられます．機械的に開閉する接点のあるリレーを一般に**有接点リレー**といい，接点の働きを半導体が行うものを**無接点リレー**といいます．なお，**タイマ**（図2・16）も電磁リレーの仲間で，設定した時間で接点が開閉する制御用機器です．

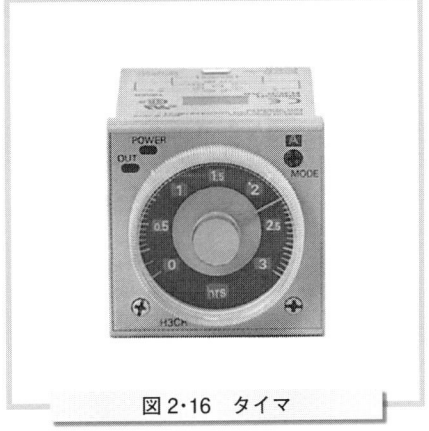

図2・15 電磁リレー

図2・16 タイマ

一般に，電磁リレーなどの制御用機器は**図2・17**のような制御盤と呼ばれる箱に集合して収め，そこから制御対象の機械へ配線を引き延ばします．また，制御盤には操作用スイッチや機械を監視する表示灯および各種計器類も装備されます．

電磁リレーなどの有接点リレーを用いたシーケンス制御は制御回路の中でも歴史が古く，最も基本的な制御技術です．原理が簡単で負荷容量が大きく，ローコストなことから，現在でもモータの制御など多方面に使われていますが，接点の消耗があるため寿命が短く，また，動作速度が遅い，動作音がある，などの欠点もあります．

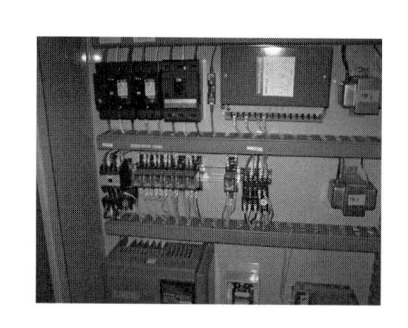

図2・17　制御盤と操作パネル

　無接点リレーは，トランジスタ，サイリスタ，トライアック，ダイオードなどの半導体スイッチング素子を使用したリレーで，ソリッドステート・リレー（SSR：Solid State Relay）といいます（**図2・18**）．ソリッドステート・リレーは，動作そのものは有接点リレーと変わりませんが，可動接点を持たないので次のような特徴があります．
・高速で高頻度の開閉に対応できる
・動作音がない
・接触不良がない
・ノイズが発生しない

　トランジスタは増幅作用とスイッチング作用を持つ半導体素子で，スイッチング作用を利用すると無接点リレーとして使うことができます．**図2・19**のように，ベースに小さなベース電流を流すと，大きなコレクタ電流が流れ，コレクタに接続された負荷が作動します．

　有接点のリレーで構成されるシーケンス回路を**リレーシーケンス**といい，無接点リレーで構成されるシーケンス回路を**無接点シーケンス**といいます．

(a) トランジスタやIC

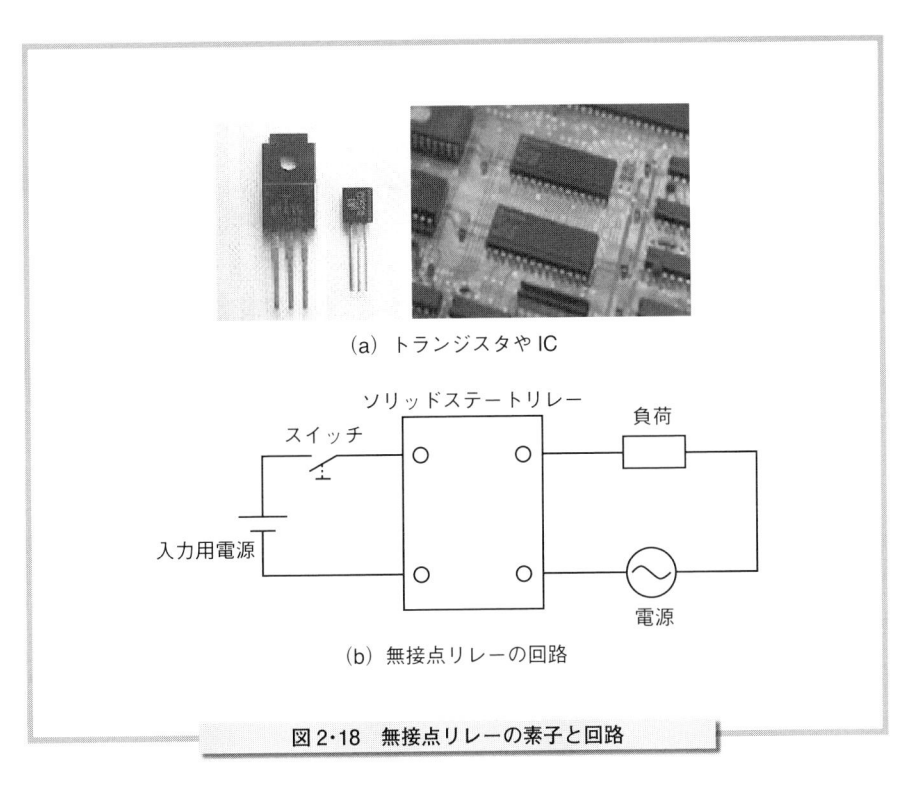

(b) 無接点リレーの回路

図2・18 無接点リレーの素子と回路

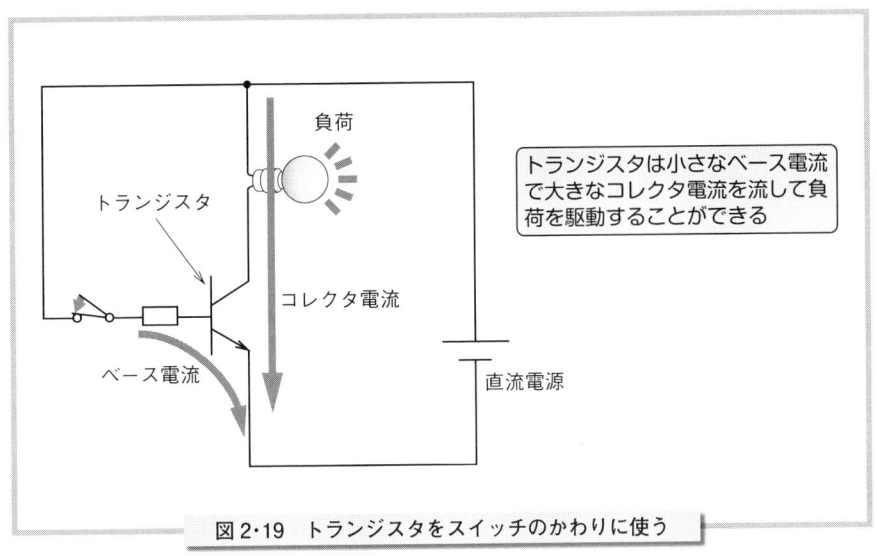

トランジスタは小さなベース電流で大きなコレクタ電流を流して負荷を駆動することができる

図2・19 トランジスタをスイッチのかわりに使う

2-4 シーケンス図の描き方

　シーケンス制御の回路図面は施工や保守点検の際に，誰が見ても共通認識できるように，一定の約束に従って描き表します．
　まず，電源線を平行に横または縦方向にひき，その間に各種制御用機器の接点や電磁リレーのコイルなどを描き込みます．
　接点から電磁リレーのコイルなどの負荷への向きが縦方向の描き方を，縦描き（図2・20 (a)）といい，横方向の描き方を，横描き（図2・20 (b)）といいます．

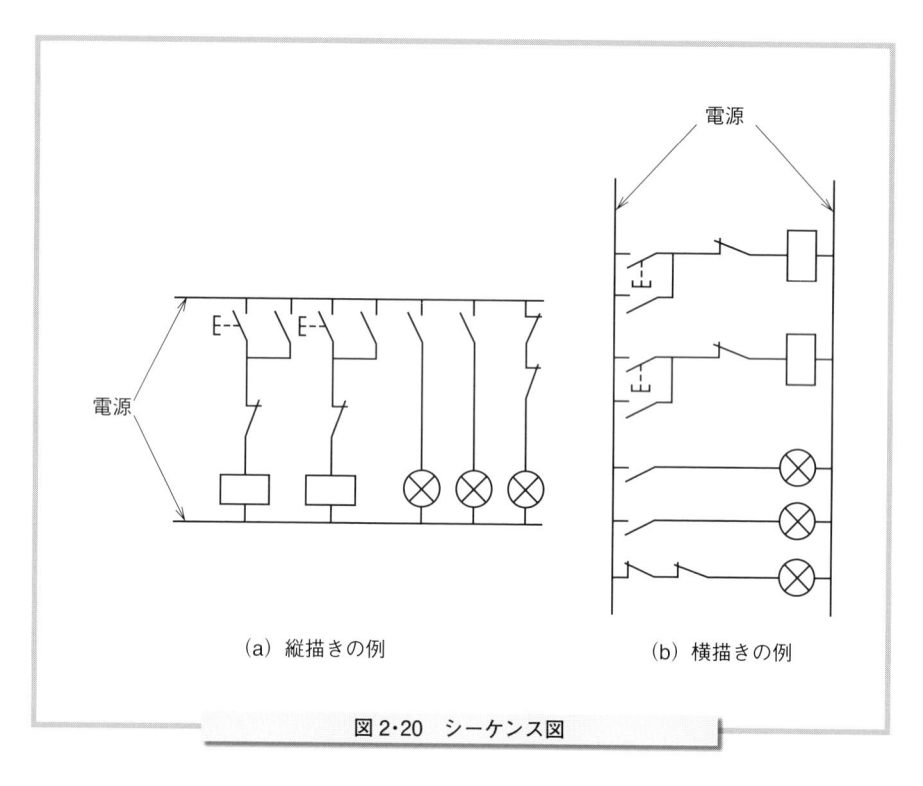

(a) 縦描きの例　　(b) 横描きの例

図2・20　シーケンス図

　縦描きで描く場合は，負荷を下側の電源線に接続するようにし，上側の電源線には接点を接続するようにします．また，横描きでは，負荷を右側の電源線に接続するようにし，左側の電源線には接点を接続するようにします．これは，電流の回り込みや電源短絡を防止するために行うものです．

例えば図 2・21 (a) のような回路の場合，電磁リレー R1, R2, R3 が作動している状態から，すべての電磁リレーをオフするために接点 B と C を開くと，図 2・21 (b) のように電流が三つの電磁リレーに流れ，電磁リレーが切れずに励磁したままになるおそれがあります．

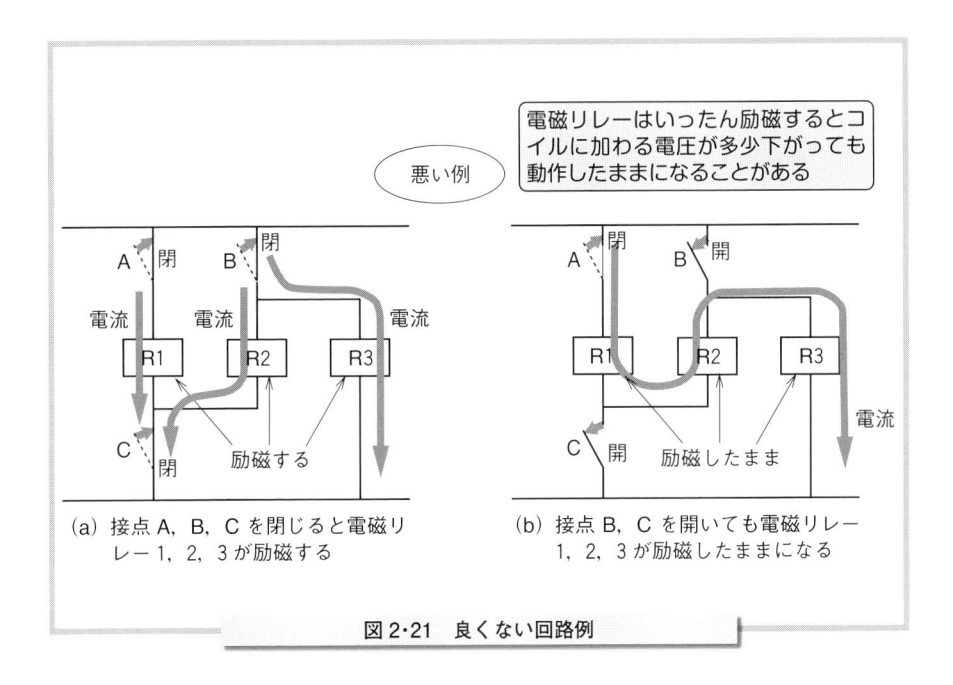

悪い例

電磁リレーはいったん励磁するとコイルに加わる電圧が多少下がっても動作したままになることがある

(a) 接点 A, B, C を閉じると電磁リレー 1, 2, 3 が励磁する

(b) 接点 B, C を開いても電磁リレー 1, 2, 3 が励磁したままになる

図 2・21　良くない回路例

このような不具合を防ぐために，図 2・22 のような回路にして，各電磁リレーが確実な動作をするようにする必要があります．

次にシーケンス図の動作方法について説明します．図 2・23 に示すように，シーケンス図の制御用機器の配置は，動作の順序がわかるように，縦描きの場合は，原則として，左から右方向に動作が進むように表し，横描きの場合は，上から下方向へ進むように表します．また，表示灯は動作の後ろに並べて描きます．

図 2・24 に示すように，シーケンス図における接続箇所は，基本的に T 接続で表し，接続箇所に接続を示す黒丸は不要です．

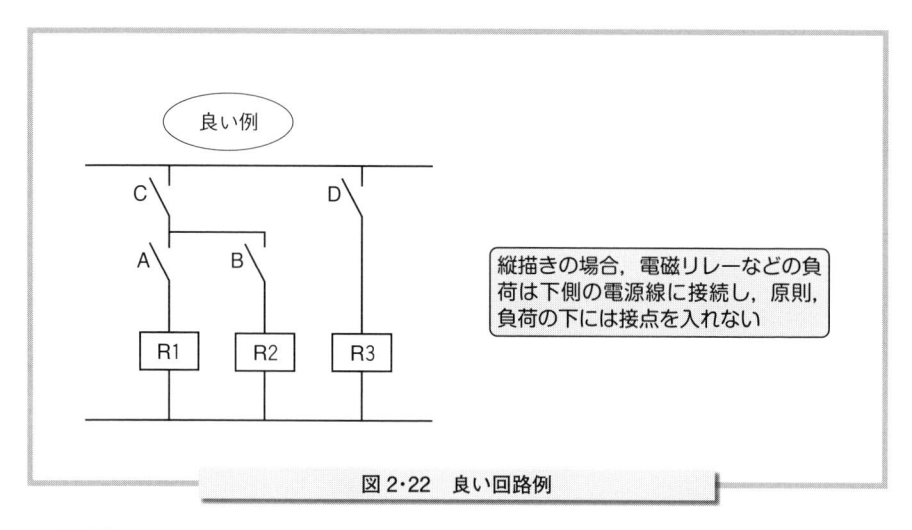

2章 シーケンス制御の基本

良い例

縦描きの場合，電磁リレーなどの負荷は下側の電源線に接続し，原則，負荷の下には接点を入れない

図2・22 良い回路例

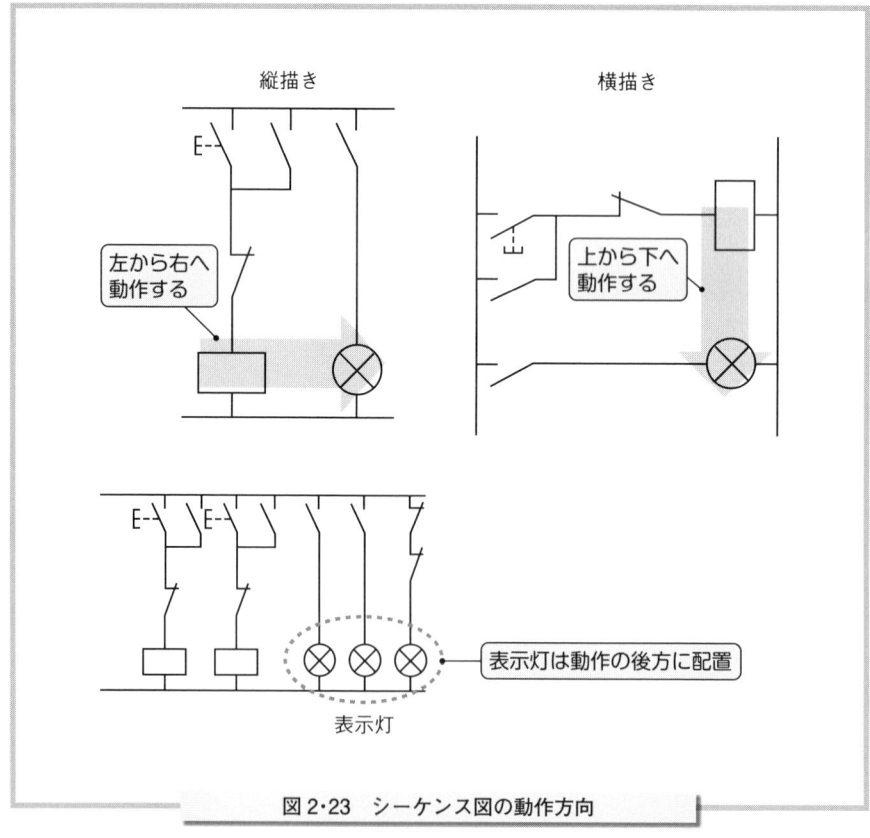

縦描き　　　　　　　横描き

左から右へ動作する

上から下へ動作する

表示灯は動作の後方に配置

表示灯

図2・23 シーケンス図の動作方向

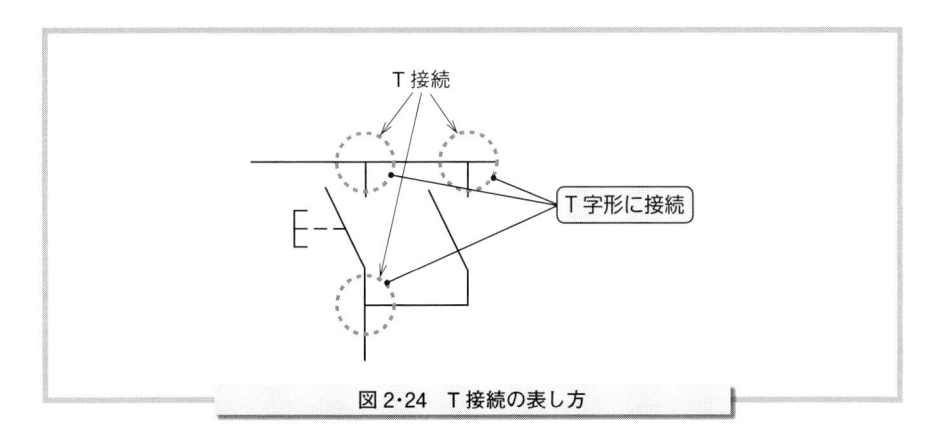

図2・24 T接続の表し方

ただし，接続箇所に黒丸を付けて描き表す場合は，**図2・25**のようにすべての接続点に黒丸を付けます．

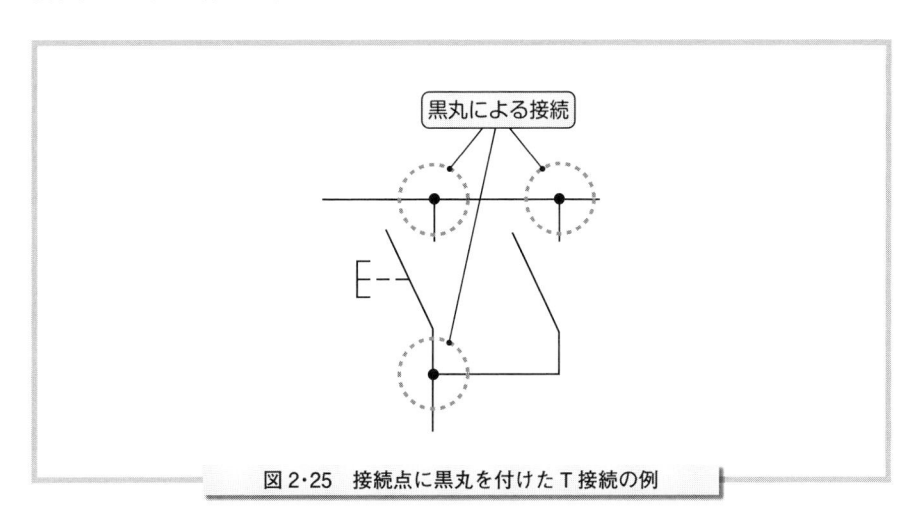

図2・25 接続点に黒丸を付けたT接続の例

また，**図2・26**のように，接続点に黒丸を使わない表し方では，T接続された箇所だけが接続していることを示し，電線が交差した箇所は接続されてないことを示しています．

制御用機器の接点や電磁リレー，表示灯などの負荷は，JISに定められた図記号（シンボル）で描き表し（**図2・27**（a）），接点は動作してない休止状態で描きます（図2・27（b））．ただし，接点が動作状態の方が回路を理解しやすい場合は動作状態で描き，図面の中に説明を書き加えます．

図 2・26　T 接続の例

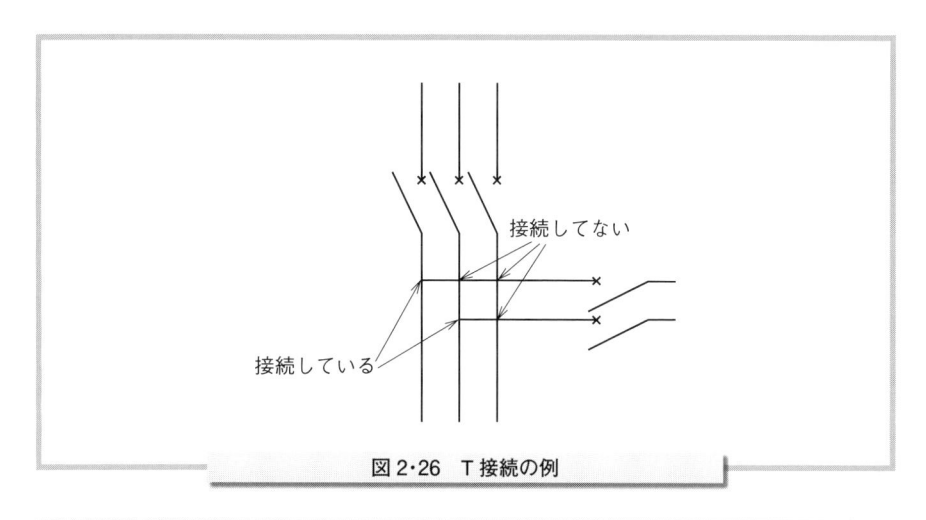

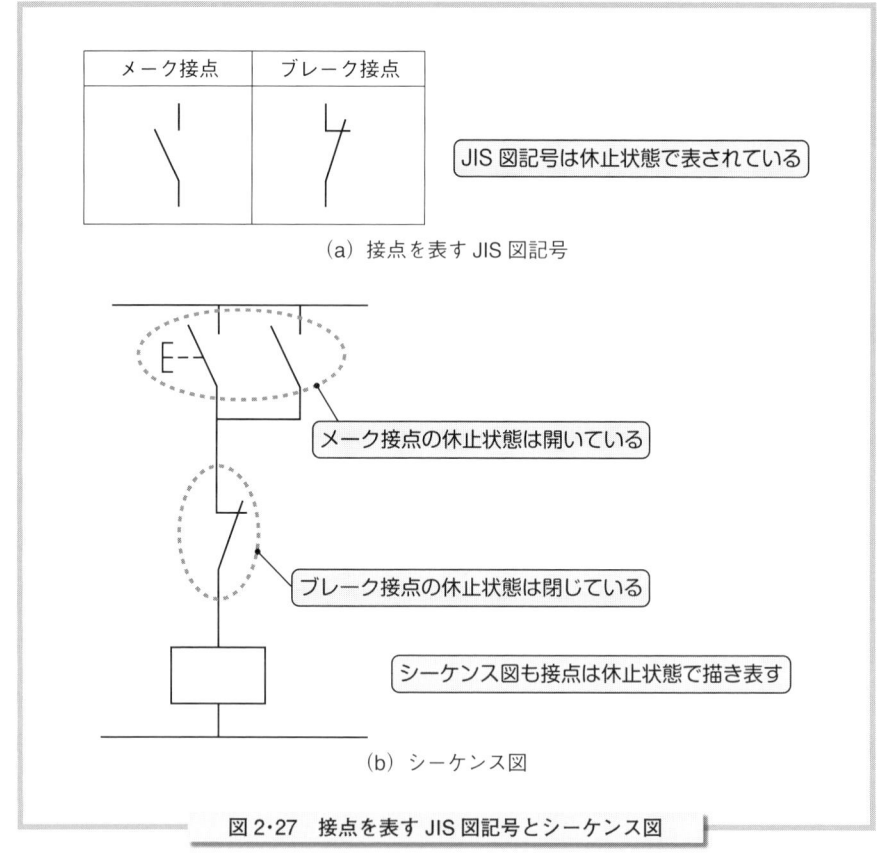

図 2・27　接点を表す JIS 図記号とシーケンス図
（a）接点を表す JIS 図記号
JIS 図記号は休止状態で表されている
メーク接点
ブレーク接点
（b）シーケンス図
メーク接点の休止状態は開いている
ブレーク接点の休止状態は閉じている
シーケンス図も接点は休止状態で描き表す

接続してない
接続している

縦描きのシーケンス図（**図 2・28**（a））では，休止状態からの動作方向が右向きになるように描き，横描きのシーケンス図（図 2・28（b））は，接点は休止状態から動作方向が上向きになるように描きます．

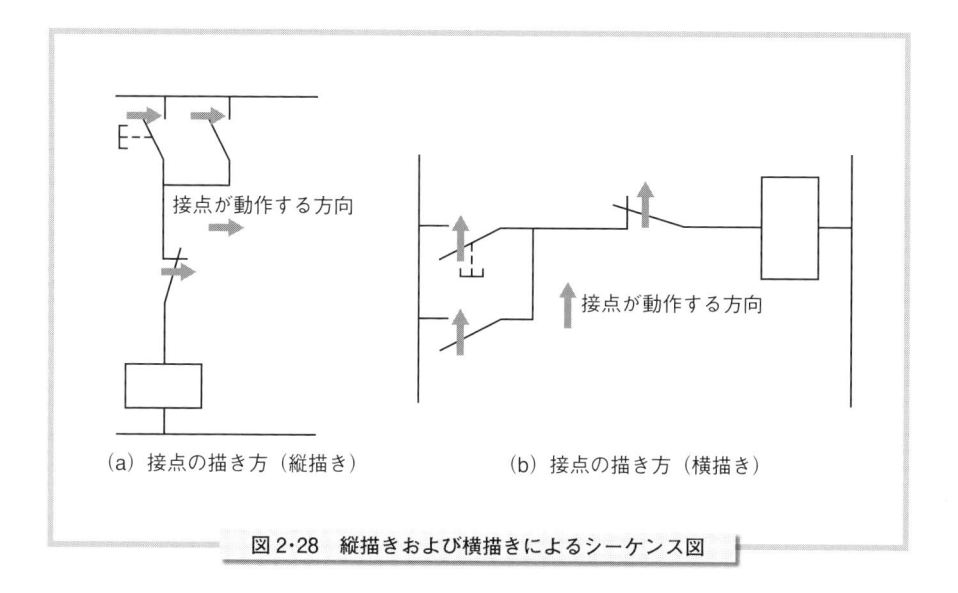

(a) 接点の描き方（縦描き）　　　(b) 接点の描き方（横描き）

図 2・28　縦描きおよび横描きによるシーケンス図

2-5 シーケンス図に使う文字記号

　シーケンス図は JIS に定められた図記号を使って描き表しますが，それぞれの図記号がどのような制御用機器のものであるかを判別できるように，図記号の近くに**文字記号**を傍記します．

　わが国では，日本電機工業会（JEMA）の JEM 規格に定められた文字記号が広く使われています．これは各種制御用機器の名称や機能を表す英語名や，その文字の一部からできています．

　例えば，**図 2・29** のようなボタンスイッチ（Button Switch）という制御用機器の文字記号は BS で書き表します．

図 2・29　ボタンスイッチ
（写真提供：IDEC 株式会社）

　さらに，そのボタンスイッチの機能も表す必要があるときは，機能を表す文字記号も傍記します．例えば，始動用ボタンスイッチであれば，「始動」を表す「ST」（Start）と「ボタンスイッチ」（Button Switch）を表す「BS」を組み合わせて，「ST-BS」の文字記号を傍記します．なお，文字記号は接点などの図記号の左側に傍記します（**図 2・30**）．

　ここで，**図 2・31** に文字記号を使わないシーケンス図の例を示します．このシーケンス図に文字記号を用いると**図 2・32** のようになります．

42

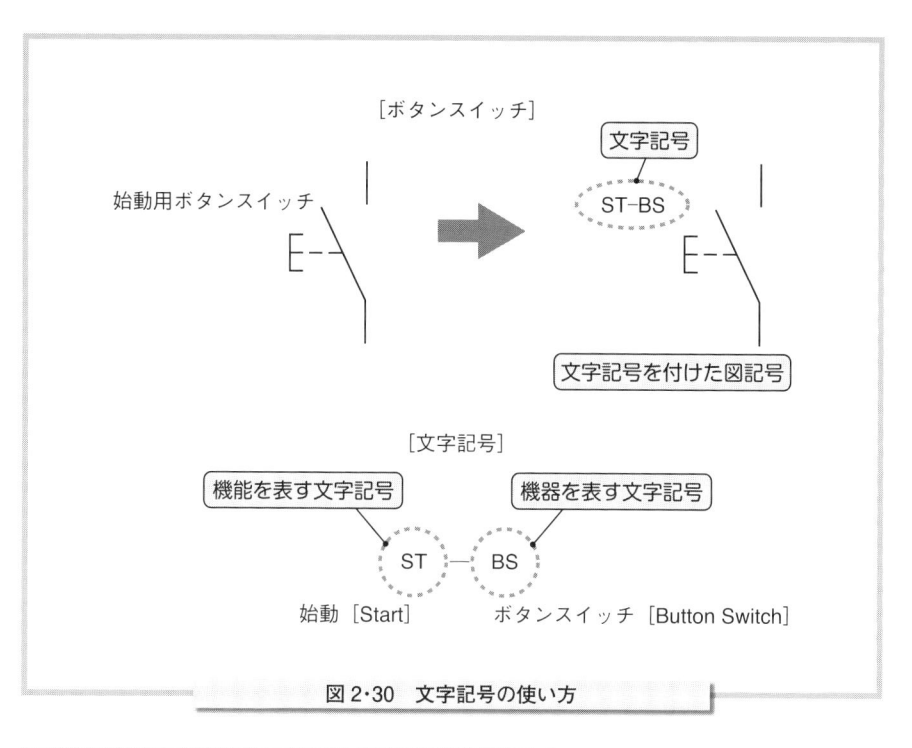

2-5 シーケンス図に使う文字記号

[ボタンスイッチ]

始動用ボタンスイッチ

→

文字記号
ST-BS

文字記号を付けた図記号

[文字記号]

機能を表す文字記号 → ST — BS ← 機器を表す文字記号

始動 [Start]　　ボタンスイッチ [Button Switch]

図 2・30　文字記号の使い方

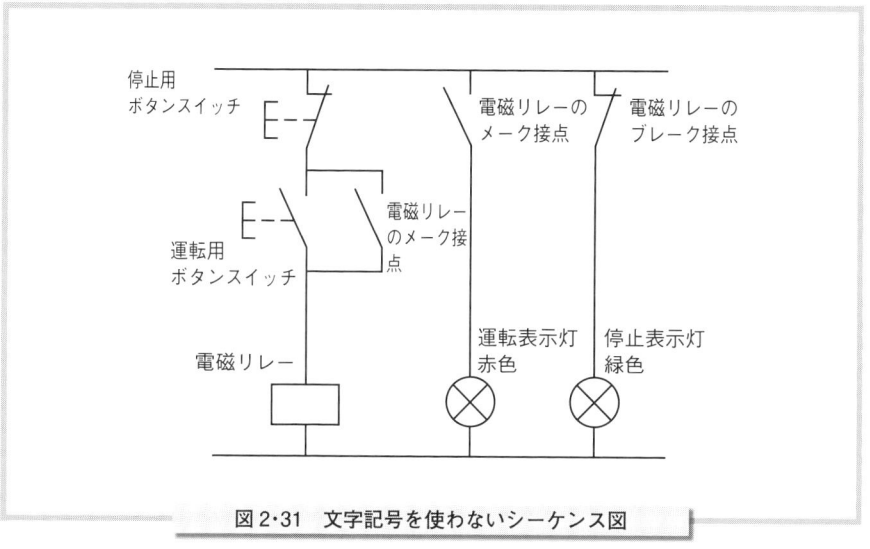

停止用ボタンスイッチ
運転用ボタンスイッチ
電磁リレーのメーク接点
電磁リレーのメーク接点
電磁リレーのブレーク接点
電磁リレー
運転表示灯 赤色
停止表示灯 緑色

図 2・31　文字記号を使わないシーケンス図

43

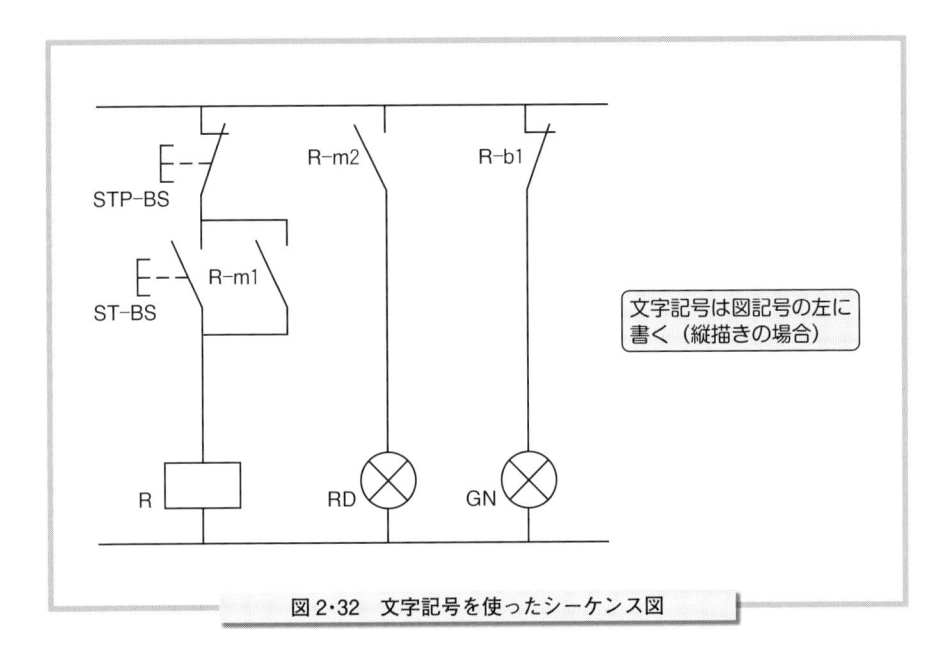

図2・32 文字記号を使ったシーケンス図

(縦描きの場合、文字記号は図記号の左に書く)

　各種機能や機器を示す文字記号は，**表2・2**や**表2・3**のように，一般に個々の用語を示す英語名の頭文字や一部を抜粋して作られています．たとえば，「自動」という機能を示す文字記号は，英語名「Automatic」の前3文字から「AUT」と決められています．

　シーケンス図に文字記号を書いただけでは，電磁リレーのように，複数の接点を持つ機器では，端子の位置が判断しにくいうえ，点検の際にも，確認したい箇所を探すのに苦労します．そこで，シーケンス図の各機器の結線箇所には，機器の各端子に表記された端子記号を書いておきます（**図2・33**）．なお，制御用機器の端子記号は，メーカーにより違う場合があるので，注意が必要です．

　端子記号を書く方向は，縦描きシーケンス図では，図面の右方向から見て，文字が読めるようにし，横描きでは，下方向から見て読めるようにします（**図2・34**）．

表2·2 機器を表す文字記号 (JEM規格)

文字記号	用語	英語名
AUT	自　動	Automatic
MAN	手　動	Manual
OP	開	Open
CL	閉	Close
U	上　昇	Up
D	下　降	Down
FW	前	Forward
BW	後	Backward
F	正	Forward
R	逆	Reverse
R	右	Right
L	左	Left
H	高	High
L	低	Low
OFF	開路（切）	Off
ON	閉路（入）	On
ST	始　動	Start
STP	停　止	Stop
EM	非　常	Emergency
RUN	運　転	Run
ICH	寸　動	Inching
SET	セット	Set
RST	復　帰	Reset
C	制　御	Control
OPE	操　作	Operation
B	遮断，制動	Braking
CO	切換え	Chang-over
HL	保　持	Holding
R	記　録	Recording
IL	インタロック	Inter-locking

2章 シーケンス制御の基本

表2·3 機能を表す文字記号（JEM規格）

文字記号	用語	英語名
G	発電機	Generator
M	電動機	Motor
IM	誘導電動機	Induction Motor
F	ヒューズ	Fuse
CB	遮断器	Circuit-Breaker
BS	ボタンスイッチ	Button Switch
TGS	トグルスイッチ	Toggle Switch
RS	ロータリスイッチ	Rotary Switch
LS	リミットスイッチ	Limit Switch
COS	切換スイッチ	Change-over Switch
CS	制御スイッチ	Control Switch
PHOS	光電スイッチ	Photoelectric Switch
PROS	近接スイッチ	Proximity Switch
FLTS	フロートスイッチ	Float Switch
PRS	圧力スイッチ	Pressure Switch
THS	温度スイッチ	Thermo Switch
KS	ナイフスイッチ	Knife Switch
MCCB	配線用遮断器	Molded-Case Circuit-Breaker
ELCB	漏電遮断器	Earth leakage Circuit-Breaker
MC	電磁接触器	Electromagnetic contactor
MS	電磁開閉器	Electromagnetic Switch
R	電磁リレー，電磁継電器	Relay
THR	サーマルリレー，熱動継電器	Thermal Relay
AXR	補助リレー	Auxiliary Relay
TLR	タイマ，限時継電器	Time-lag Relay
VM	電圧計	Voltmeter
AM	電流計	Ammeter
WM	電力計	Wattmeter
R	抵抗器	Resistor
VR	抵抗器	Variable Resistor
STR	始動抵抗器	Starting Resistor
BL	ベル	Bell
BZ	ブザー	Buzzer
TC	引きはずしコイル	Trip Coil

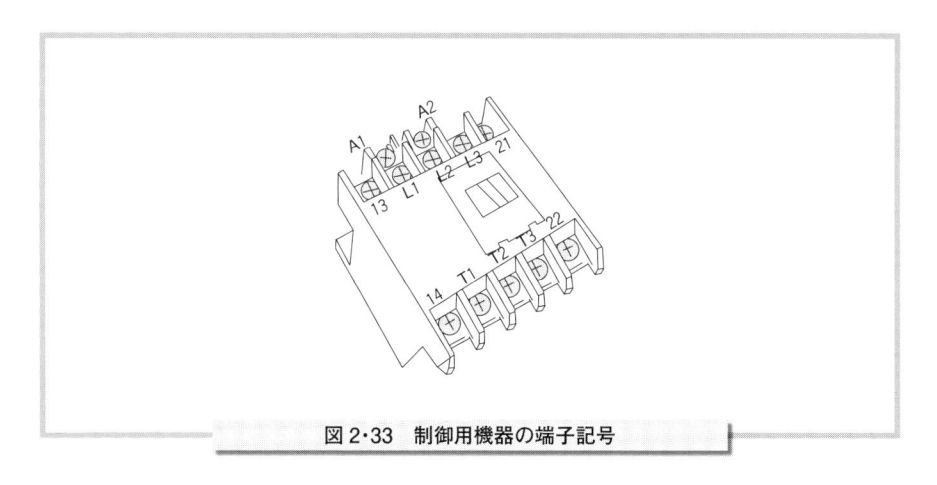

図2・33　制御用機器の端子記号

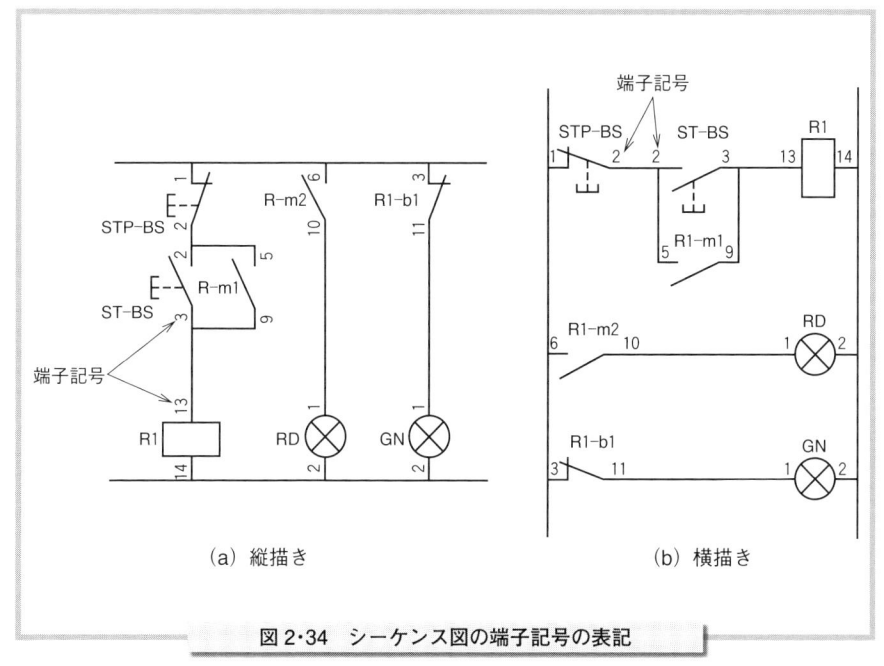

図2・34　シーケンス図の端子記号の表記

(a) 縦描き　　(b) 横描き

　実際の端子への結線は，**図2・35**のようにマーカーチューブに端子記号を印刷して，圧着端子などを用いて結線します．また，端子台には端子記号を表記します（**図2・36**）．実際の端子台結線は**図2・37**のようになります．

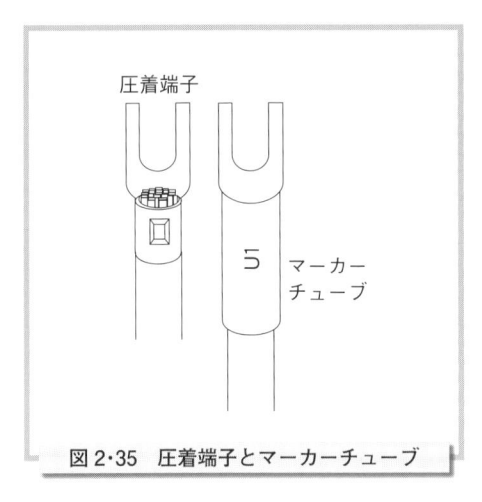

2章 シーケンス制御の基本

図2・35 圧着端子とマーカーチューブ

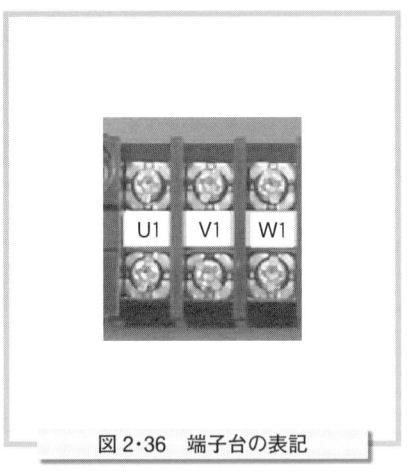

図2・36 端子台の表記

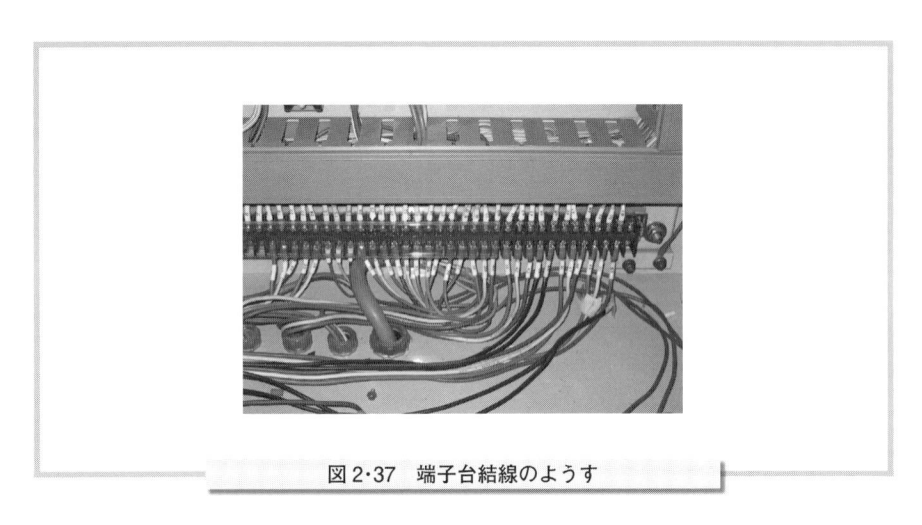

図2・37 端子台結線のようす

　また，シーケンス図では，制御器具の名称を数字で表す**制御器具番号**を用いる方法があります．**表2・4**で示すように，制御器具番号はJEM規格で1番から99番まで定められ，例えば，「主幹制御器」は，制御器具番号「1」で表します．

2-5 シーケンス図に使う文字記号

表2・4 制御器具番号（JEM規格）

基本器具番号	器具名称	説 明
1	主幹制御器又はスイッチ	主要機器の始動・停止を開始する器具
2	始動若しくは閉路限時継電器又は始動若しくは閉路遅延継電器	始動若しくは閉路開始前の時刻設定を行う継電器又は始動若しくは閉路開始前に時間の余裕を与える継電器
3	操作スイッチ	機器を操作するスイッチ
4	主制御回路用制御器又は継電器	主制御回路の開閉を行う器具
5	停止スイッチ又は継電器	機器を停止する器具
6	始動遮断器，スイッチ，接触器又は継電器	機器をその始動回路に接続する器具
7	調整スイッチ	機器を調整するスイッチ
8	制御電源スイッチ	制御電源を開閉するスイッチ
9	界磁転極スイッチ，接触器又は継電器	界磁電流の方向を反対にする器具
10	順序スイッチ又はプログラム制御器	機器の始動又は停止の順序を定める器具
11	試験スイッチ又は継電器	機器の動作を試験する器具
12	過速度スイッチ又は継電器	過速度で動作する器具
13	同期速度スイッチ又は継電器	同期速度又は同期速度付近で動作する器具
14	低速度スイッチ又は継電器	低速度で動作する器具
15	速度調整装置	回転機の速度を調整する装置
16	表示線監視継電器	表示線の故障を検出する継電器
17	表示線継電器	表示線継電方式に用いることを目的とする継電器
18	加速若しくは減速接触器又は加速若しくは減速継電器	加速又は減速が予定値になったとき，次の段階に進める器具
19	始動，運転切換接触器又は継電器	機器を始動から運転に切り換える器具
20	補機弁	補機の主要弁
21	主機弁	主機の主要弁
22	漏電遮断器，接触器又は継電器	漏電が生じたとき，動作又は交流回路を遮断する器具
23	温度調整装置又は継電器	温度を一定の範囲に保つ器具
24	タップ切換装置	電気機器のタップを切り換える装置
25	同期検出装置	交流回路の同期を検出する装置
26	静止器温度スイッチ又は継電器	変圧器，変流器などの温度が予定値以上又は以下になったとき動作する器具
27	交流不足電圧継電器	交流電圧が不足したとき動作する継電器
28	警報装置	警報を出すとき動作する装置
29	消火装置	消火を目的として動作する装置

表2・4 制御器具番号（JEM規格）（つづき）

基本器具番号	器具名称	説　明
30	機器の状態又は故障表示装置	機器の動作状態又は故障を表示する装置
31	界磁変更遮断器，スイッチ，接触器又は継電器	界磁回路及び励磁の大きさを変更する器具
32	直流逆流継電器	直流が逆に流れたとき動作する継電器
33	位置検出スイッチ又は装置	位置と関連して開閉する器具
34	電動順序制御器	始動又は停止動作中主要装置の動作順序を定める制御器
35	ブラシ操作装置又はスリップリング短絡装置	ブラシを昇降若しくは移動する装置又はスリップリングを短絡する装置
36	極性継電器	極性によって動作する継電器
37	不足電流継電器	電流が不足したとき動作する継電器
38	軸受温度スイッチ又は継電器	軸受けの温度が予定値以上又は予定値以下となったとき動作する器具
39	機械的異常監視装置又は検出スイッチ	機器の機械的異常を監視又は検出する器具
40	界磁電流継電器又は界磁喪失継電器	界磁電流の有無によって動作する継電器又は界磁喪失を検出する継電器
41	界磁遮断器，スイッチ又は接触器	機械に励磁を与え又はこれを除く器具
42	運転遮断器，スイッチ又は接触器	機械をその運転回転に接続する器具
43	制御回路切換スイッチ，接触器又は継電器	自動から手動に移すなどのように制御回路を切り換える器具
44	距離継電器	短絡又は地絡故障点までの距離によって動作する継電器
45	直流過電圧継電器	直流の過電圧で動作する継電器
46	逆相又は相不平衡電流継電器	逆相又は相不平衡電流で動作する継電器
47	欠相又は逆相電圧継電器	欠相又は逆相電圧のとき動作する継電器
48	渋滞検出継電器	規定の時間以内に所定の動作が行われないとき動作する継電器
49	回転温度スイッチ若しくは継電器又は過負荷継電器	回転機の温度が予定値以上若しくは以下となったとき動作する器具又は機器が過負荷となったとき動作する器具
50	短絡選択継電器又は地絡選択継電器	短絡又は地絡回路を選択する継電器
51	交流過電流継電器又は地絡過電流継電器	交流の過電流又は地絡過電流で動作する継電器
52	交流遮断器又は接触器	交流回路を遮断・開閉する器具
53	励磁継電器又は励弧継電器	励磁又は励弧の予定状態で動作する継電器
54	高速度遮断器	直流回路を高速度で遮断する器具

表2・4 制御器具番号（JEM 規格）（つづき）

基本器具番号	器具名称	説　明
55	自動力率調整器又は力率継電器	力率をある範囲に調整する調整器又は予定力率で動作する継電器
56	すべり検出器又は脱調継電器	予定のすべりで動作する検出器又は同期外れを検出する継電器
57	自動電流調整器又は電流継電器	電流をある範囲に調整する調整器又は予定電流で動作する継電器
58	（予備番号）	—
59	交流過電圧継電器	交流の過電圧で動作する継電器
60	自動電圧平衡調整器又は電圧平衡継電器	二回路の電圧差をある範囲に保つ調整器又は予定電圧差で動作する継電器
61	自動電流平衡調整器又は電流平衡継電器	二回路の電流差をある範囲に保つ調整器又は予定電流差で動作する継電器
62	停止若しくは開路限時継電器又は停止若しくは開路遅延継電器	停止若しくは開路前の時刻設定を行う継電器又は停止若しくは開路前に時間の余裕を与える継電器
63	圧力スイッチ又は継電器	予定の圧力で動作する器具
64	地絡過電圧継電器	地絡を電圧によって検出する継電器
65	調整装置	原動機の速度を調整する装置
66	断続継電器	予定の周期で接点を反復開閉する継電器
67	交流電力方向継電器又は地絡方向継電器	交流回路の電力方向又は地絡方向によって動作する継電器
68	混入検出器	流体の中にほかの物質が混入したことを検出する器具
69	流量スイッチ又は継電器	流体の流れによって動作する器具
70	加減抵抗器	加減する抵抗器
71	整流素子故障検出装置	整流素子の故障を検出する装置
72	直流遮断器又は接触器	直流開路を遮断・開閉する器具
73	短絡用遮断器又は接触器	電流制限抵抗・振動防止抵抗などを短絡する器具
74	調整弁	流体の流量を調整する弁
75	制動装置	機械を制動する装置
76	直流過電流継電器	直流の過電流で動作する継電器
77	負荷調整装置	負荷を調整する装置
78	搬送保護位相比較継電器	被保護区間各端子の電流の位相差を搬送波によって比較する継電器
79	交流再閉路継電器	交流回路の再閉路を制御する継電器

2章　シーケンス制御の基本

表2・4　制御器具番号（JEM規格）（つづき）

基本器具番号	器具名称	説　明
80	直流不足電圧継電器	直流電圧が不足したとき動作する継電器
81	調速機駆動装置	調速機を駆動する装置
82	直流再閉路継電器	直流回路の再閉路を制御する継電器
83	選択スイッチ，接触器又は継電器	ある電源を選択又はある装置の状態を選択する器具
84	電圧継電器	直流又は交流回路の予定電圧で動作する継電器
85	信号継電器	送信又は受信継電器
86	ロックアウト継電器	異常が起こったとき装置の応動を阻止する継電器
87	差動継電器	短絡又は地絡差電流によって動作する継電器
88	補機用遮断器，スイッチ，接触器又は継電器	補機の運転用遮断器，スイッチ，接触器又は継電器
89	断路器又は負荷開閉器	直流若しくは交流回路用断路器又は負荷開閉器
90	自動電圧調整器又は自動電圧調整継電器	電圧をある範囲に調整する器具
91	自動電力調整器又は電力継電器	電力をある範囲に調整する器具又は予定電力で動作する継電器
92	扉又はダンパ	出入口扉，風洞扉など
93	（予備番号）	―
94	引外し自由接触器又は継電器	閉路操作中でも引外し装置の動作は自由にできる器具
95	自動周波数調整器又は周波数継電器	周波数をある範囲に調整する器具又は予定周波数で動作する継電器
96	静止器内部故障検出装置	静止器の内部故障を検出する装置
97	ランナ	カプラン水車のランナなど
98	連結装置	二つの装置を連結し動力を伝達する装置
99	自動記録装置	自動オシログラフ，自動動作記録装置，自動故障記録装置，故障点標定器など

2-6 シーケンス図の位置参照方式

　シーケンス図の描き方には**回路番号参照方式**と**区分参照方式**があります．図2・38に示すような回路番号参照方式は電源線の分岐点に回路番号を表記します．縦描きシーケンス図では左から右へ向かって回路番号を付け，横描きシーケンス図では上から下へ向かって回路番号を付けます．また電磁リレーなどの接点の位置は回路番号で表します．

図2・38　回路番号参照方式によるシーケンス図

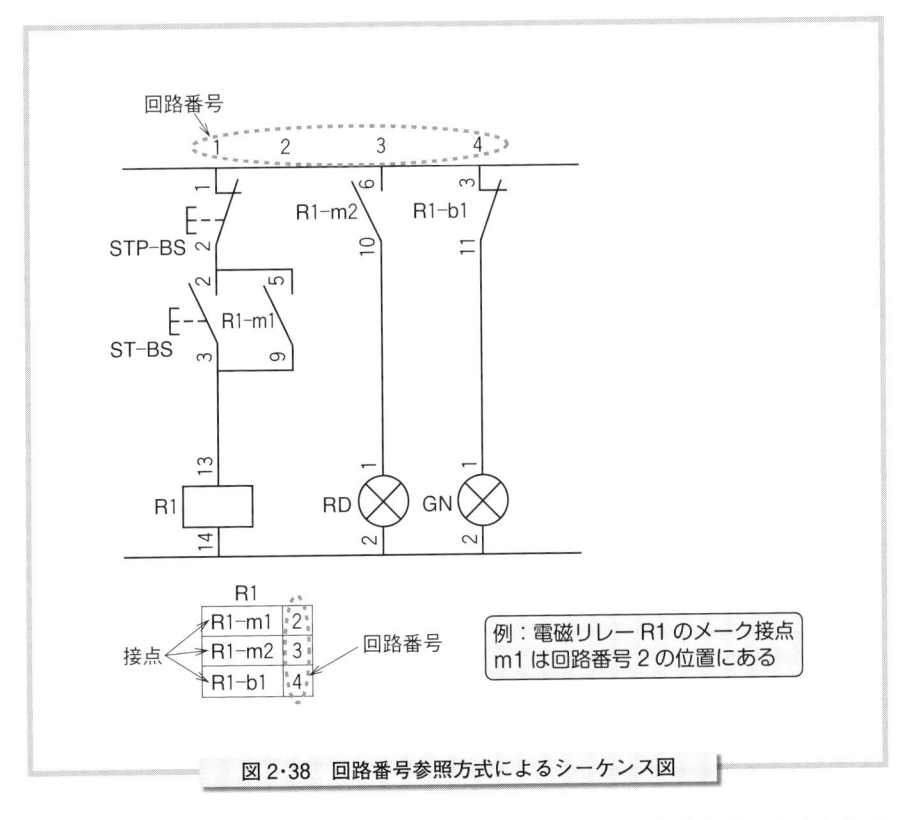

　図2・39に示すような区分参照方式はシーケンス図の縦方向と横方向をそれぞれ分割し，縦方向をアルファベットで，横方向を数字で表す位置参照方式です．この方式では電磁リレーなどの接点のある位置を文字と数字の組合せで表します．また，シートが複数あるようなシーケンス図では，シート番号も記載します．

2章 シーケンス制御の基本

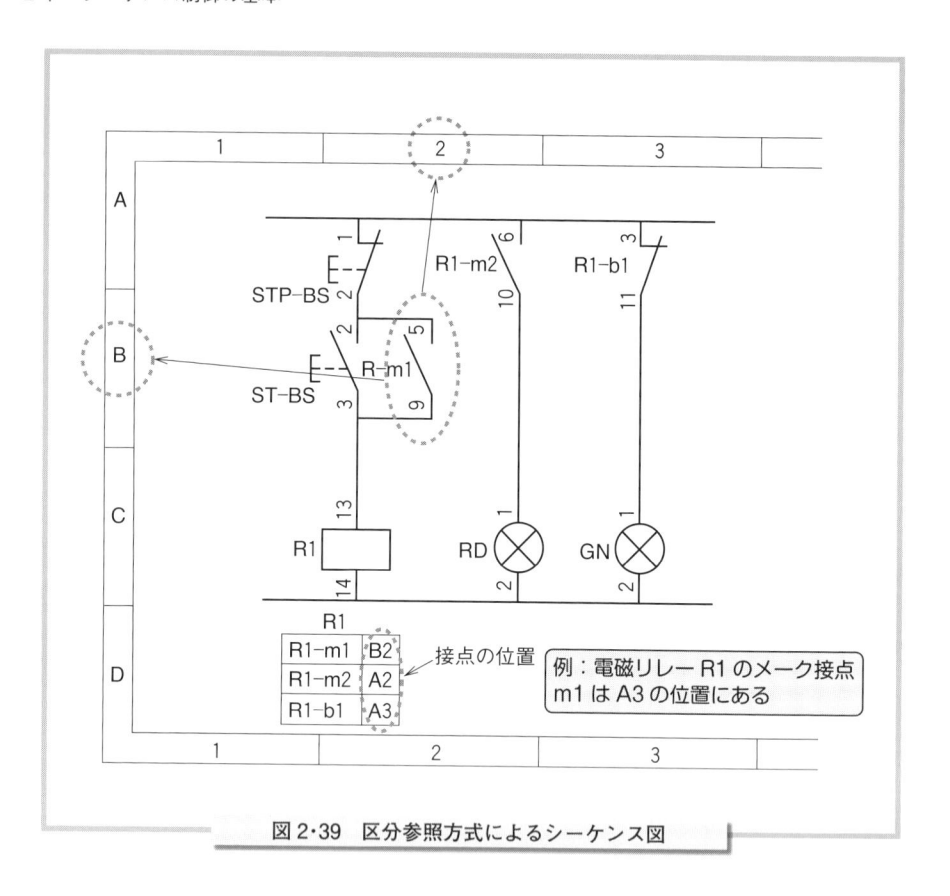

図2・39 区分参照方式によるシーケンス図

	R1	
	R1-m1	B2
	R1-m2	A2
	R1-b1	A3

接点の位置

例：電磁リレーR1のメーク接点 m1はA3の位置にある

54

3章 さまざまな制御用機器

3-1 命令用機器
3-2 検出用機器
3-3 制御操作用機器
3-4 表示用機器と警報用機器
3-5 操作対象機器

3-1 命令用機器

押しボタンスイッチは手動により命令を与える制御用機器で，操作用のボタンを押すと接点が動作します．このスイッチは接点の動作方式により以下の数種類に分類することができます．

1 モーメンタリ動作形

モーメンタリ動作形押しボタンスイッチ（図3・1）はボタンを押すと接点が動作し，手を放すとスプリングなどの力で初期状態に戻る方式です．このような動作を**手動操作自動復帰形**といい，始動用ボタンスイッチなどに使われます．

図3・1 モーメンタリ動作形押しボタンスイッチ
（写真提供：IDEC 株式会社）

本章では，以降の記述で，モーメンタリ動作形押しボタンスイッチは単に押しボタンスイッチとしています．なお，モーメンタリ動作形押しボタンスイッチの構造とJISで定めた接点を示す図記号は**図3・2**のようになります．

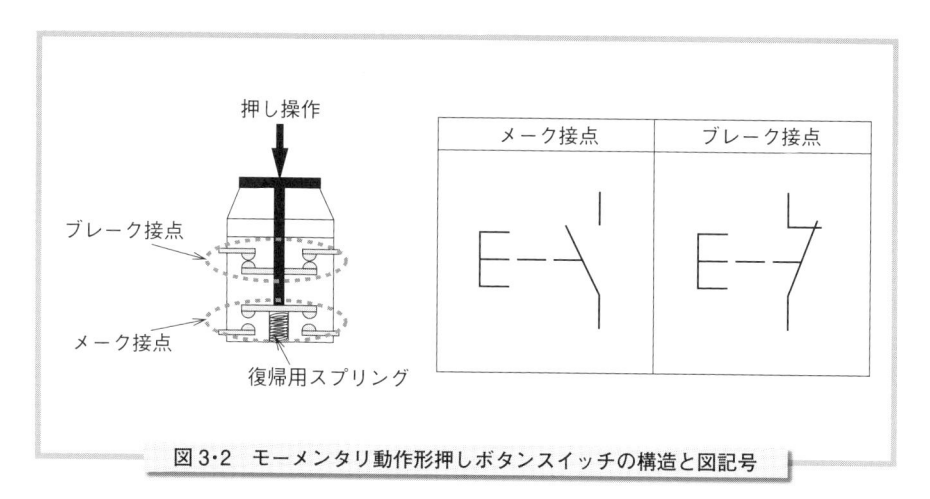

図3・2　モーメンタリ動作形押しボタンスイッチの構造と図記号

2　オルタネイト動作形（プッシュオン・プッシュオフ形）

　オルタネイト形押しボタンスイッチ（図3・3）ははじめにボタンを押した時は，内部の機械的なロック機構により接点の動作状態が保持され，再度押すとロックが解除されて接点が復帰するスイッチです（手動操作手動復帰形）．

図3・3　オルタネイト形押しボタンスイッチ
（写真提供：IDEC 株式会社）

3　プッシュ・プル動作形

　プッシュ・プル形押しボタンスイッチ（図3・4）はボタンを押すと，内部の機械的なロック機構により接点の動作状態が保持され，引きもどすとロックが解

除されるスイッチです（手動操作手動復帰形）．

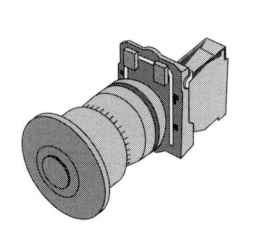

図3・4 プッシュ・プル形押しボタンスイッチ（非常操作用）

4 プッシュロック・ターンリセット動作形

　プッシュロック・ターンリセット形押しボタンスイッチ（**図3・5**）はボタンを押すと，内部の機械的なロック機構により動作状態が保持され，表示された矢印の方向にボタンをひねるとロックが解除されます（手動操作手動復帰形）．

図3・5 プッシュロック・ターンリセット形押しボタンスイッチ（非常操作用）
（写真提供：IDEC 株式会社）

　押しボタンスイッチのボタンには赤色や緑色などさまざまな色が用意されています．押しボタンスイッチの機能ごとに色を決めておけば操作ミスを減らすことができます．例えば，**非常操作用にはきのこ形の赤色のボタン**を使い，他の色は使えません．また，**始動操作用ボタンには白色や黒色**を使い，赤色は使えません．**停止操作用ボタンには赤色や黒色**を使い，緑色は使えません．

　押しボタンスイッチ以外にも，回路の開閉や切換えに使うさまざまな小形ス

イッチがあります．

5 タンブラスイッチ

　タンブラスイッチ（図3・6）は波動形の操作部を押して接点が切り換わるスイッチで一般家庭の壁にも照明用のスイッチとして使われています．

　制御回路に使われるタンブラスイッチは接点が一つだけのものや，切換え接点になっているものなどがあります．このスイッチは操作部を手でシーソーのように操作して接点を開閉するもので，電気機器の電源用スイッチや制御回路では自動と手動の回路切換え用スイッチなどに用いられます．動作は**手動操作手動復帰**のものと，ばねの力で復帰する**手動操作自動復帰**があります．

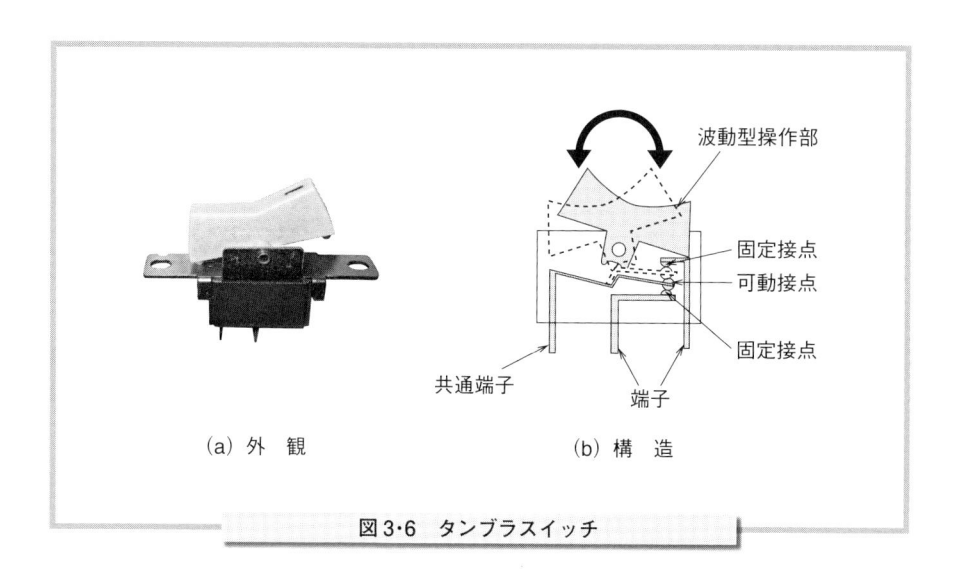

(a) 外観　　(b) 構造

図3・6　タンブラスイッチ

　なお，タンブラスイッチの接点を示す図記号はJISで**図3・7**のように定められています．

メーク接点	ブレーク接点	切換え接点

図3・7　タンブラスイッチの図記号

6　トグルスイッチ

　トグルスイッチ（図3・8）はレバー操作で接点を作動するものでスナップスイッチとも呼ばれます．レバーの操作によって可動接点が共通端子を支点にシーソーのように切り換わる手動操作手動復帰のスイッチです．このスイッチも電気機器の電源スイッチや回路の切換えなどに使い，図記号はタンブラスイッチと同じものを使います．

　トグルスイッチは操作部に指をかけやすいので，素早く確実に切り換えたい場合にはトグルスイッチを使います．

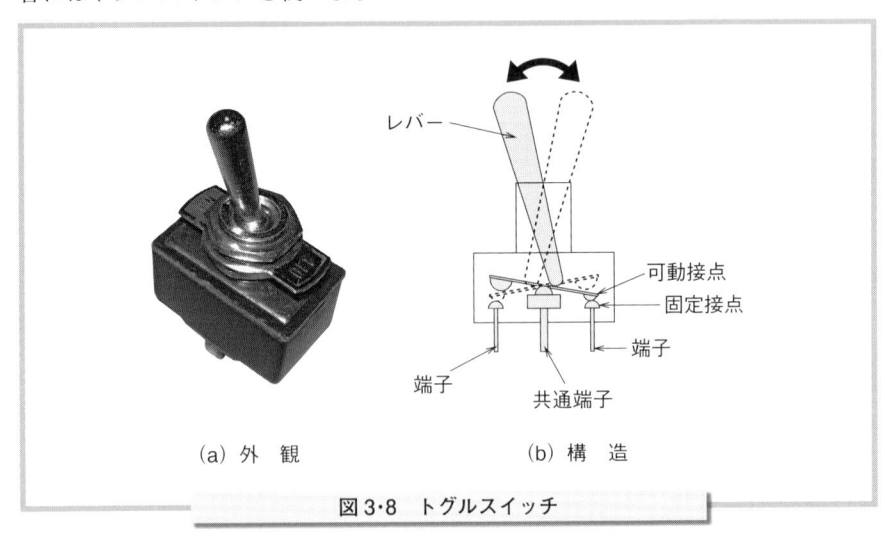

(a) 外　観　　　　　　(b) 構　造

図3・8　トグルスイッチ

3-1 命令用機器

なお，トグルスイッチの接点を示す図記号はJISで**図3・9**のように定められています．

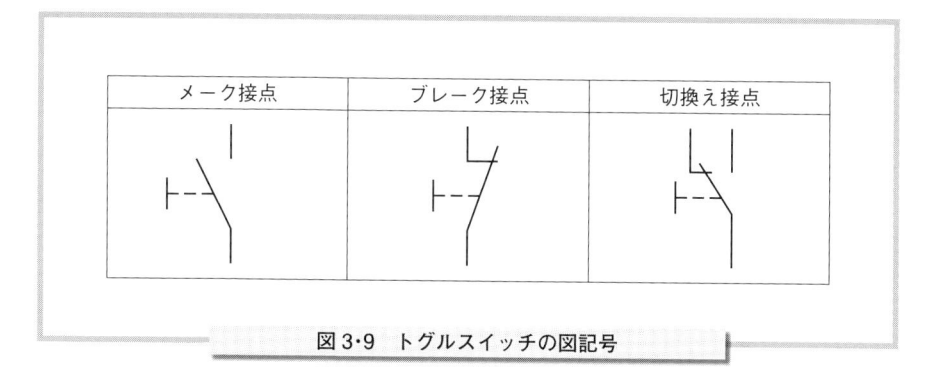

| メーク接点 | ブレーク接点 | 切換え接点 |

図3・9 トグルスイッチの図記号

7 セレクタスイッチ

セレクタスイッチ（**図3・10**）はひねり操作で接点が動作する命令用機器です．操作部にはツマミ型，レバー型，キー操作型およびハンドル型などがあります．接点は押しボタンスイッチと同じように，ツマミやレバーのひねり操作で接点を切り換えます．

ツマミ型　　レバー型　　キー操作型

図3・10　セレクタスイッチ
（写真提供：IDEC 株式会社）

操作は2段階切換えや3段階切換えのものがあり，2段階切換えを2ノッチ，3段階切換えを3ノッチと呼び，多いものでは5段階のタイプもあります．2ノッチのタイプは自動・手動の切換えなどに用いられます．3ノッチのものは自動・

停止・手動などの回路切換えに用いられます（**図3・11**）.

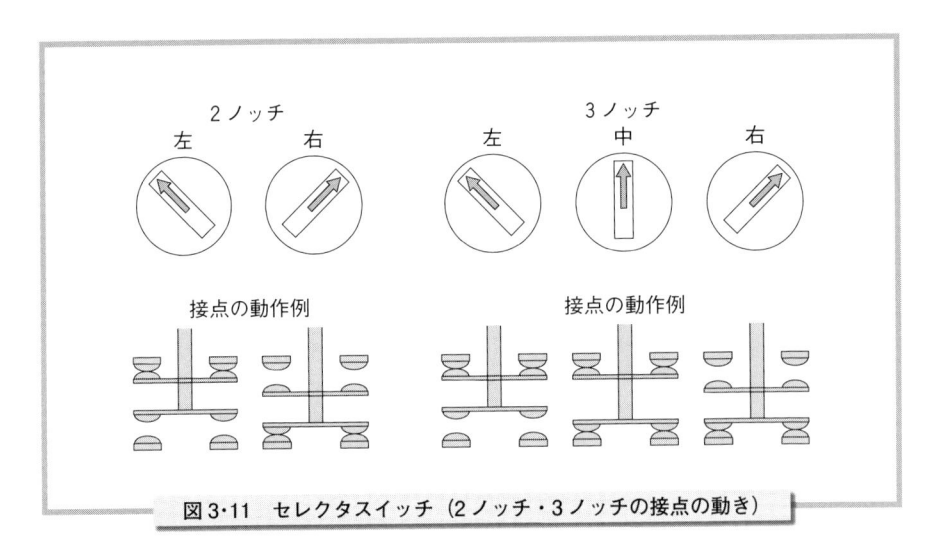

図3・11 セレクタスイッチ（2ノッチ・3ノッチの接点の動き）

なお，セレクタスイッチの接点を示す図記号は JIS で**図3・12**のように定められています.

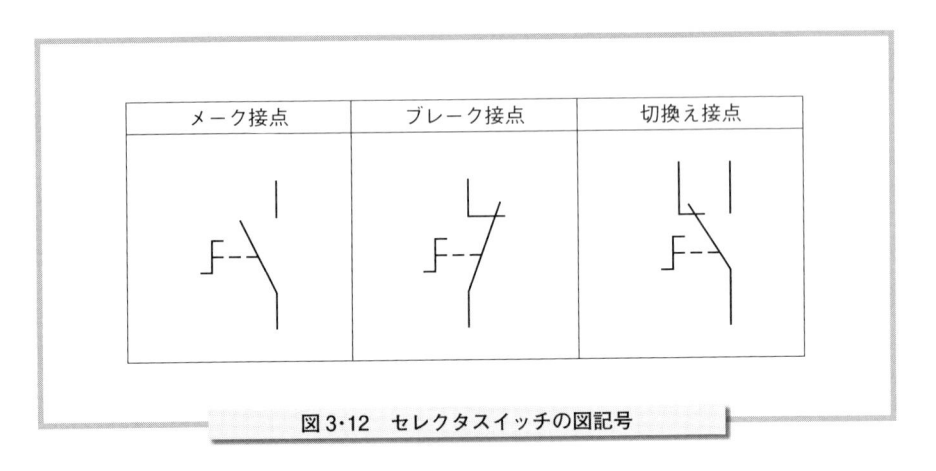

図3・12 セレクタスイッチの図記号

3-2 検出用機器

物体の位置などを検出する機器は，物体に直接接触して検知するマイクロスイッチや，非接触で検知する光電スイッチなどさまざまなものがあります．

1 マイクロスイッチ

マイクロスイッチ（図3・13）は物体がアクチュエータに直接接触することで，物体の位置などを検出する小形のスイッチです．マイクロスイッチのアクチュエータはピン形やレバー形などさまざまな形状のものがあり，用途に応じて使い分けます．

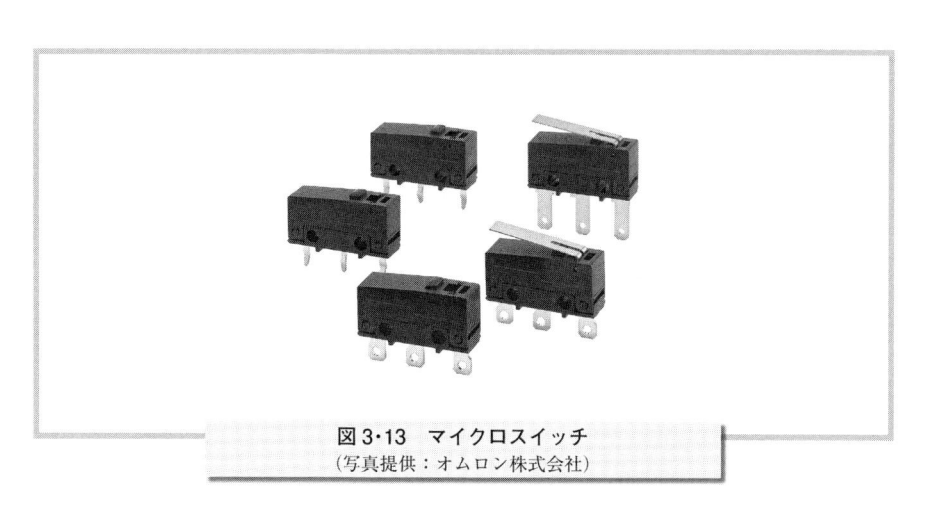

図3・13 マイクロスイッチ
（写真提供：オムロン株式会社）

接点は切換え接点で通常三つの端子があります．一般に，共通端子には COM（Common），メーク接点には NO（Normally Open），ブレーク接点には NC（Normally Close）の文字記号が表示されています図3・14 (a)．また，端子への結線は，はんだ付けや，電線に専用のコネクタを取り付けて行います．

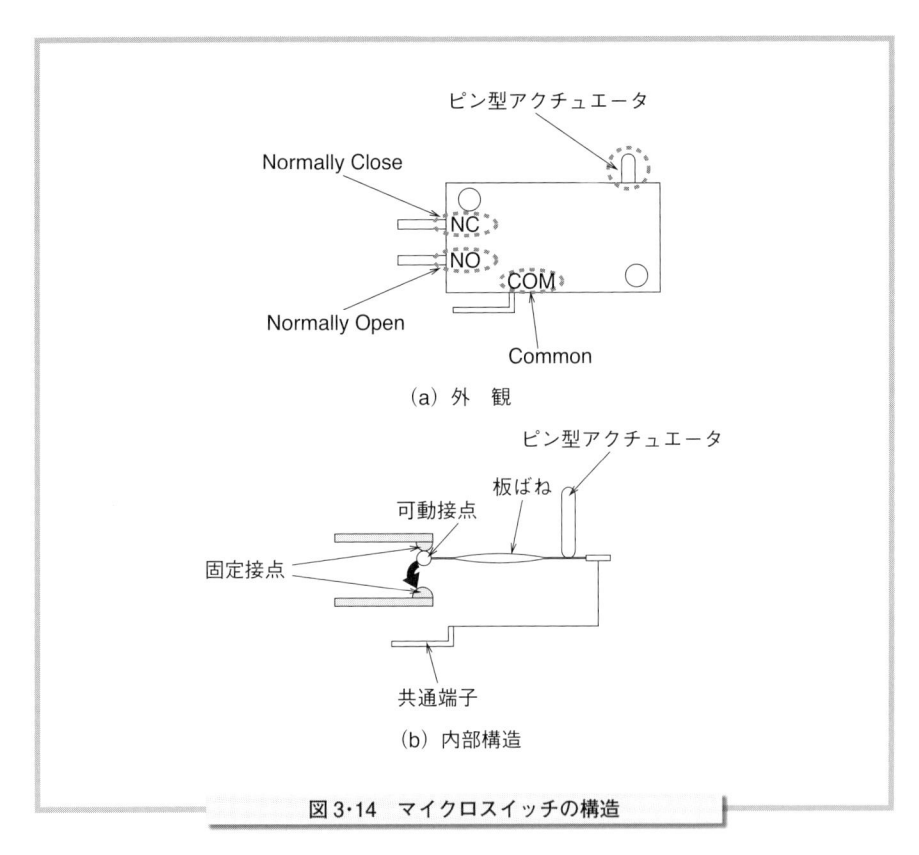

3章 さまざまな制御用機器

(a) 外観

(b) 内部構造

図3・14 マイクロスイッチの構造

なお，マイクロスイッチの接点を示す図記号は JIS で**図3・15**のように定められています．

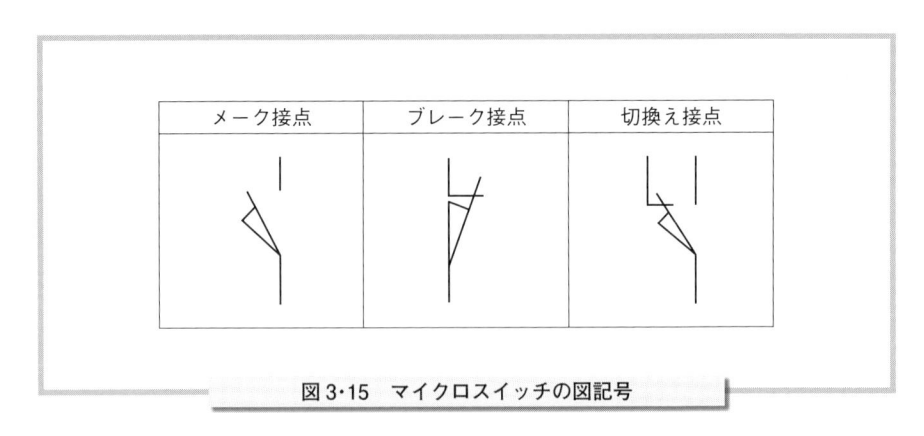

図3・15 マイクロスイッチの図記号

3-2 検出用機器

　マイクロスイッチはアクチュエータの動作で，内蔵された可動接点が作動します．可動接点は図3・14（b）のように接点と板バネから構成され，板バネの働きでアクチュエータの動作速度に関係なく，接点を素早く切り換えるスナップアクション機構になっています．

　スナップアクション機構はアークの発生時間を短くして，接点の劣化を防ぎます．なお，板バネを使わない接点を**スローアクション機構**といい，アークの発生時間は長くなります．

2 リミットスイッチ

　リミットスイッチ（**図3・16**）はマイクロスイッチをアルミダイカストなどの堅牢なケースに封入した検出用機器です．用途はマイクロスイッチと同様に位置検知用ですが，密封性が高いので，粉塵や水および油などのある場所でも使うことができます．

　アクチュエータはマイクロスイッチのように，ローラ付きレバー形，ロッド（棒）形などさまざまなタイプがあり，用途に応じて使い分けます．

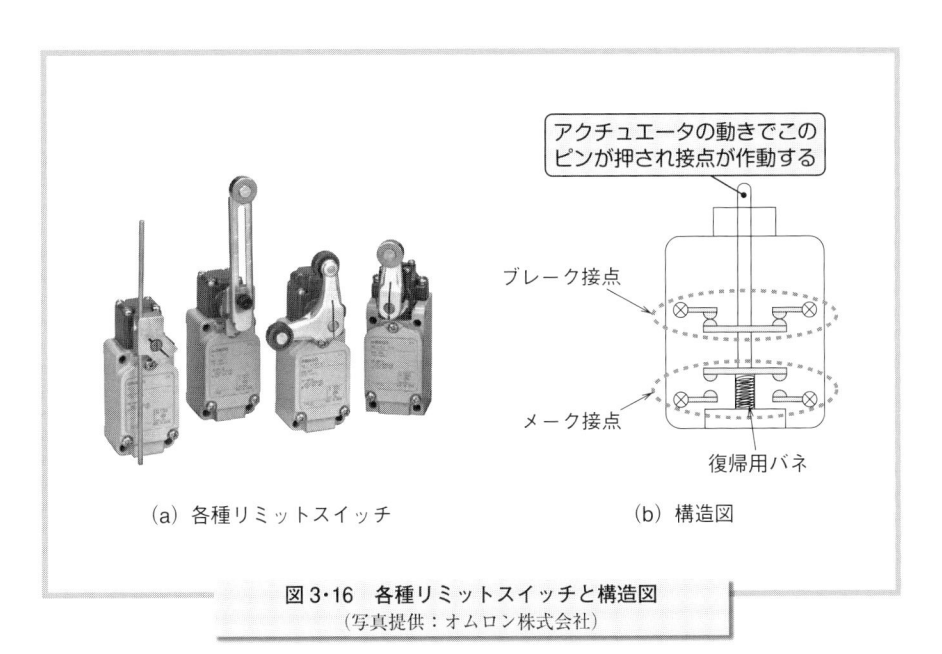

（a）各種リミットスイッチ　　　　（b）構造図

図3・16　各種リミットスイッチと構造図
（写真提供：オムロン株式会社）

メーク接点	ブレーク接点	切換え接点

図3・17　リミットスイッチの図記号

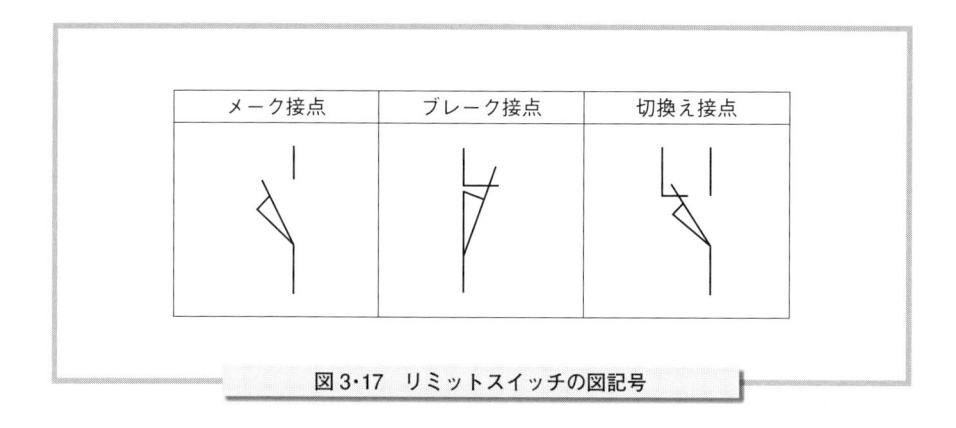

　なお，リミットスイッチの接点を示す図記号はマイクロスイッチと同じで，図3・17のように定められています．

3　光電スイッチ

　光電スイッチは近接スイッチの仲間で，物体に接触することなく光を使って検知する検出用機器です．このスイッチは投光器と受光器およびアンプユニットから構成されます．また，アンプユニットが投受光器に内蔵された製品もあります．

　光電スイッチは，投光器から出た光を受光器が受けるように配置し，物体が光を遮ると受光器が検知して，その信号をアンプユニットで，接点出力に変換します（図3・18）．マイクロスイッチのように物体に接触することがないので，機器や物体を破損することがありません．

　投光器と受光器が一体になった光電スイッチは投光部から出た光を反射板で反射し，受光部で受けます（図3・19）．

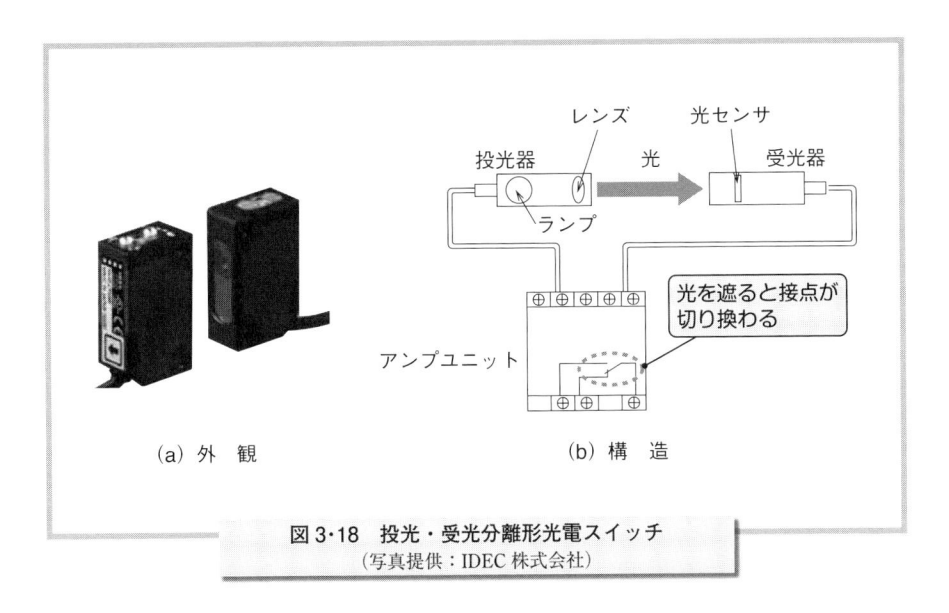

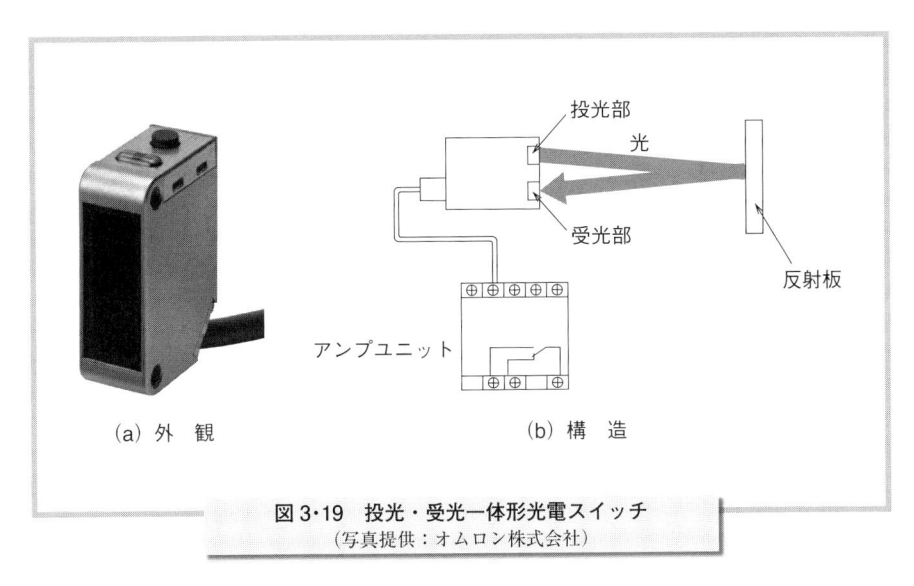

図 3・18　投光・受光分離形光電スイッチ
(写真提供：IDEC 株式会社)

図 3・19　投光・受光一体形光電スイッチ
(写真提供：オムロン株式会社)

なお，光電スイッチの接点を示す図記号は JIS で**図 3・20** のように定められています．

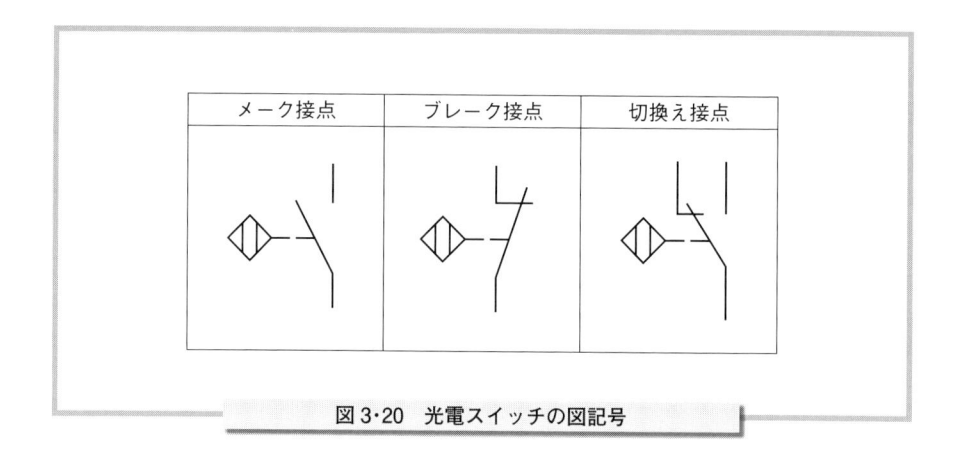

図3・20　光電スイッチの図記号

4　近接スイッチ

近接スイッチは物体を非接触で検出する機器で，高周波や磁気を利用するタイプがあります．

高周波発信形近接スイッチ（図3・21）は検知部の発信回路から高周波磁界を発生します．検知部に金属が近づくと金属内でうず電流損[*1]が発生して発信が停止することで物体の有無を検知します．

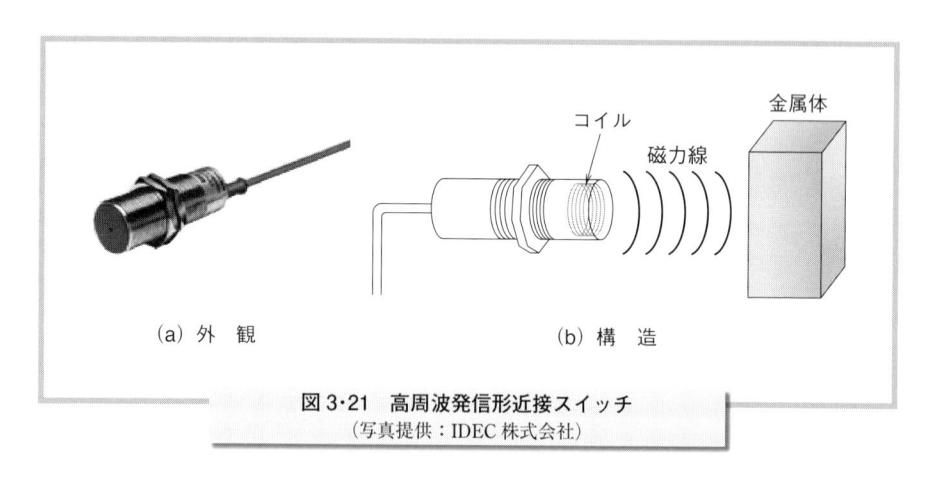

(a) 外観　　(b) 構造

図3・21　高周波発信形近接スイッチ
（写真提供：IDEC株式会社）

[*1] 電磁リレーなどの鉄芯内で磁束が変化するとうず電流が発生し，このとき，鉄芯の持つ電気抵抗により発熱して失うエネルギーをうず電流損という．

なお，近接スイッチには鉄の接近で動作するものや，磁石の接近で動作するものなどさまざまなタイプがありますが，鉄の接近で動作する近接スイッチの接点を示す図記号は，JISで**図3・22**のように定められています．

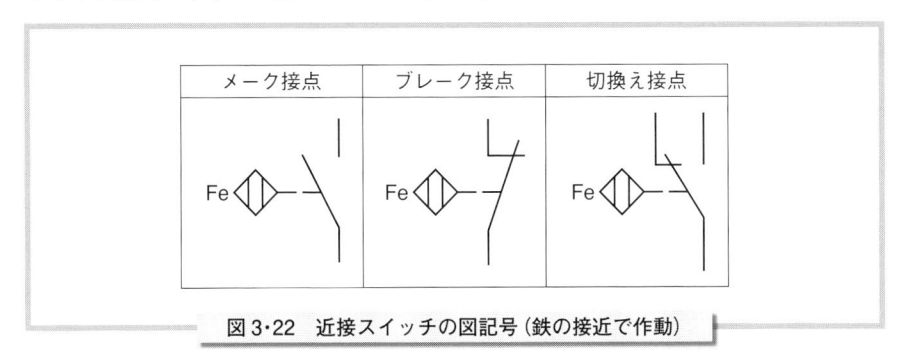

図3・22 近接スイッチの図記号（鉄の接近で作動）

5 磁気形近接スイッチ

磁気形近接スイッチ（**図3・23**）はリードスイッチと磁石が接近するようにU字形のケースに収めたもので，リードスイッチと磁石の間に金属が入ると，リードスイッチの接点が作動して金属の有無を検知します．

近接スイッチはマイクロスイッチのようなアクチュエータがなく，非接触で物体の有無を検出するので応答速度が速く長寿命です．

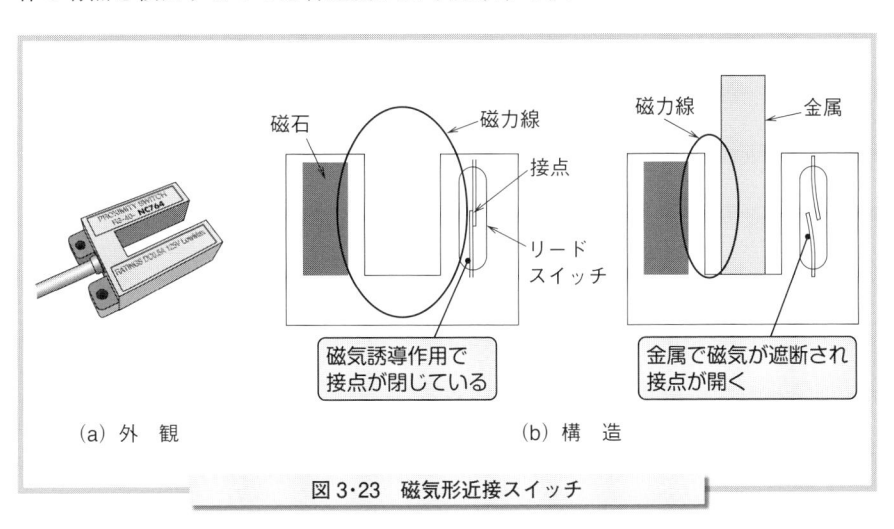

(a) 外観　　　(b) 構造

図3・23 磁気形近接スイッチ

なお，磁石の接近で動作する近接スイッチの接点を示す図記号は，JIS で図 3・24 のように定められています．

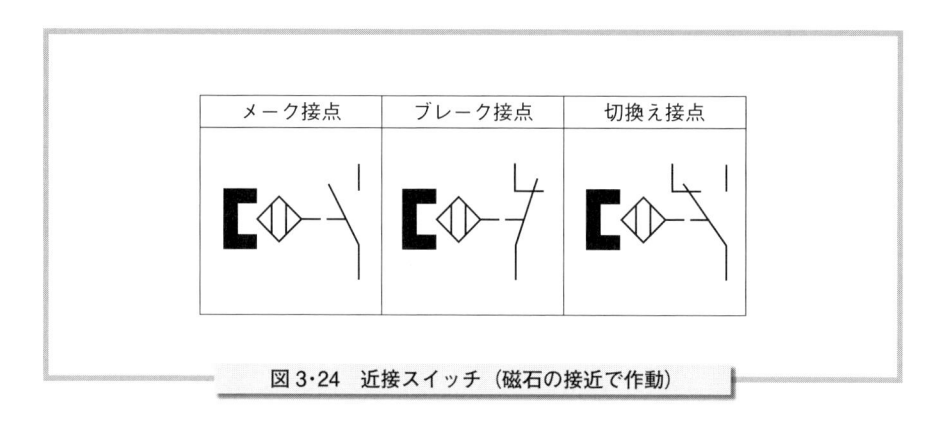

図 3・24 近接スイッチ（磁石の接近で作動）

6 レベルスイッチ

レベルスイッチは液体や粉体のレベルを検知するもので，浮きを使うフロートスイッチや浮きを使わないフロートレススイッチなどがあります．

フロートスイッチ（図 3・25）には浮きの動きでマイクロスイッチを作動するタイプや，磁石を付けた浮きとリードスイッチを使ったものがあります．

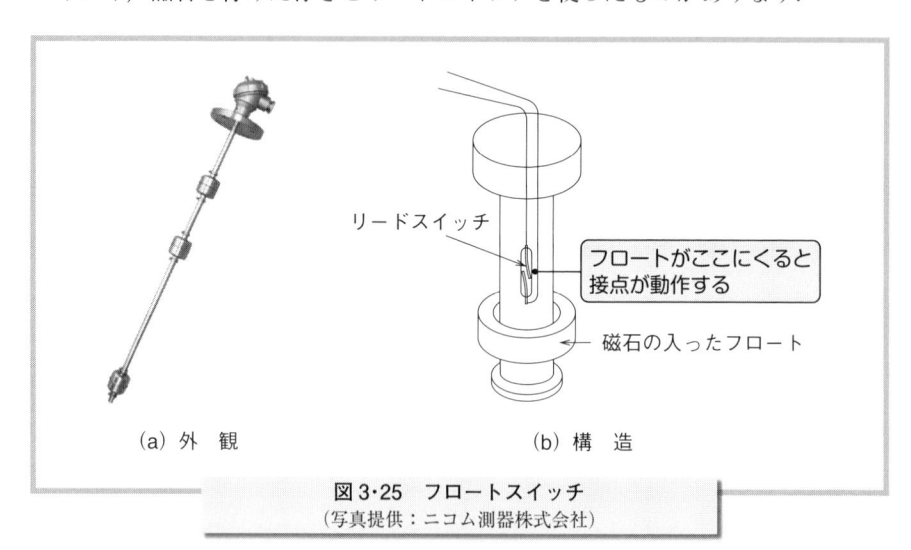

(a) 外観　　　　　(b) 構造

図 3・25 フロートスイッチ
（写真提供：ニコム測器株式会社）

フロートレススイッチ（**図 3·26**）は電極棒に低電圧を加え，水などに電流が流れることで液面を検知して揚水ポンプを作動します．電極棒とアンプユニットから構成され，高架水槽などの液面制御などに利用されています．

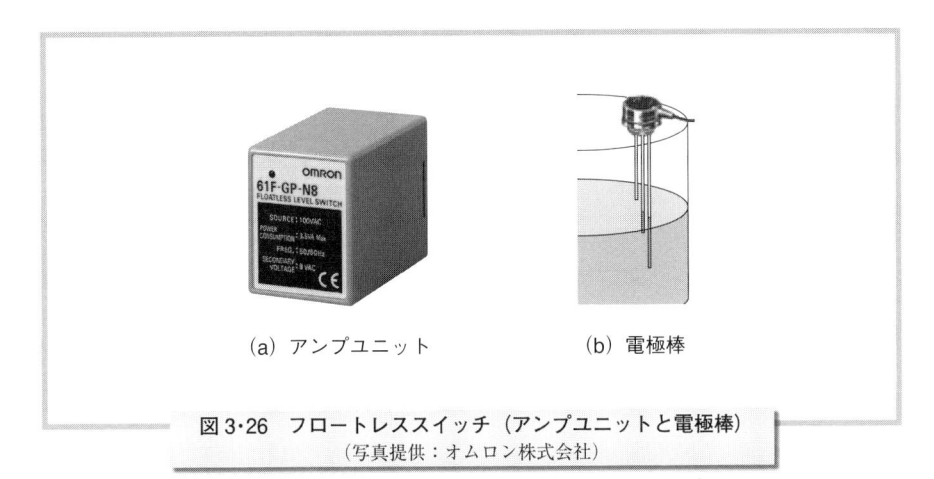

(a) アンプユニット　　(b) 電極棒

図 3·26　フロートレススイッチ（アンプユニットと電極棒）
（写真提供：オムロン株式会社）

3-3 制御操作用機器

1 電磁接触器

モータのように大きな負荷電流が流れる機器は，大きな接点容量を持つ電磁接触器を使って制御します．

電磁接触器（図3・27）は電磁リレーの一つで，電磁石によって接点を作動する機器です（図3・28）．電磁石のコイルに電源を接続すると電磁力によって可動鉄心が吸引され，接点も連動する構造になっています．電源を切るとばねの力で接点が復帰します．また接点に発生するアークを消弧する装置も内蔵されています．

電磁接触器はモータなどの大きな負荷電流を開閉するための**主接点**と，制御回路用の**補助接点**で構成されています（図3・29）．

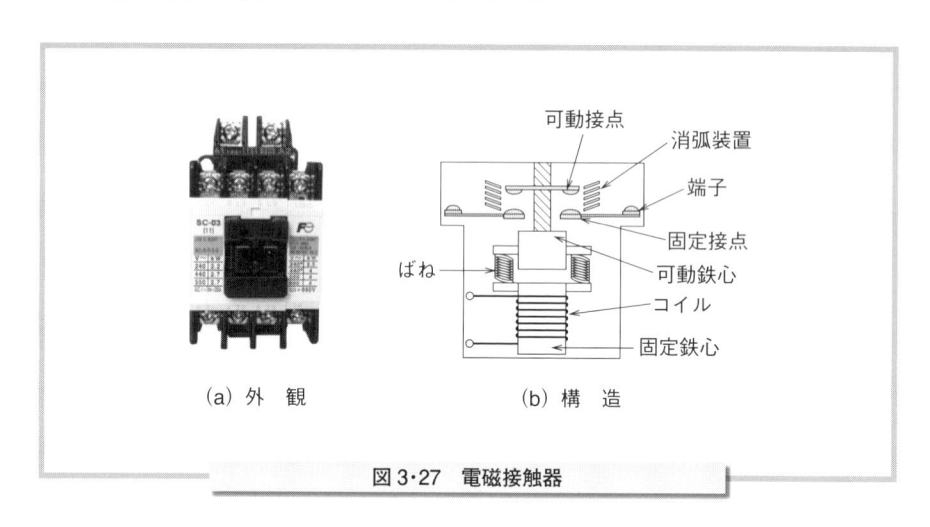

(a) 外観　　(b) 構造

図3・27　電磁接触器

3-3 制御操作用機器

図 3・28 電磁接触器の動作

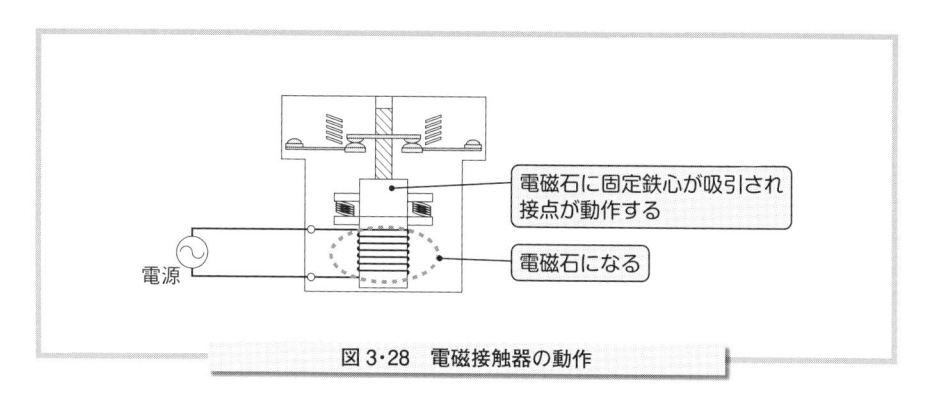

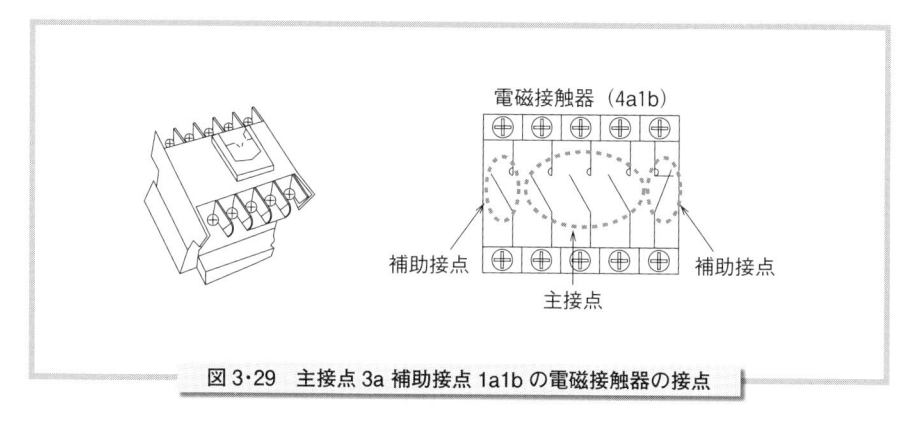

図 3・29 主接点 3a 補助接点 1a1b の電磁接触器の接点

なお，電磁接触器の接点およびコイルを示す図記号は，JIS で**図 3・30** のように定められています．

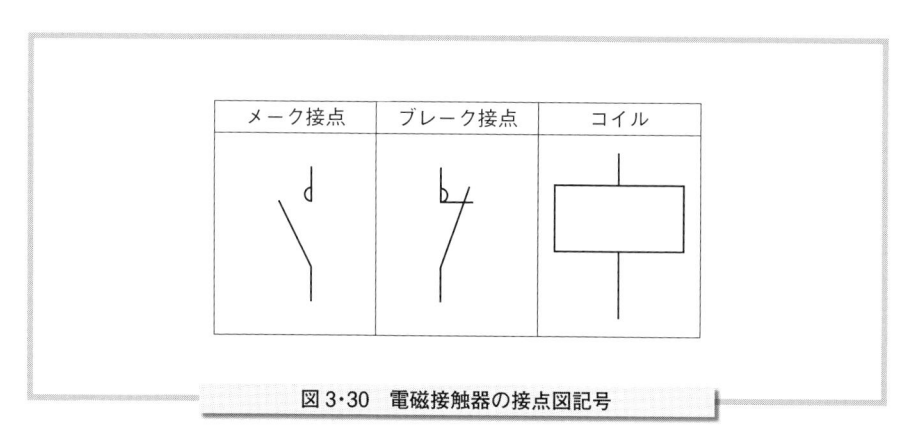

図 3・30 電磁接触器の接点図記号

2 電磁開閉器

電磁開閉器（図3・31）はモータを制御するための制御用機器で，電磁接触器にサーマルリレーを組み合わせたものです．サーマルリレー（熱動継電器）はモータが過負荷時に流れる過電流を検知して内蔵された接点を作動し，モータ駆動回路を停止します．

過電流の検知はバイメタルで行い自動的に接点を作動します．接点の復帰は一般に手動により行います．

サーマルリレーはモータの過負荷電流によりヒータがバイメタルを加熱し，引外しレバーが接点を作動させます．接点を復帰するにはリセットレバーを手動で操作して行います（自動操作手動復帰）．

モータ制御回路では，過負荷電流によってサーマルリレーのブレーク接点が開いたら，電磁開閉器のコイルが消磁して主接点が開き，モータへの通電が切れるようにします．

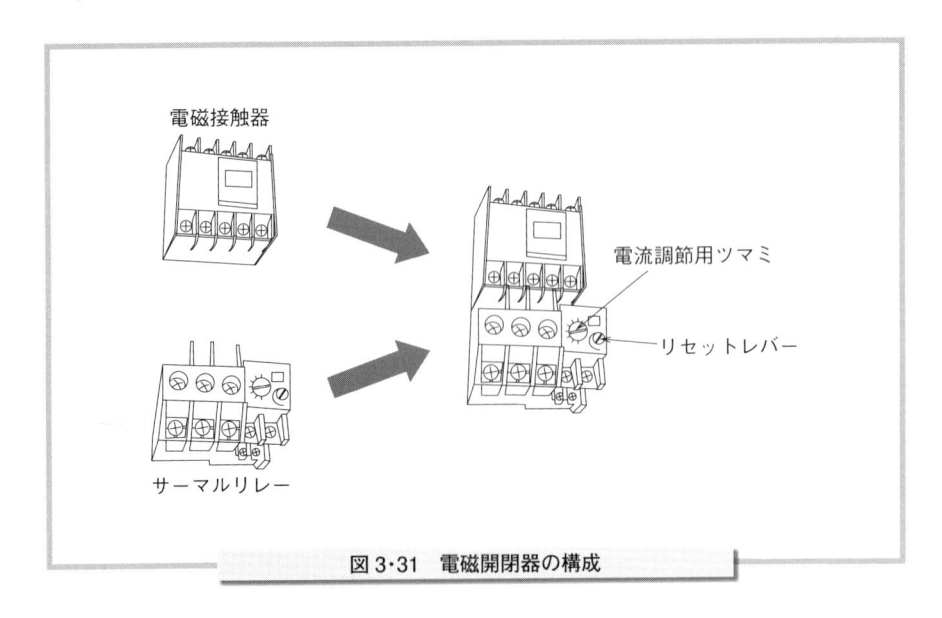

図3・31　電磁開閉器の構成

なお，サーマルリレーの接点および過電流検知部を示す図記号は，JISで図3・32のように定められています．

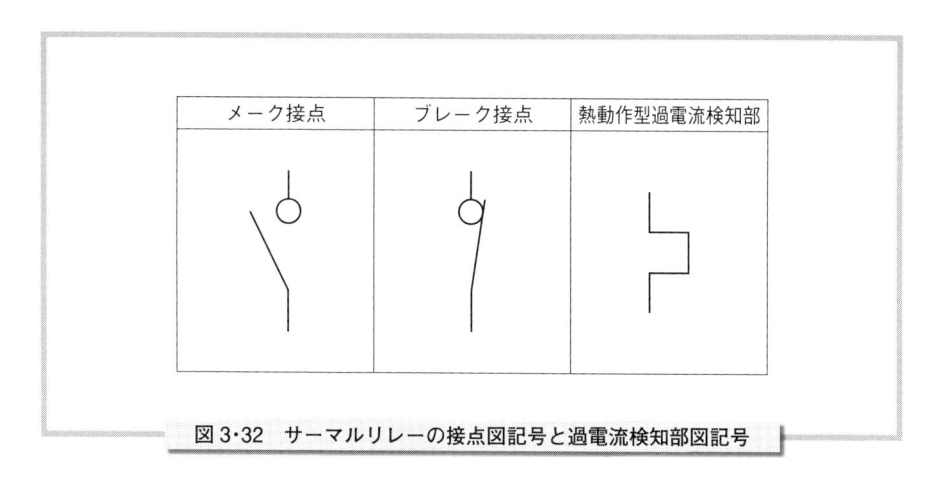

図 3·32 サーマルリレーの接点図記号と過電流検知部図記号

メーク接点	ブレーク接点	熱動作型過電流検知部

サーマルリレーは**図 3·33** のように，過電流を検知するバイメタルとトリップ装置で構成されています．また，接点はメーク接点とブレーク接点が内蔵され，メーク接点は故障を知らせる表示灯などに使います．

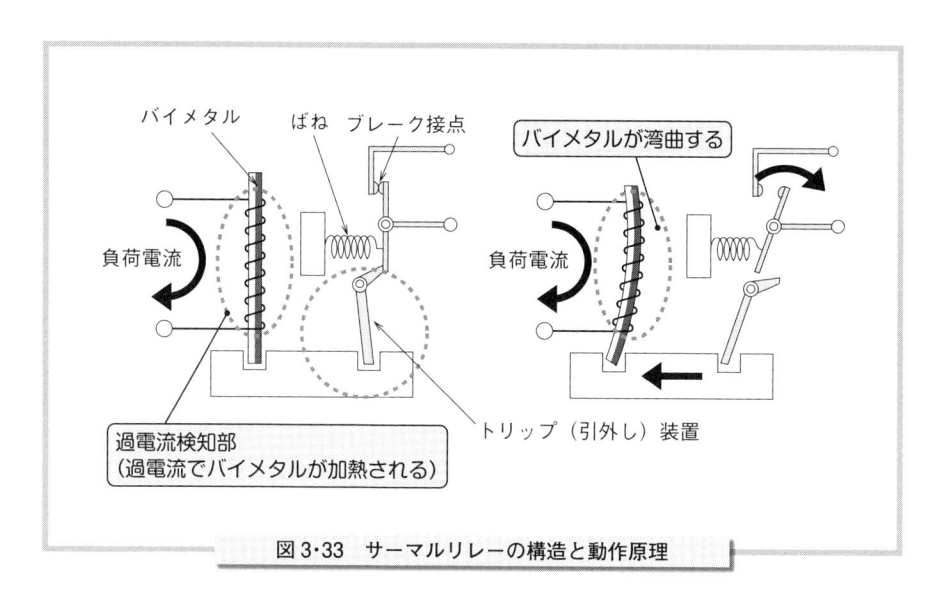

図 3·33 サーマルリレーの構造と動作原理

3 ミニチュアリレー

リレーシーケンスでは大きな接点容量を必要としない制御回路には一般にミニチュアリレー（図3・34）が使われます．ミニチュアリレーはヒンジ機構の接点[*2]を持つ小型の電磁リレーで，専用のソケットに取り付けて用います．

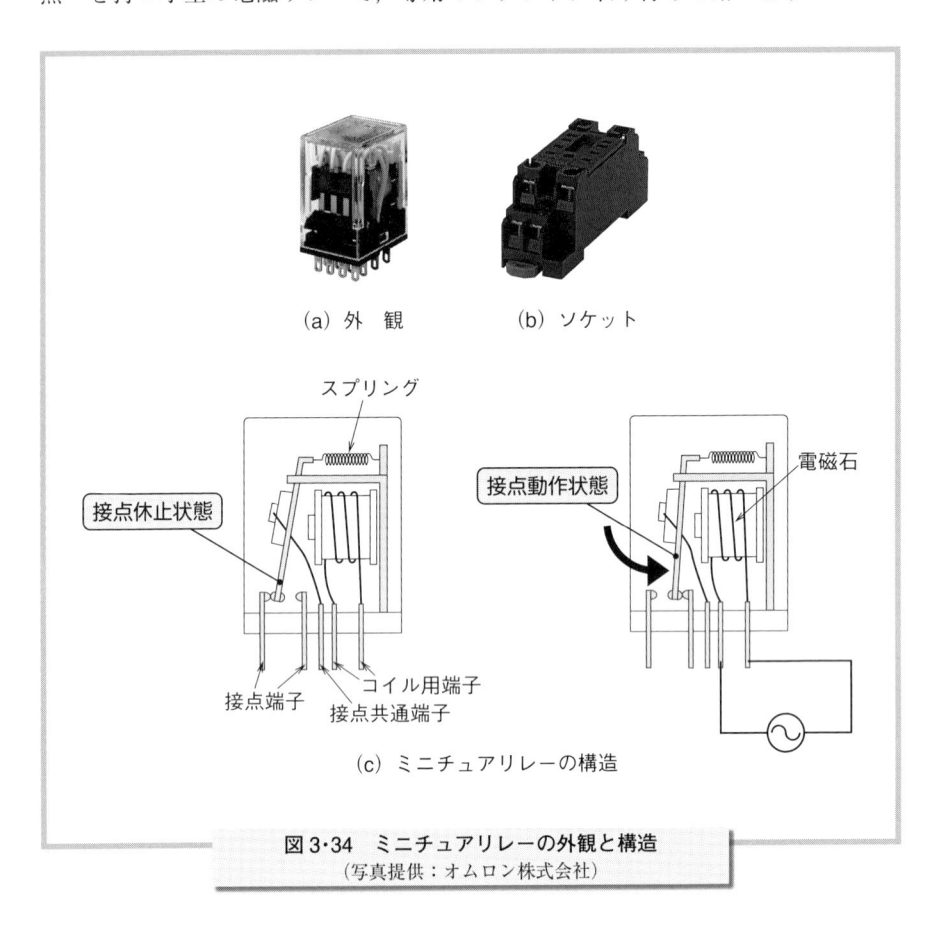

(a) 外観　　(b) ソケット

(c) ミニチュアリレーの構造

図3・34　ミニチュアリレーの外観と構造
（写真提供：オムロン株式会社）

なお，ミニチュアリレーの接点およびコイルを示す図記号は，JISで図3・35のように定められています．

---

*2　蝶番（ちょうつがい）のように固定された支点を中心に動作する接点．

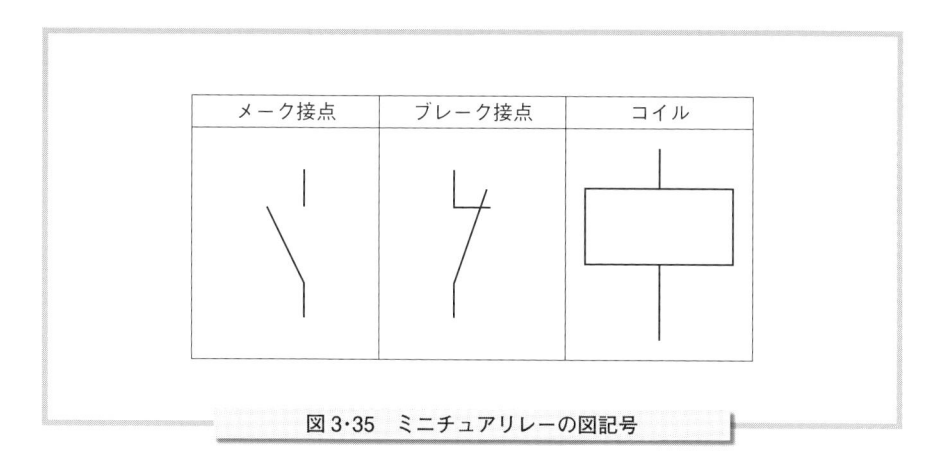

メーク接点	ブレーク接点	コイル

図3·35 ミニチュアリレーの図記号

4 タイマ

タイマ（図3·36）は設定した時間が経過すると接点が作動する制御操作用機器で，同期モータを使って機械的に時間をカウントするものや，コンデンサの充放電を利用するものなどがあります．ダイヤルを回して時間を設定するアナログタイプやボタンを押して時間を設定するデジタルタイプがあります．

タイマ駆動部に電源を接続してから設定した時間後に接点が作動する**限時動作タイプ**や，電源を切ってから設定した時間後に接点が作動する**限時復帰タイプ**があります．また，タイマは電磁リレーの仲間で，タイマ駆動用電源部を電磁リレーのコイルと同様にタイマコイルと呼ぶことがあります．

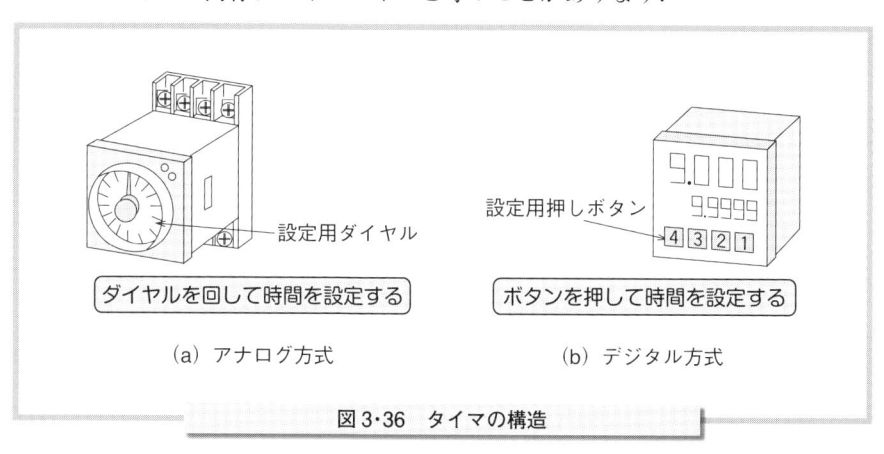

(a) アナログ方式　ダイヤルを回して時間を設定する　設定用ダイヤル

(b) デジタル方式　ボタンを押して時間を設定する　設定用押しボタン

図3·36 タイマの構造

なお，限時動作瞬時復帰形タイマの接点およびコイルを示す図記号は，JISで**図3・37**のように定められています．

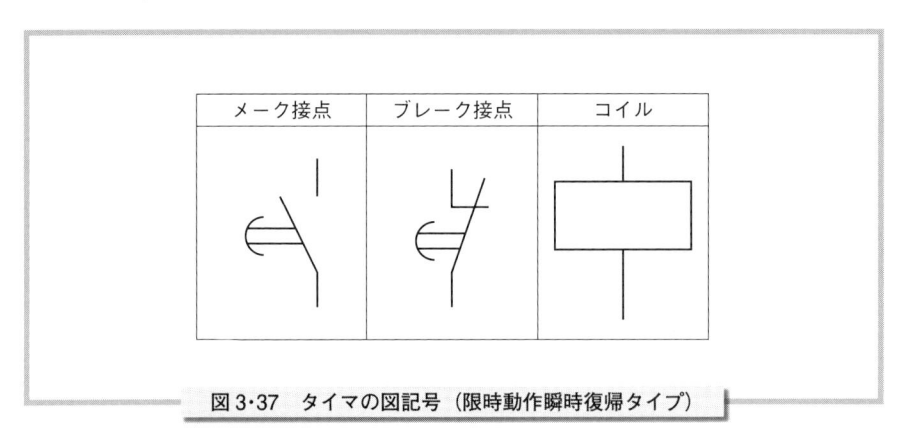

図3・37　タイマの図記号（限時動作瞬時復帰タイプ）

電圧をかけるとすぐに接点が動作し，電圧を切ると設定時間後に接点が復帰するものを**瞬時動作限時復帰**といいます．また，動作と復帰が両方とも設定時間後のものを**限時動作限時復帰**といい，JISではそれぞれに図記号が定められています（**図3・38**）．

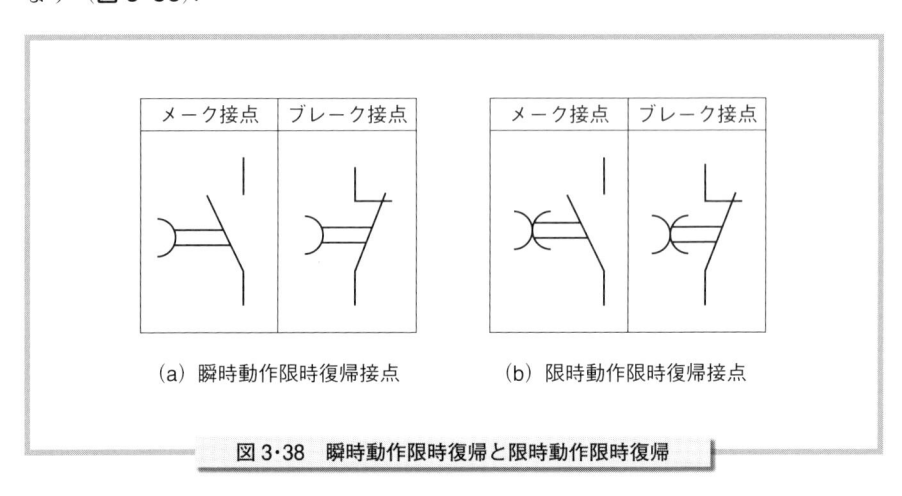

（a）瞬時動作限時復帰接点　　　　（b）限時動作限時復帰接点

図3・38　瞬時動作限時復帰と限時動作限時復帰

5　カウンタ

計数カウンタ（**図3・39**）は数を数えるための制御用機器で，物体を検知する

検出用機器と組み合わせて用います．

(a) トータルカウンタ　　(b) プリセットカウンタ

図 3・39　計数カウンタ
(写真提供：北陽電機株式会社)

　製造ライン（**図 3・40**）では，近接スイッチとプリセットカウンタを組み合わせて製品の数を数え，設定した数量に製品を分けます．

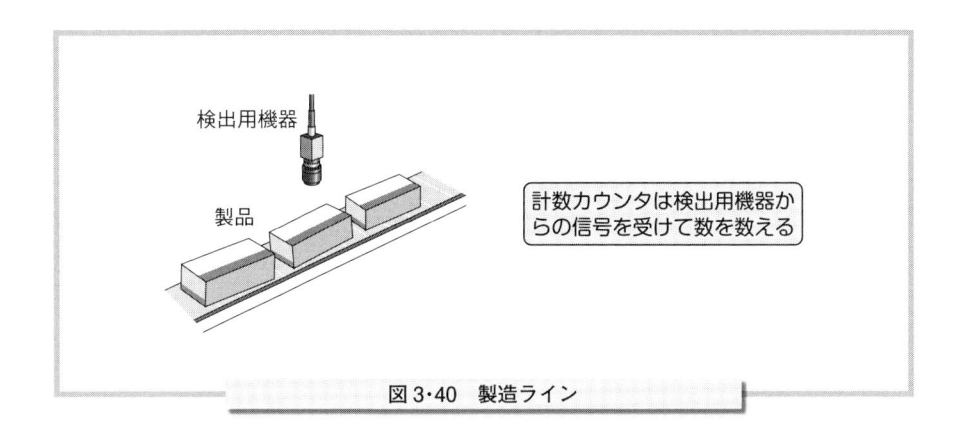

計数カウンタは検出用機器からの信号を受けて数を数える

図 3・40　製造ライン

　トータルカウンタは**図 3・41** のように，光電スイッチなどの検出用機器からのパルスを受けて積算数を表示します．

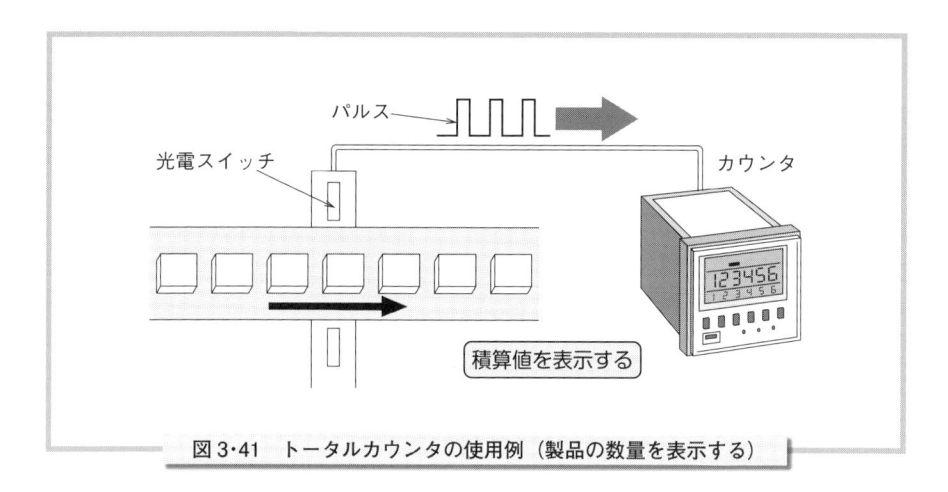

図3・41 トータルカウンタの使用例（製品の数量を表示する）

　図3・42で示すようなプリセットカウンタは，光電スイッチなどの検出用機器からのパルスを設定した数値まで数えると，出力信号を出し，はじめから数え直します．

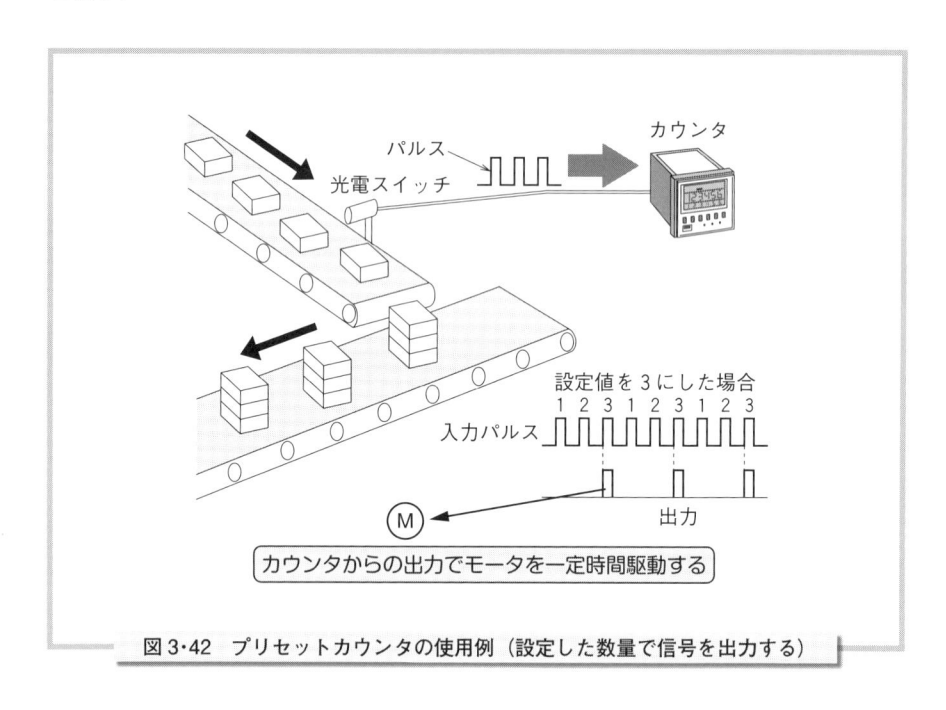

図3・42 プリセットカウンタの使用例（設定した数量で信号を出力する）

3-4 表示用機器と警報用機器

1 表示用機器

表示用機器（図3・43）は表示灯や文字表示器は生産ラインなどで機器の運転状況をオペレータなどに的確に知らせるための機器です．

(a) 表示灯 　　(b) LED表示灯

図3・43　表示灯
（写真提供：IDEC株式会社）

表示灯は一目で状況が判断できるように発光色に意味を持たせて用いられます．例えば，機械が**危険な状況の場合は赤色表示灯**を点灯し，**故障などの異常な状態は黄色の表示灯**を点灯します．また，**表3・1**で示すように，表示灯の色に対する文字記号がJISで定められており，シーケンス図では表示灯の図記号に色を示す文字記号を傍記します（**図3・44**）．

表3・1　表示灯の色の意味と文字記号

色	意味	説　明	文字記号（JIS）
赤	非常	危険な状態	RD
黄	異常	異常状態，危険が差し迫った状態	YE
緑	正常	正常状態	GN
青	強制	オペレータの行動を必要とする状態	BU
白	中立	その他の状態	WH

3章 さまざまな制御用機器

図3・44 表示灯の色は文字記号で示す

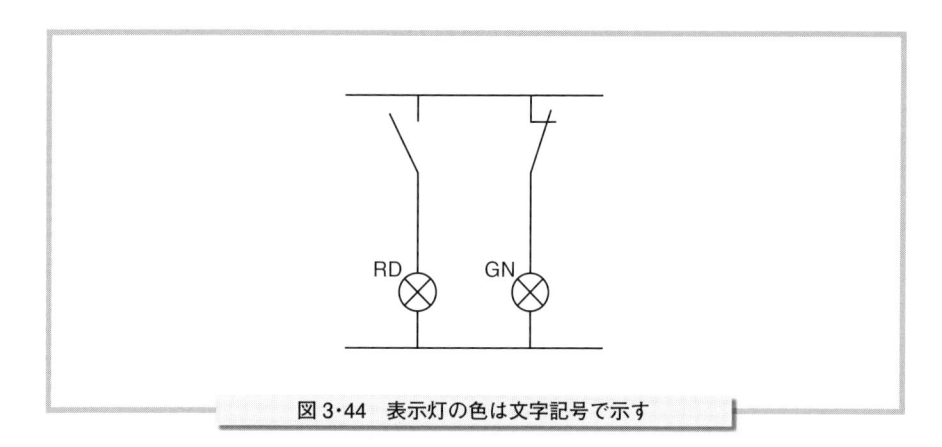

　表示灯の光源には豆電球やLED（発光ダイオード）が用いられています．LEDを使った表示灯は，豆電球に比べて寿命が非常に長く，消費電力も小さいという特長があります．

　なお，表示灯および変圧器付き表示灯を示す図記号は，JISで**図3・45**のように定められています．

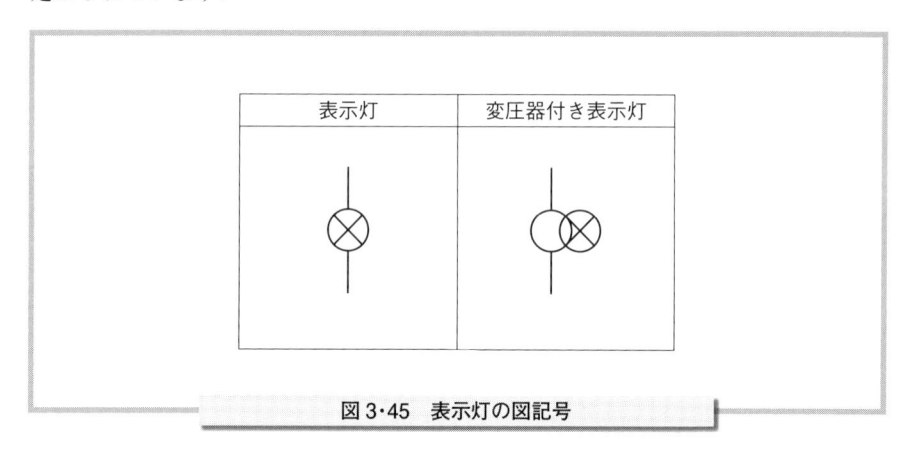

図3・45 表示灯の図記号

2 警報用機器

　機械の始動時や異常発生時にはベルやブザーを鳴らして作業者に機械の状況を知らせます．そのために**警報用機器**（図3・46）が用いられ，一般に危険を知らせる場合は音量の大きなベルを用います．

3-4 表示用機器と警報用機器

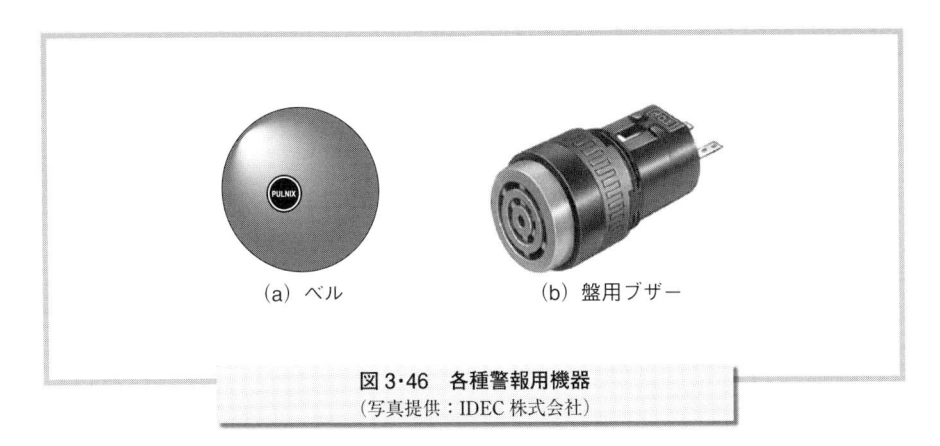

(a) ベル　　　　(b) 盤用ブザー

図3・46　各種警報用機器
（写真提供：IDEC 株式会社）

なお，ベルやブザーを示す図記号は，JIS で図 3・47 のように定められています．

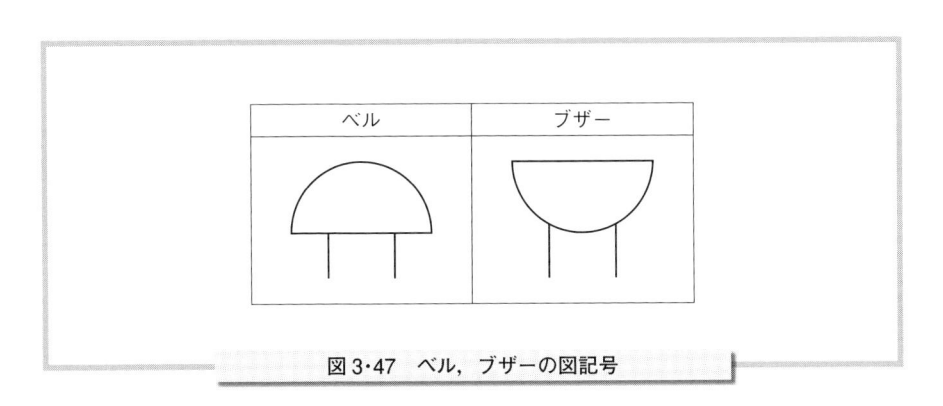

| ベル | ブザー |

図3・47　ベル，ブザーの図記号

83

3-5 操作対象機器

1 モータ

　制御機器の動力源には一般に**モータ**（電動機）が使われます．モータは電流により発生する電磁力で電気的エネルギーを回転力などの機械的エネルギーに変える電気機器です．

　制御用機械には誘導モータ（**図 3・48**）や入力パルスにより回転する角度を決められるステッピングモータ，直線運動をするリニアモータなど，さまざまな種類のモータが使われています．

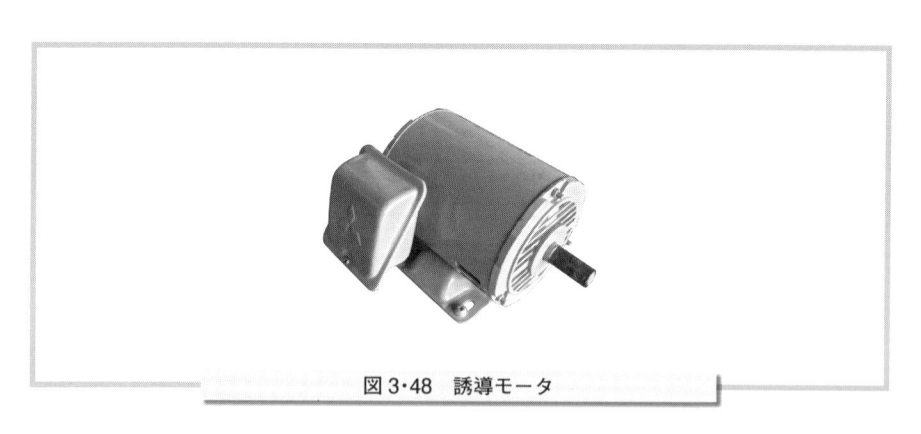

図 3・48　誘導モータ

　動力源の必要な機械には，構造が簡単で安価な三相かご形誘導モータ（**図 3・49**）がよく使われます．このモータは電源に三相交流を使い，固定子巻線で発生した回転磁界で，かご形の回転子が回転します．

図3・49 三相かご形誘導モータ

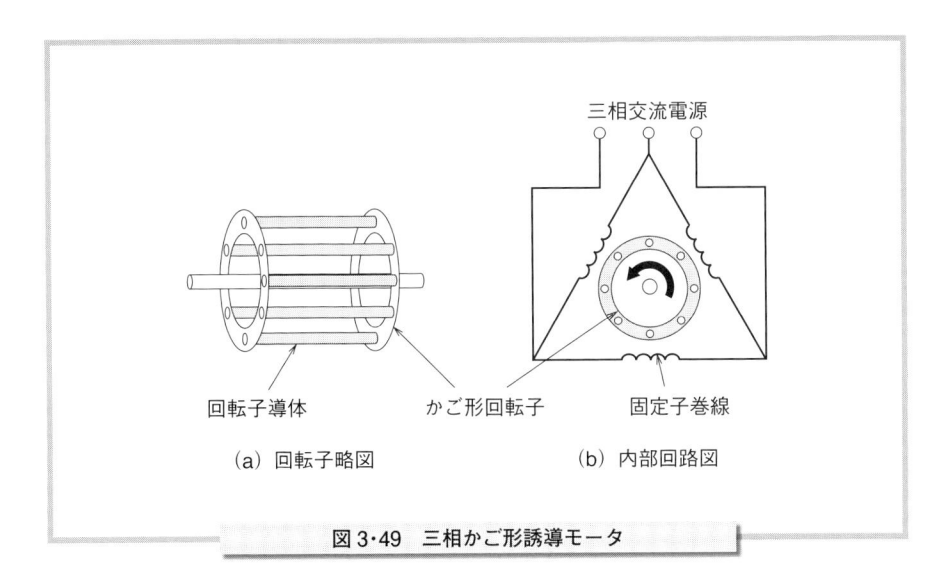

三相誘導モータの回転速度 N は以下の式で求めることができます．

$$回転速度 N = \frac{120f}{p}(1-s)$$

f：電源周波数
p：極数
s：すべり（slip）

三相かご形誘導モータは，インバータ回路で電源周波数を変えて回転速度を調整することができます．また，回転子は回転磁界よりわずかに遅れて回転します．この遅れをすべり（slip）と呼び，その値は一般に同期速度の3～10％です．

ギヤードモータ（図3・50）は，減速ギヤにより回転速度を落とし，回転トルク（回転力）を大きくしたモータで，エスカレータなど，パワーが必要な装置に使われています．

図3・50　ギヤードモータ

　ステッピングモータ（図3・51）は入力したパルスに応じて一定角度回転するモータで，回転角の制御や位置制御に使われます（パルスモータともいいます）．

図3・51　ステッピングモータ

　リニアモータ（図3・52）は回転式モータを切り開き，直線状にして可動部（摺動子）が直線運動するモータです．

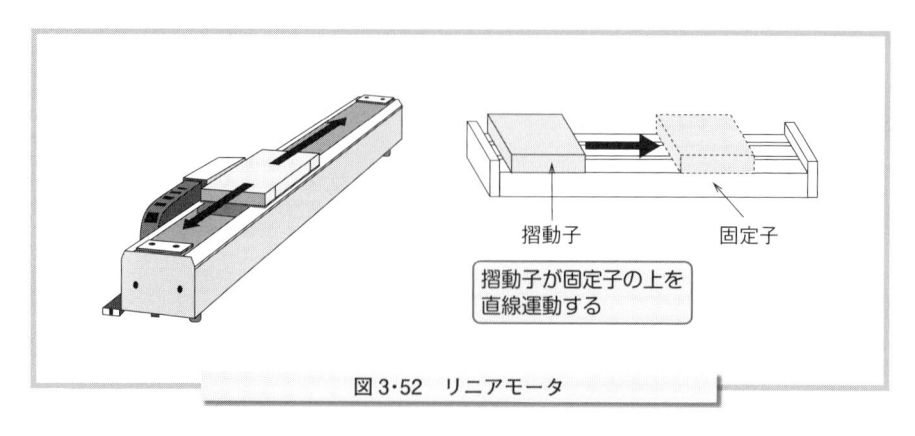

摺動子　　固定子

摺動子が固定子の上を
直線運動する

図3・52　リニアモータ

　同期モータ（図3・53）は交流モータの回転子を磁石にしたもので，回転磁界

の中で回転子が同期速度で回転し，誘導モータのようなすべりはありません．

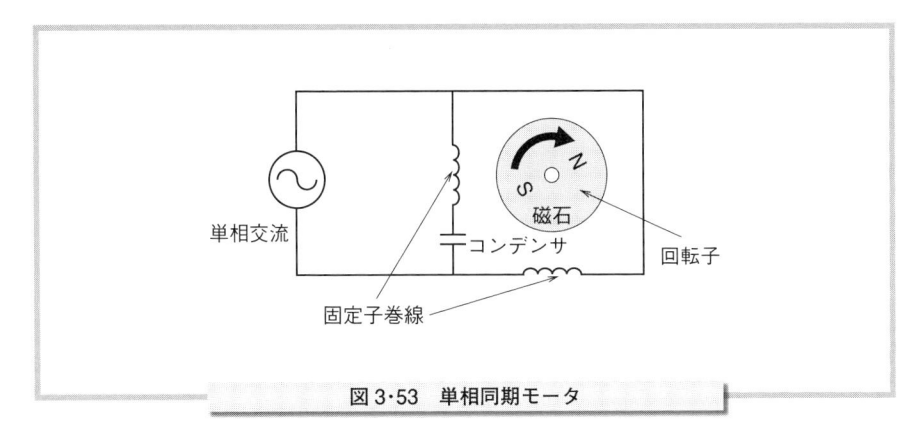

図3・53　単相同期モータ

なお，各種モータを示す図記号は，JISで**図3・54**のように定められています．

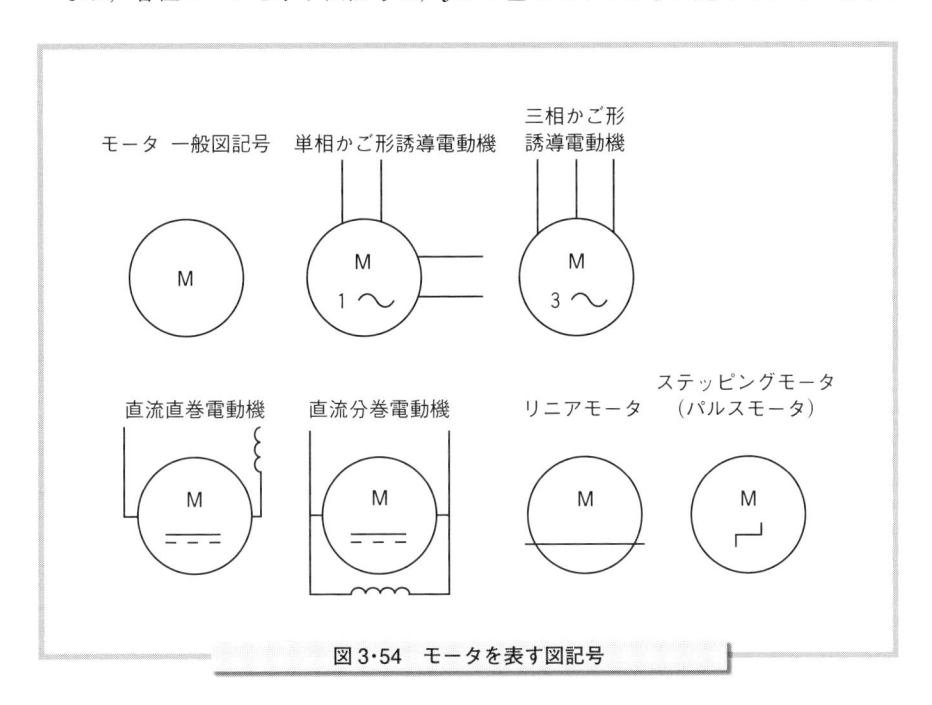

図3・54　モータを表す図記号

2 ソレノイド

ソレノイド（図3・55）は電磁石の力で可動鉄芯などを直線往復運動させて機械部品の作動や製品の振分けなどをします．

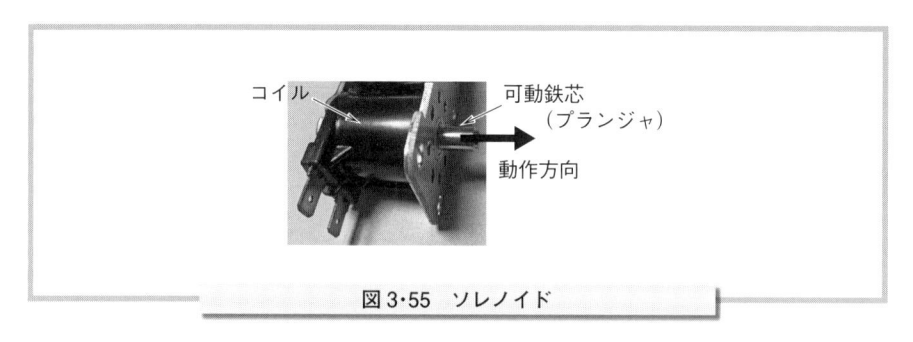

図3・55　ソレノイド

ソレノイドにはコイルに電流を流し可動鉄芯を吸引動作するだけのタイプと，可動鉄芯の代わりに永久磁石を用い，電流の向きを変えて動作方向を自在に変えられるものがあります．吸引動作だけのソレノイドは，可動鉄芯を復帰するためにバネなどを用います．

生産ラインでは，図3・56のように検知した不良品をコンベヤから取り除く場合などにソレノイドが使われます．

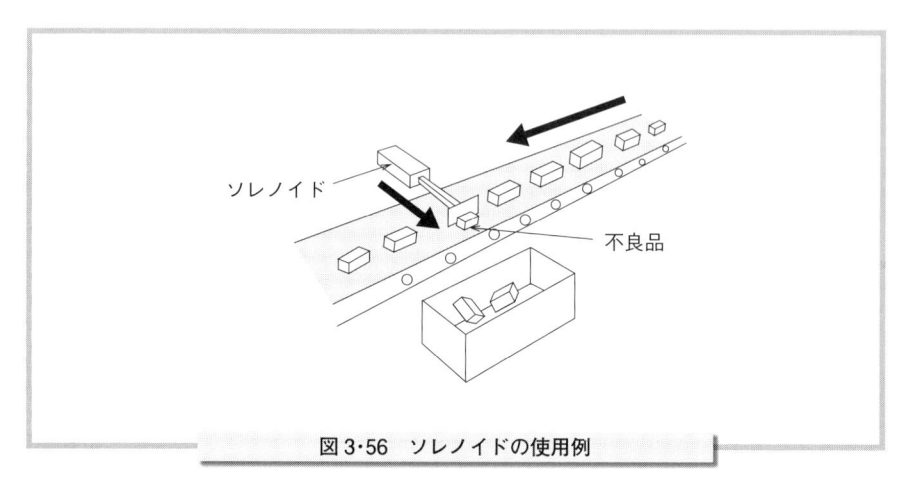

図3・56　ソレノイドの使用例

ソレノイドは図3・57のように可動鉄心とコイルで構成されています．コイルに電流を流すと電磁力で可動鉄心が吸引され，電流を切るとバネなどによって元

の状態に戻ります．

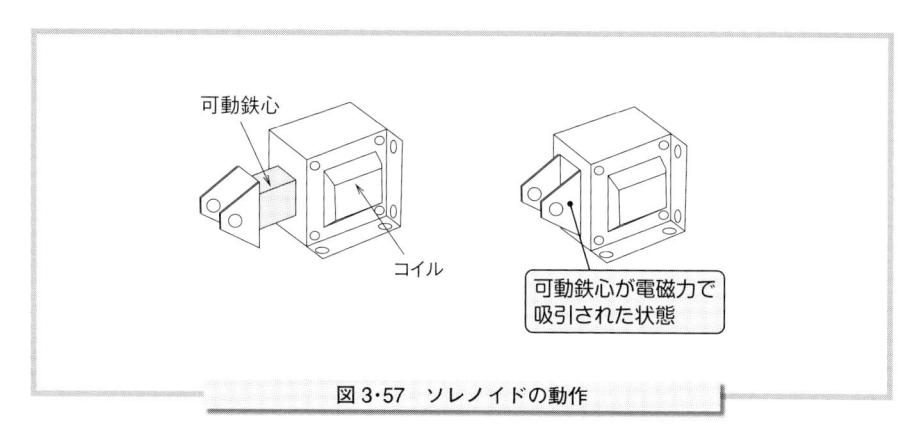

図3・57　ソレノイドの動作

　ソレノイドはコイルを励磁して可動部が動作した後も，その状態を保持するためには電流を流し続ける必要があります．しかし，電流をそのまま流し続けるとコイルが過熱して発火するおそれもあります．これを防ぐため，吸引完了後にソレノイドにかける電圧を下げて電流を小さくする方法があります．吸引完了後は小さな電流でも吸引状態を保持することができます．

　また，動作完了後に永久磁石を使って動作状態を維持する動作保持形のソレノイドもあります．このソレノイドは，動作完了後に電流を切っても永久磁石の磁力だけで動作状態を保持し，省エネになります．長時間吸引状態を保持する場合には**自己保持形ソレノイド**（図3・58）が適しています．

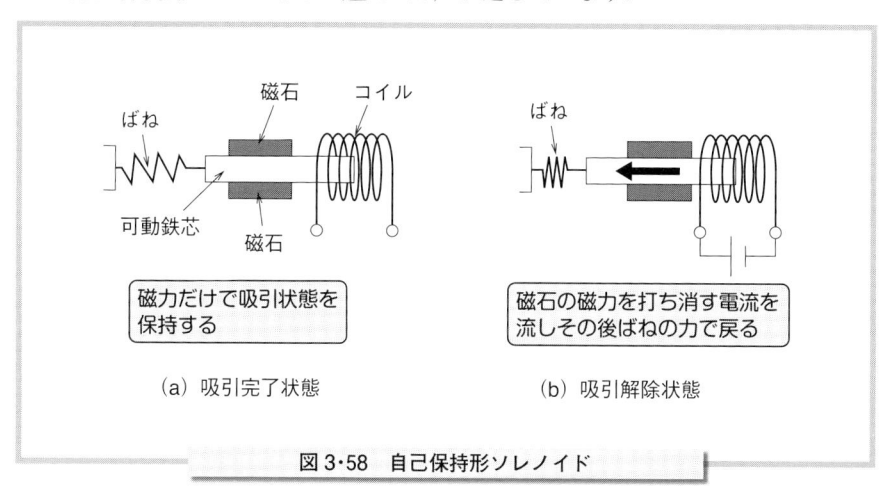

(a) 吸引完了状態　　　(b) 吸引解除状態

図3・58　自己保持形ソレノイド

3 電磁弁

電磁弁は電磁力で弁を開閉し，油や空気などの流れを制御する機器で，シリンダと組み合わせることで，図 3・59 のように機械のアームなどを自在に動かすことが可能になります．

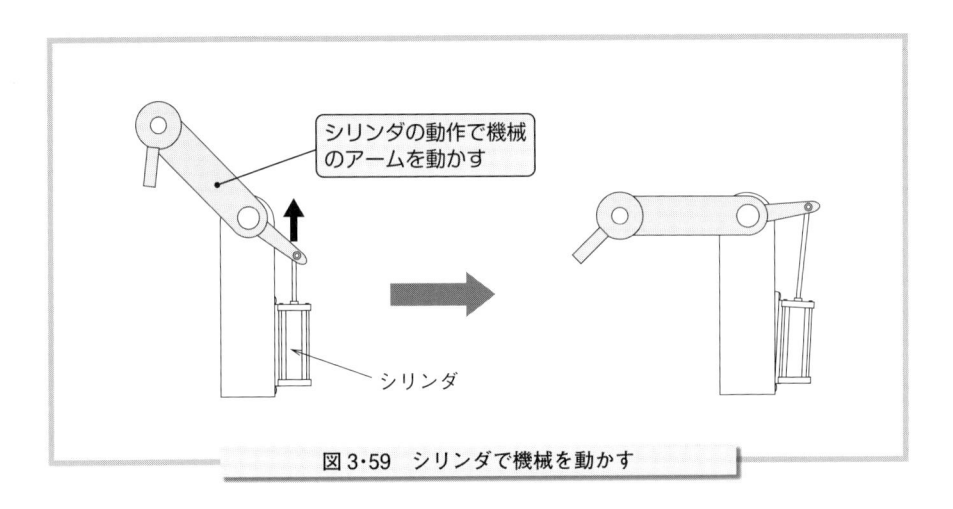

図 3・59 シリンダで機械を動かす

断続制御用電磁弁は，図 3・60 のように電磁弁の動作で流体の流れを断続的に制御することができ，シリンダと組み合わせることで，機械のさまざまな動きを可能にします．

図 3·60　断続制御用電磁弁の構造

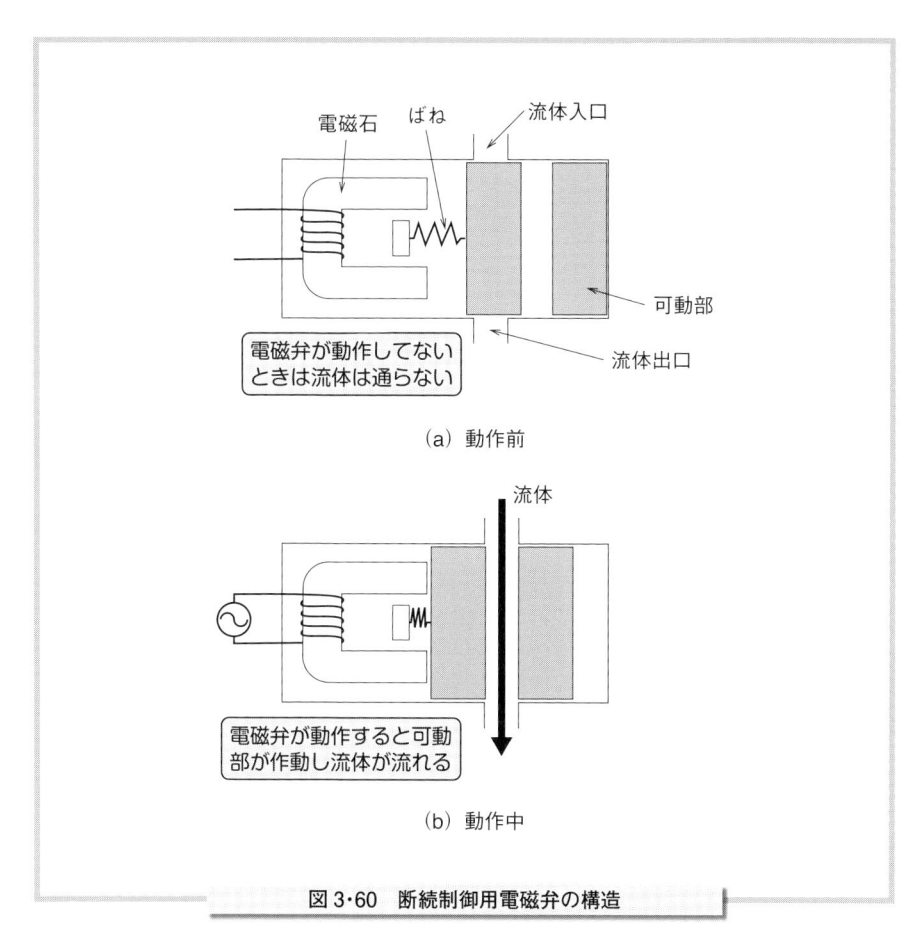

　方向制御用電磁弁は図 3·61 のように,電磁弁の動作で流体の流れる方向を瞬時に切り換えることができるので,シリンダに取り付けたピストンロッドの動きを素早く正反対の動きに換えることが可能になります.

3章 さまざまな制御用機器

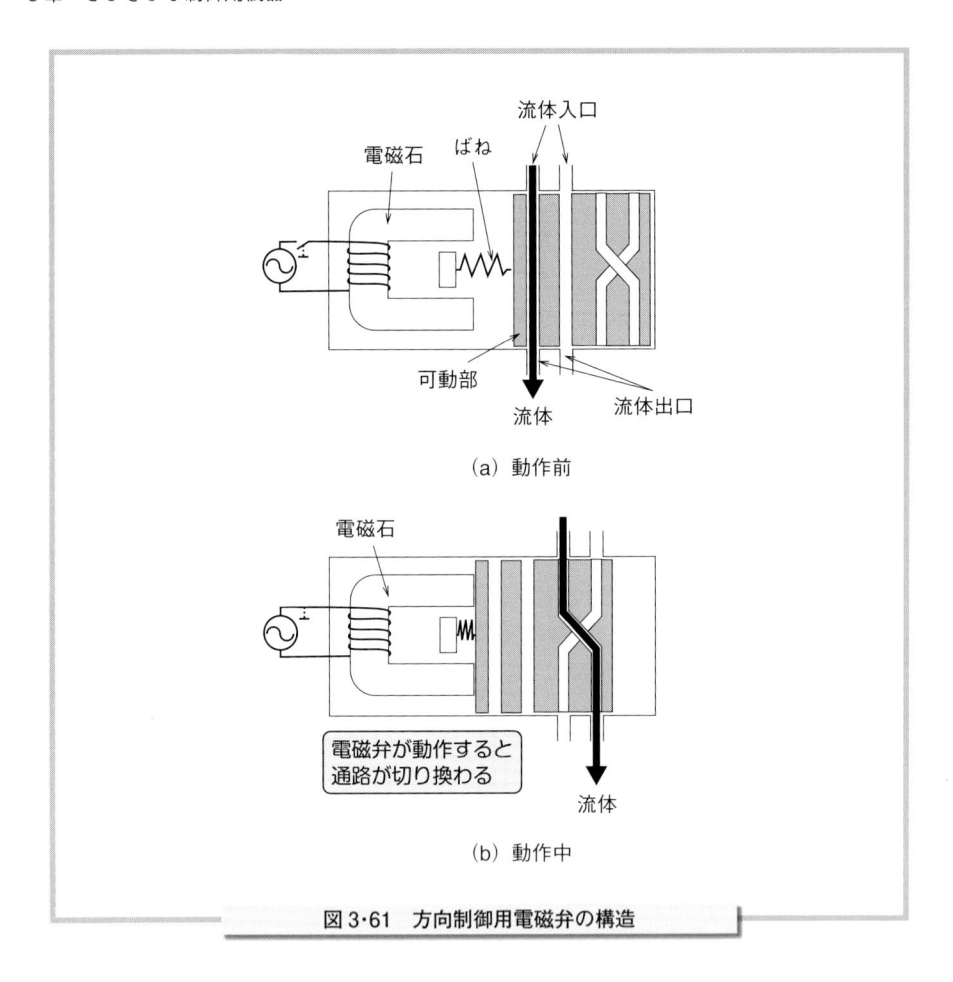

(a) 動作前

電磁石　ばね　流体入口
可動部
流体
流体出口

(b) 動作中

電磁石

電磁弁が動作すると通路が切り換わる

流体

図3・61　方向制御用電磁弁の構造

4 シリンダ

　シリンダは電磁弁から送られた空気などの流体の圧力で，内部のピストンが作動しピストンロッドでさまざまな装置を動かします．方向制御用電磁弁と組み合わせて使えば，流体の流れる方向を切り換えることで，ピストンの動作方向を自在に変えることができます．

　シリンダは油圧などを利用することで非常に大きな力を出すことができ，また，シリンダを長くすることで運動の範囲もソレノイドより大きくすることができます．

図3・62のように方向制御用電磁弁の配管をシリンダに接続すると，電磁弁の動作でピストンロッドの動作方向を素早く切り換えることが可能です．

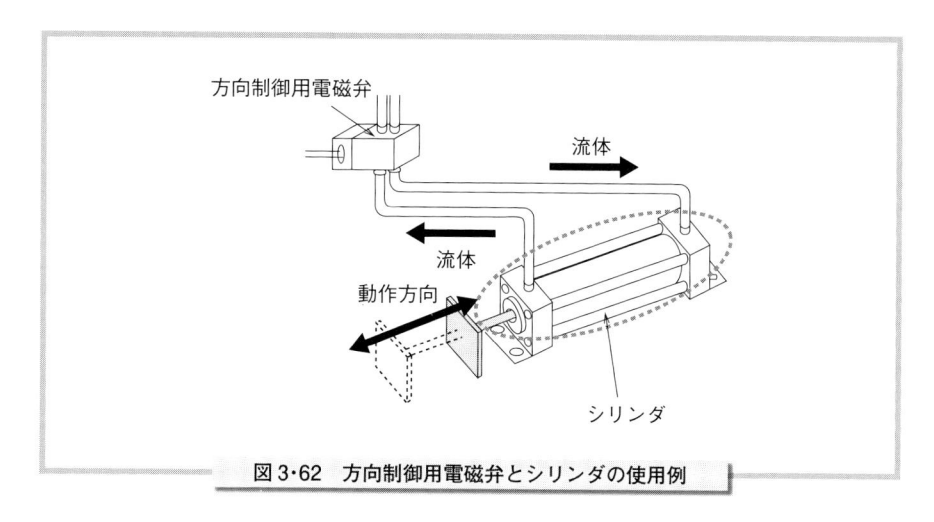

図3・62　方向制御用電磁弁とシリンダの使用例

　シリンダは図3・63のように，内部にピストンがあり，流体の圧力でピストンが動作します．また，電磁弁で流体の流れる向きを変えることで，ピストンの動作方向も簡単に換えることができます．

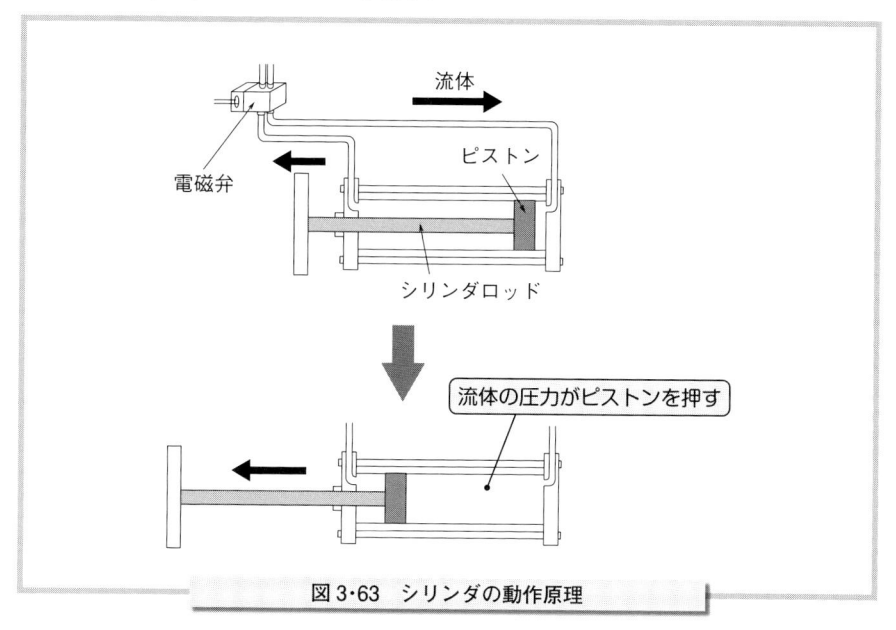

図3・63　シリンダの動作原理

Check! 練習問題

(1) 押しボタンスイッチのボタンは機能ごとに色を決めておけば操作ミス減らすことができるため使用できる色が規定されている．下の表に適当な語句を入れなさい．

色	意味	説明
(a)	非 常	危険な状態
(b)	異 常	異常状態，危険が差し迫った状態
(c)	正 常	正常状態
青	強 制	(d)
(e)	中 立	その他の状態

(2) 物体がアクチュエータに直接接触することで，物体の位置などを検出する小形のスイッチを (a) といい，(a) をアルミダイカストなどの堅牢なケースに封入した検出用機器を (b) という．

(3) カウンタには，光電スイッチなどの検出用機器からのパルスを受けて積算数を表示する (a) や，設定した数値まで数えると，出力信号を出し，初めから数え直す (b) がある．

(4) 表示灯は一目で状況が判断できるように発光色に意味を持たせて用いられる．機械が危険な状況の場合は (a) 色表示灯を点灯し，故障などの異常な状態は (b) 色の表示灯を点灯する．また，正常な状態には (c) 色の表示灯が用いられる．

○練習問題 解答○

(1) (a) 赤，(b) 黄，(c) 緑，(d) オペレータの行動を必要とする状態，(e) 白
(2) (a) マイクロスイッチ，(b) リミットスイッチ
(3) (a) トータルカウンタ，(b) プリセットカウンタ
(4) (a) 赤，(b) 黄，(c) 緑

4章
動作を知る
タイムチャート

4-1 タイムチャートとは

4-2 タイムチャートの描き方

4-3 基本回路のタイムチャート

4-4 シーケンス図とタイムチャート

4-5 タイムチャートから制御回路を考える

4-1 タイムチャートとは

タイムチャートとは，押しボタンスイッチなどの命令用機器や制御により作動する負荷などの動作状態を，時間の経過とともにグラフで描き表したものです．シーケンス図だけではわかりにくい制御回路の動作もタイムチャートを見ることで理解しやすくなります．

図4・1で示すように，タイムチャートは，機器の動作開始はグラフを立ち上げ，機器の動作終了はグラフを引き下げて描き表します．タイムチャートは各機器が時間の経過とともにどのように動作し，また，機器どうしの動作の時間的な相互関係も判断できるように描きます．

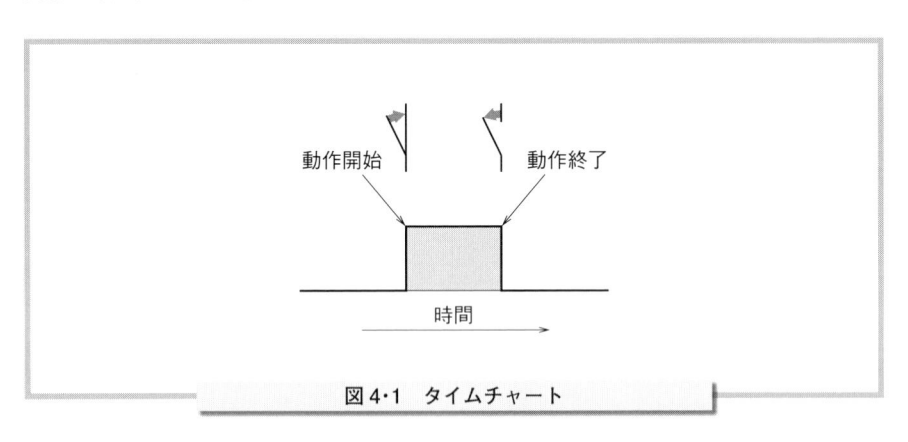

図4・1 タイムチャート

シーケンス制御回路を設計する場合，初めに各機器の動作をタイムチャート化し，それをもとに実際の回路図を設計することもできます．

図4・2のタイムチャートは，電源が入ると緑の表示灯が点灯し，始動ボタンを押した時，電磁リレーの動作により緑の表示灯が消えて赤の表示灯が点灯する，という動作を表しています．このように，タイムチャートを描くと，回路図だけ見るのに比べて，動作がよくわかり，また，シーケンス図だけでは見つからなかった回路の不具合も見つけやすくなります．

図4・2 タイムチャートの例

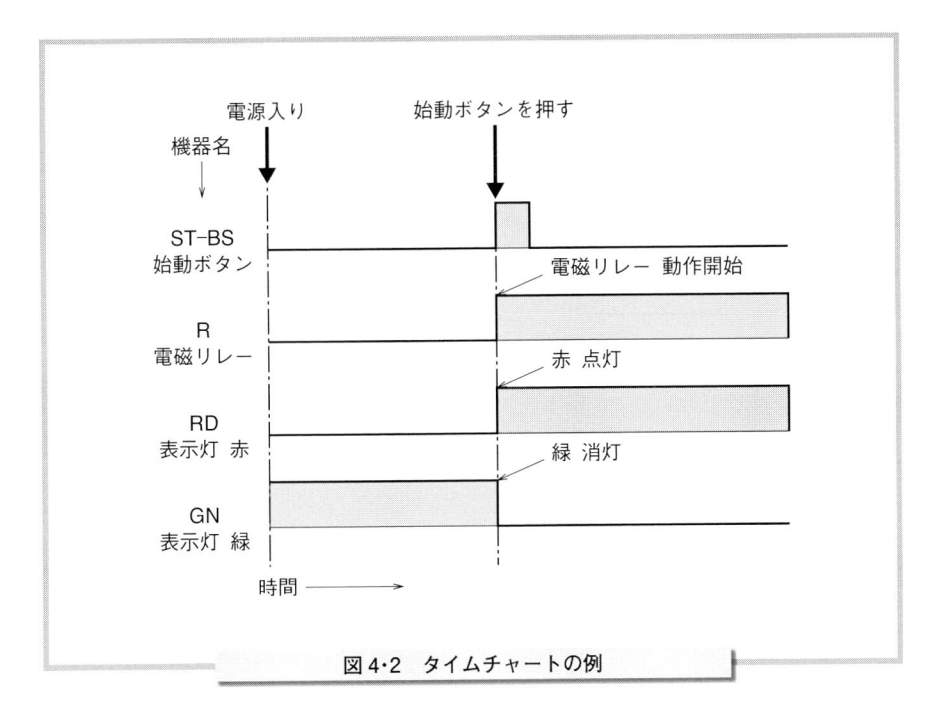

　では，このタイムチャートから回路を考えてみましょう．
① 押しボタンスイッチ ST-BS を押すと電磁リレー R が励磁し，ST-BS が復帰してもRが励磁したままであることから，Rの自己保持回路が必要であることがわかります．→Rの自己保持回路を描く．
② 赤の表示灯 RD は R の動作と同時に点灯するので，Rのメーク接点に RD をつなげばよいことがわかります．→Rのメーク接点にRDをつなぐ．
③ 緑の表示灯はRの動作と逆であることから，Rのブレーク接点にGNをつなげばよいことがわかります．→Rのブレーク接点にGNをつなぐ．
　このように，タイムチャートから各制御用機器と表示灯などの出力される機器の動作状態を順を追って描いていくと，**図4・3**のようなシーケンス図ができ上がります．

4章 動作を知るタイムチャート

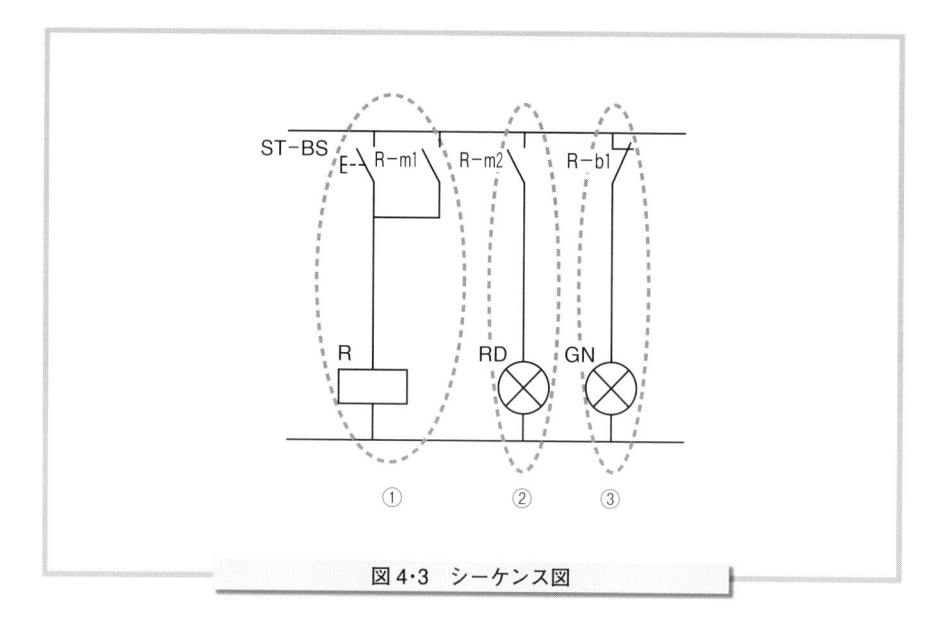

図4・3　シーケンス図

4-2 タイムチャートの描き方

　タイムチャートは時間の経過に対して各機器の動作状態を時間軸を揃えて描きます．制御機器の名称は上から順に，押しボタンスイッチなどの命令用機器を書き，モータや表示灯などの出力用機器は下に書きます．

　機器の動作を描き表す場合は，機器が動作した時点でグラフを立ち上げ，動作が終了した時点でグラフを引き下げます．他の機器が関係して動作する場合は，1点鎖線などを使って時間的な位置を揃え，時間的な相互関係がはっきりするように表します（図4・4）．

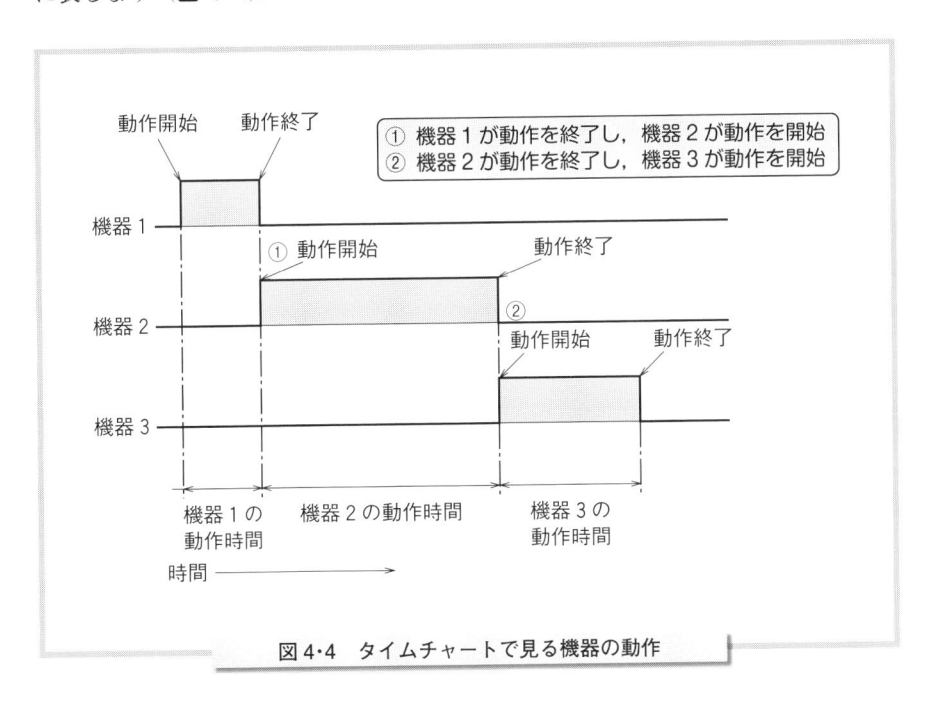

図4・4　タイムチャートで見る機器の動作

　制御用機器の接点の動作をタイムチャートに描き表す場合は，接点が閉じている期間を立ち上げて表し，接点が開いている期間を引き下げて表します（図4・5）．

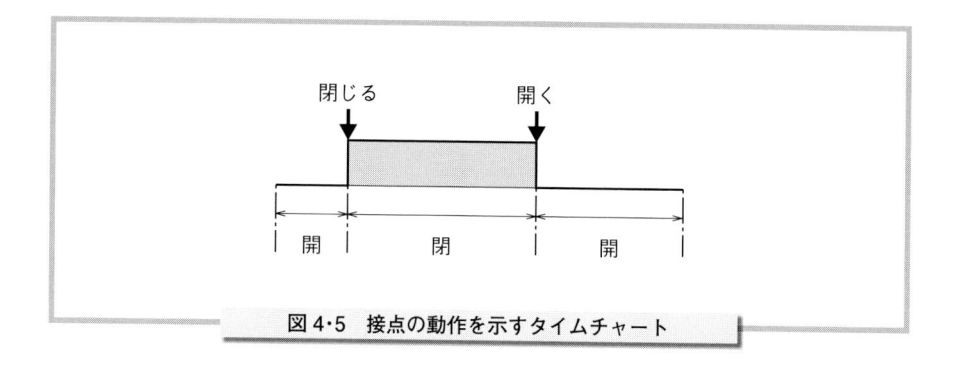

4章　動作を知るタイムチャート

```
        閉じる        開く
          ↓          ↓
    ┌─────────────────┐
    │                 │
────┘                 └────────
  開   │    閉    │    開
```

図4・5　接点の動作を示すタイムチャート

　電磁リレーのタイムチャート（図4・6）は，コイルが励磁され，動作した時点でグラフを立ち上げ，消磁して動作が終了した時点でグラフを引き下げます．電磁リレーの接点のタイムチャートはコイルの励磁状態と連動します．

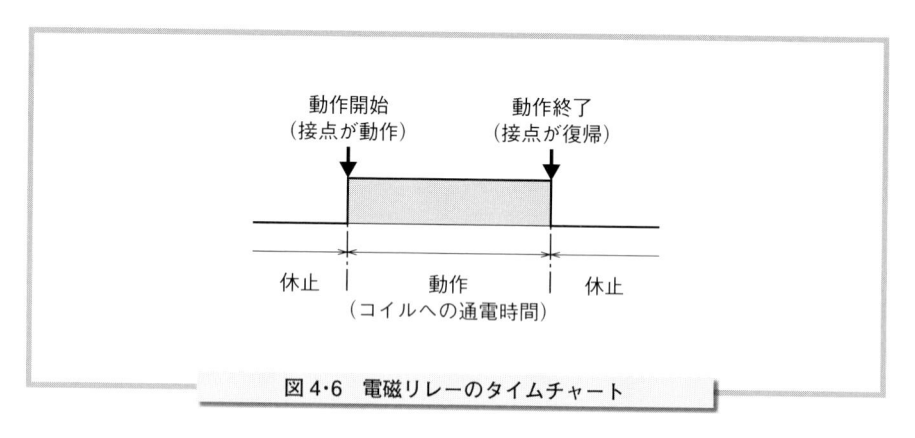

```
       動作開始         動作終了
      （接点が動作）    （接点が復帰）
          ↓               ↓
      ┌───────────────┐
      │               │
──────┘               └──────
  休止 │     動作       │  休止
       （コイルへの通電時間）
```

図4・6　電磁リレーのタイムチャート

　タイマの場合は接点が時限動作するので，タイムチャートの描き方は電磁リレーとは違います．一般に，タイマの場合はタイマ駆動回路へ通電している時間のうち，設定した時間の部分を波状または斜めの線を使って表します．
限時動作瞬時復帰のタイマの場合，タイマの駆動回路に通電を開始した時点から接点が動作するまでを波状または斜線で描き，タイマ駆動回路への通電を止めた時点でグラフを引き下げます（図4・7）．

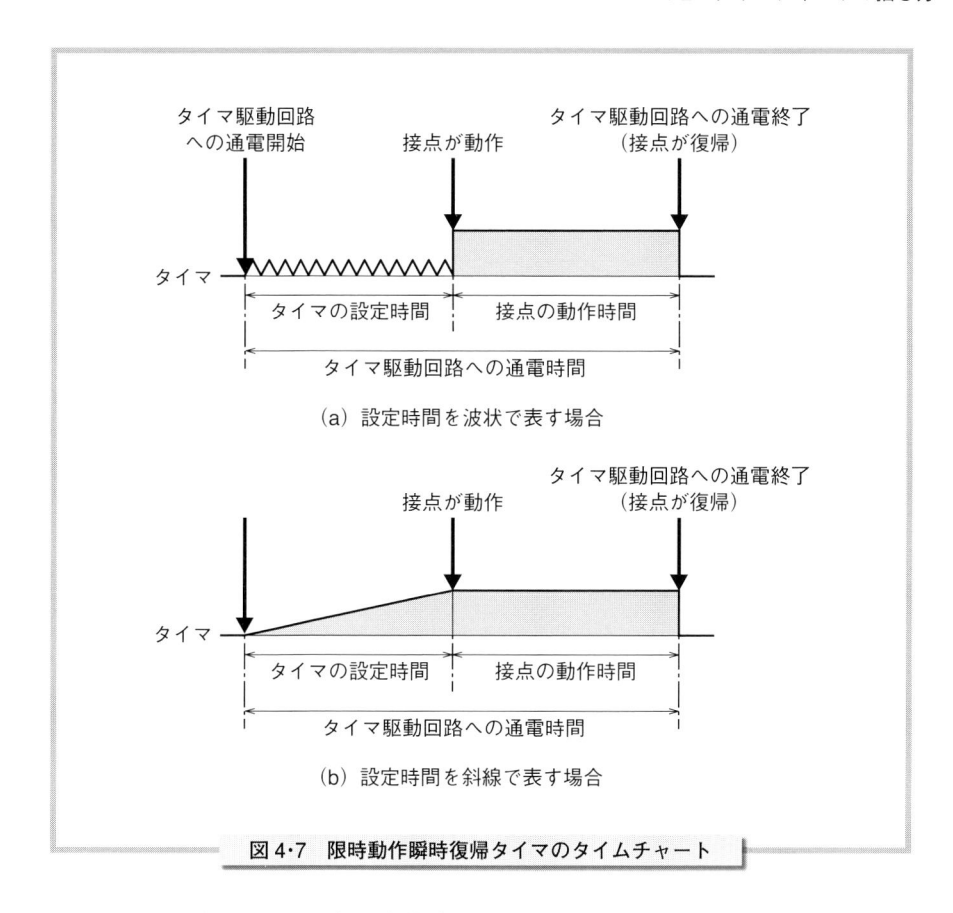

(a) 設定時間を波状で表す場合

(b) 設定時間を斜線で表す場合

図 4・7　限時動作瞬時復帰タイマのタイムチャート

ここで，電磁リレーのような有接点の場合，接点が動作を完了するまで，数 ms から数十 ms 程度の時間を要します（**図 4・8**）．

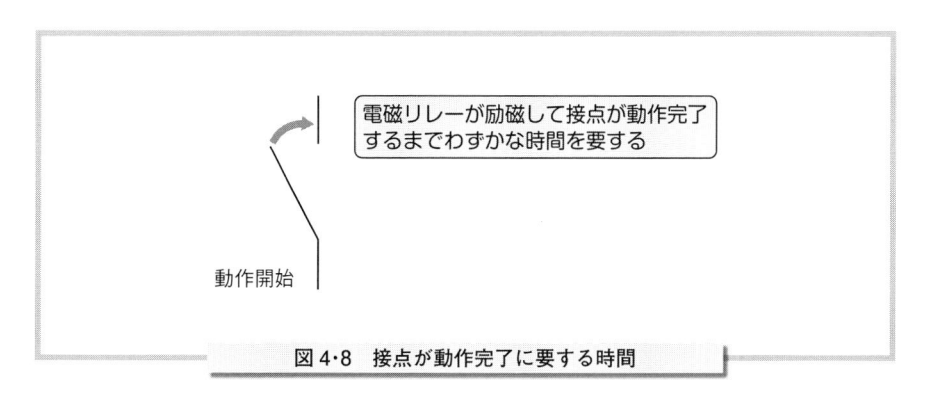

図 4・8　接点が動作完了に要する時間

この遅れ時間を考慮する必要がない場合は，グラフの立ち上げと引き下げは垂線で表しますが，接点の動作のわずかな遅れが回路動作に影響を及ぼすような場合は，グラフの立上げと引下げを垂直に描かず，斜線を使って描きます．

ここで，**図4・9**のような回路のタイムチャートを接点の動作の遅れを考慮せずに描いたものと考慮して描いたものを比較すると，押しボタンスイッチを押してから表示灯が点灯するまでに時間差が発生することがわかります．制御回路の動作を検討する場合に，必要がある場合は接点の動作の遅れを考慮する方法で描きます（**図4・10**）．

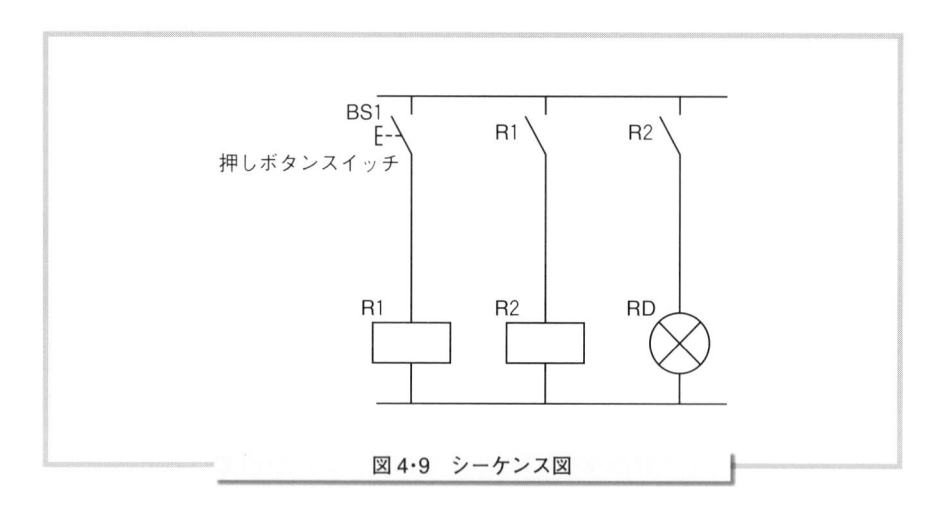

図4・9　シーケンス図

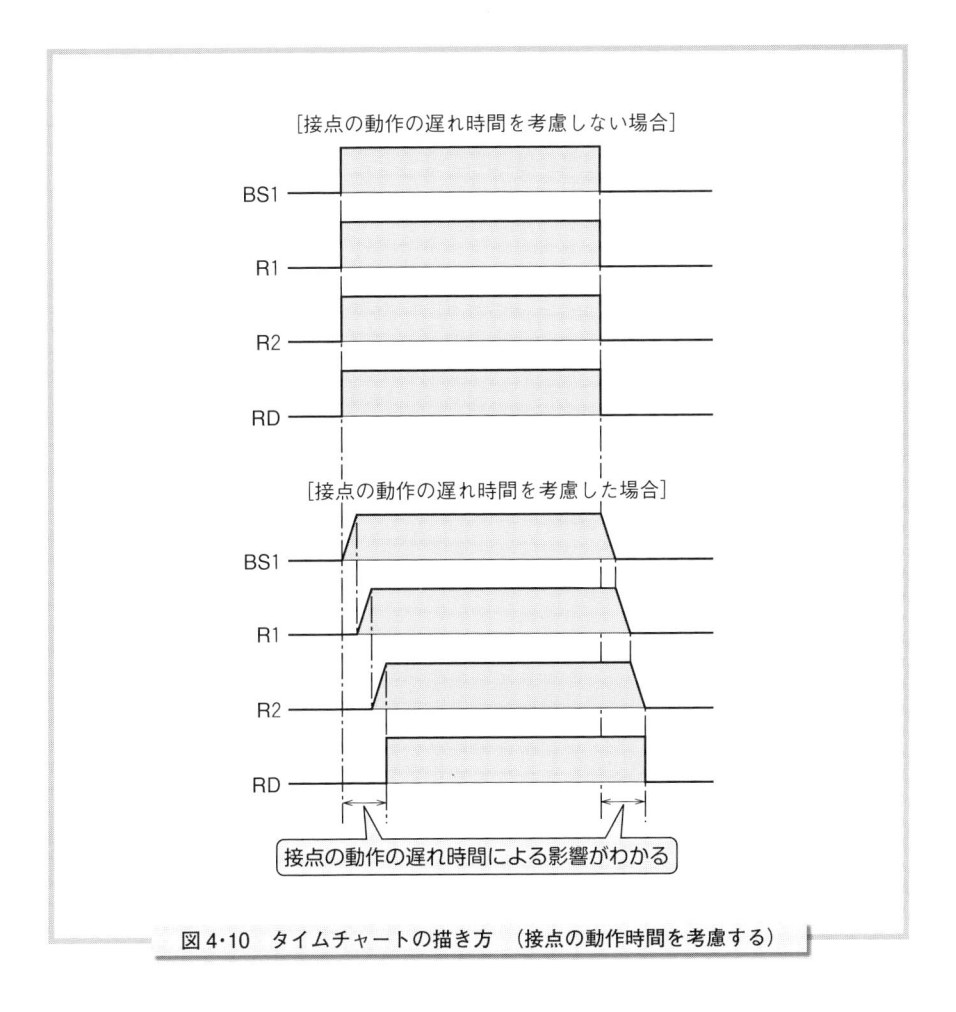

図4・10 タイムチャートの描き方 （接点の動作時間を考慮する）

4-3 基本回路のタイムチャート

シーケンス制御回路は，基本的な回路を使ってそのタイムチャートを参照しながら動作を考えると理解しやすくなります．

図 4・11 のような基本的なシーケンス図では，初めに押しボタンスイッチなどの入力用機器に注目し，それらの接点が動作したら次にどの機器が動作するのかを順を追って見ていきます．

図 4・11 基本的なシーケンス図

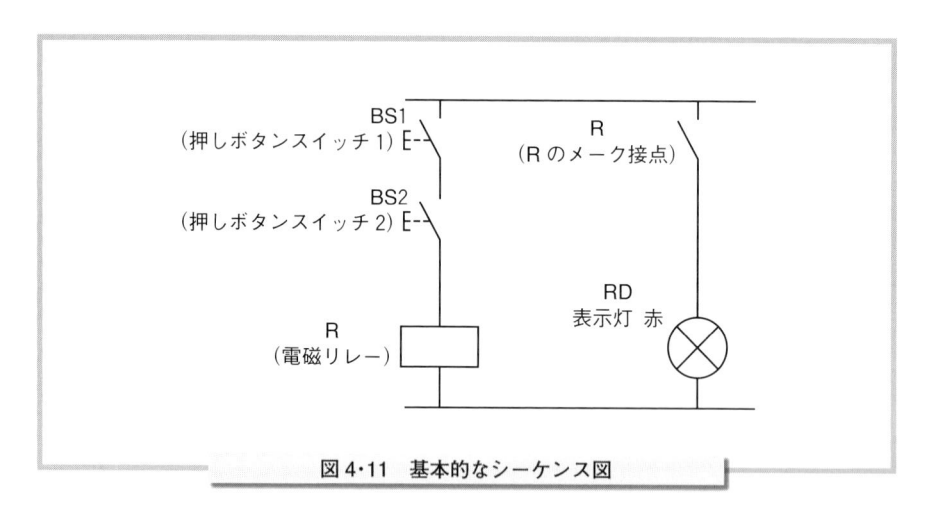

図 4・11 の回路には，入力用機器は押しボタンスイッチの BS1 と BS2 があります．これらの入力用機器を操作すると，どの機器が動作するのか注目します．

① BS1 を押す→BS1 のメーク接点が閉じる→次の動作なし（手を離すと接点が開く）

② BS2 を押す→BS2 のメーク接点が閉じる→次の動作なし（手を離すと接点が開く）

③ BS1 を押し，続けて BS2 を押す→BS1 と BS2 のメーク接点が閉じる

④ 電磁リレー R が励磁する→電磁リレー R のメーク接点が閉じる→表示灯 RD が点灯する

ここで，図 4・11 のシーケンス図のタイムチャートを描くと**図 4・12** のようになります．

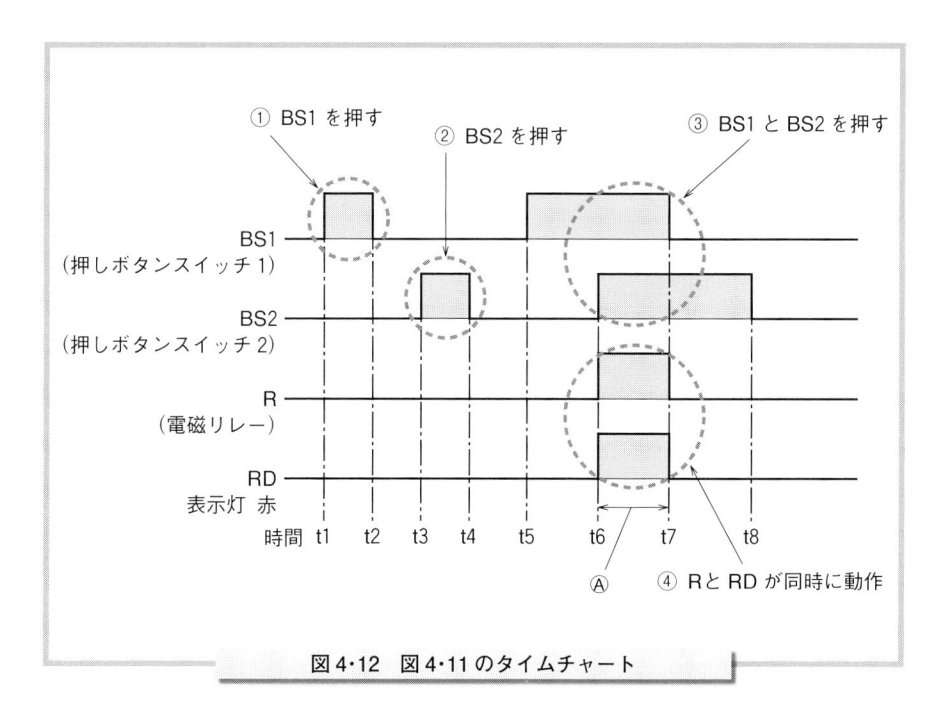

図4・12 図4・11のタイムチャート

　この動作のタイムチャートを，押しボタンスイッチ2個（入力）と表示灯（出力）に注目して見ると，BS1とBS2の両方を押している時（A区間：t6～t7）だけ，表示灯が点く回路であることがわかります．

　このように，タイムチャートを見て動作を理解できれば，タイムチャートを基にしてシーケンス図を描くこともできるようになります．

4-4 シーケンス図とタイムチャート

図4·13の回路は**新入力優先回路**といい，後から入る入力が優先される制御回路です．この回路を使ってタイムチャートを描く手順を見ていきましょう．

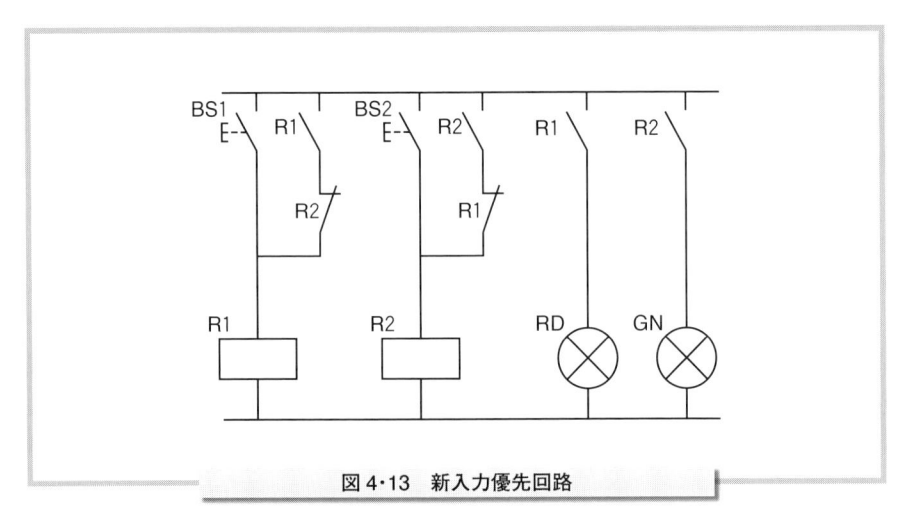

図4·13 新入力優先回路

まず，図4·14のように機器の名称を書きます．

図4·14 機器の名称を書く

4-4 シーケンス図とタイムチャート

　タイムチャートを描くには，まず，シーケンス図にある制御用機器の文字記号を書き込みます．このシーケンス図では，押しボタンスイッチ，電磁リレー，そして表示灯の順に書き込みます．また，必要があれば，電磁リレーの各接点も書き込みます．

　次に，押しボタンスイッチなどの入力用機器に注目し，それぞれを操作した時にどの機器が動作するかを描き込んでいきます．

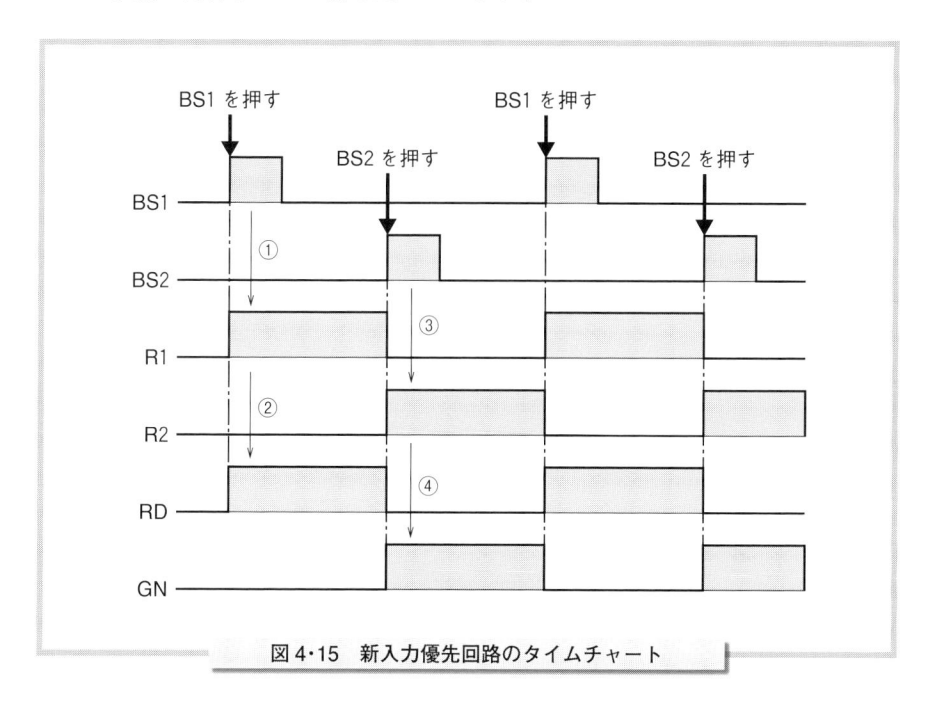

図4・15　新入力優先回路のタイムチャート

◆ タイムチャートを描く手順
① BS1を押す→R1が動作
　（R1は自己保持回路（128ページ参照）なのでBS1が復帰しても動作を保持）
② R1のメーク接点が閉じる→RDが点灯
③ BS2を押す→R2が動作（R2のブレーク接点が開きR1の自己保持を解除，RDが消灯）→R1のブレーク接点が閉じる→R2が自己保持
④ R2のメーク接点が閉じる→GNが点灯
　（再度BS1とBS2を交互に押すと，あとは同じ動作を繰り返す）

4-5 タイムチャートから制御回路を考える

　タイムチャートを基にして制御回路を考えるには，まず，作りたい回路の動作を決め，入力と出力の関係に注意しながらタイムチャート化していきます．

　ここでは，図 4・16 のような「押しボタンスイッチ BS を押すと赤の表示灯 RD が 10 秒間点灯して消える回路」を考えます．

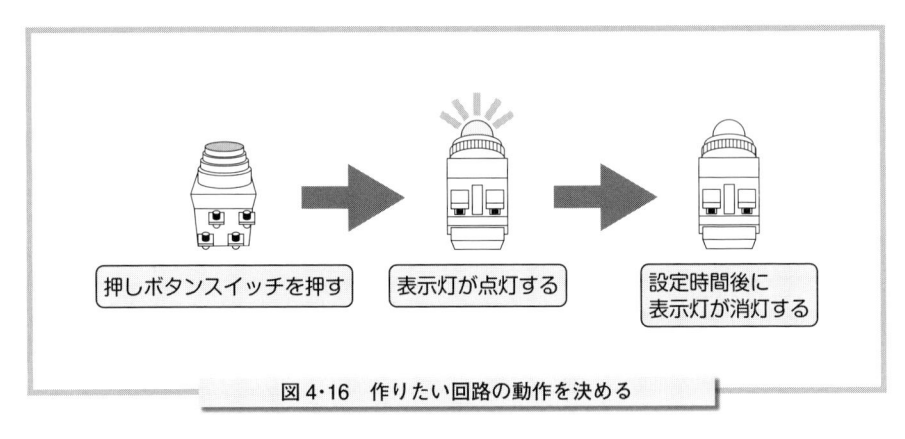

図 4・16　作りたい回路の動作を決める

　次に，動作を決めたら，図 4・17 のような入力と出力の関係をタイムチャートで描いてみます．

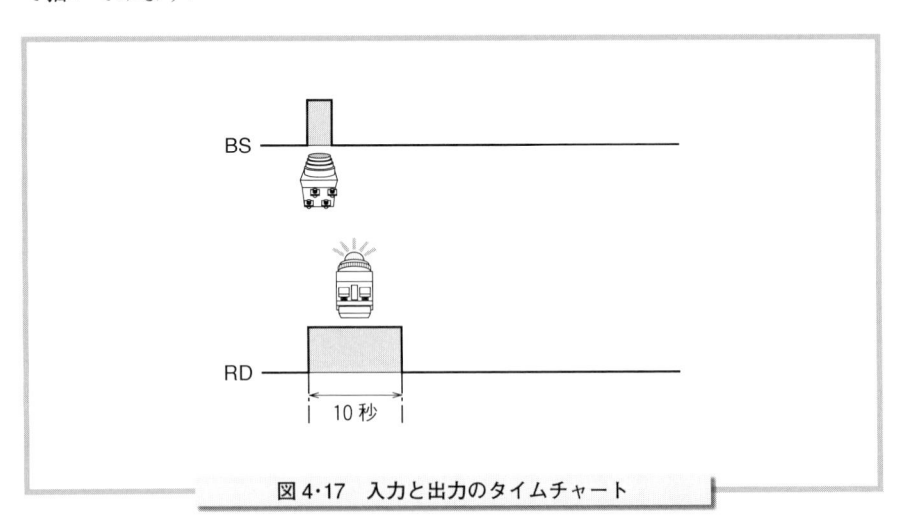

図 4・17　入力と出力のタイムチャート

そして，この動作に必要なものを考えます．
・押しボタンスイッチの手を離しても動作する
　→自己保持回路（電磁リレー）が必要
・10秒間点灯後に自動的に消灯する
　→タイマが必要
となり，以下の手順でタイムチャートを描きます．
① BSを押すとRが動作し自己保持するチャートを描く
② Rの動作でTLR（限時動作タイマ）とRDが動作するチャートを描く
　この手順で描いたタイムチャートは**図4・18**のようになります．

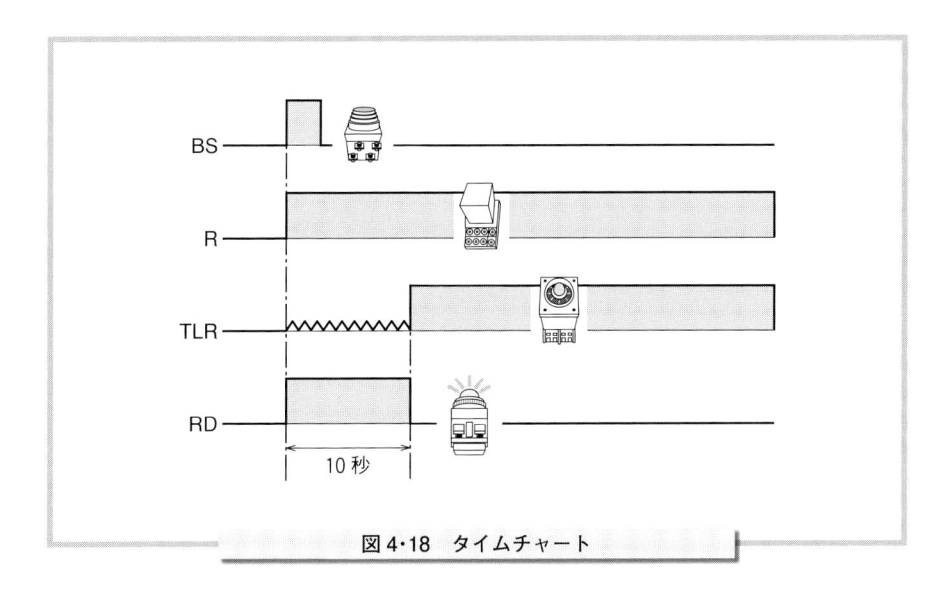

図4・18　タイムチャート

タイムチャートを描いたら，以下の手順でシーケンス図を考えます．
① まず電磁リレーによる自己保持回路を描く
② 電磁リレーのメーク接点で動作するタイマと表示灯回路を描く
③ 設定時間後にRDが消灯するようにタイマのブレーク接点を追加する
　この手順で描いたシーケンス図は**図4・19**のようになります．
　ここで，電磁リレーの接点の使用数を減らしたい場合は，**図4・20**のような回路にします．

4章　動作を知るタイムチャート

① 自己保持回路を描く　　② タイマと表示灯の回路を描く

③ タイマのブレーク接点を入れる

図4・19　シーケンス図を描く手順

Rのメーク接点を1個にする

図4・20　電磁リレーの接点の使用数を減らす

110

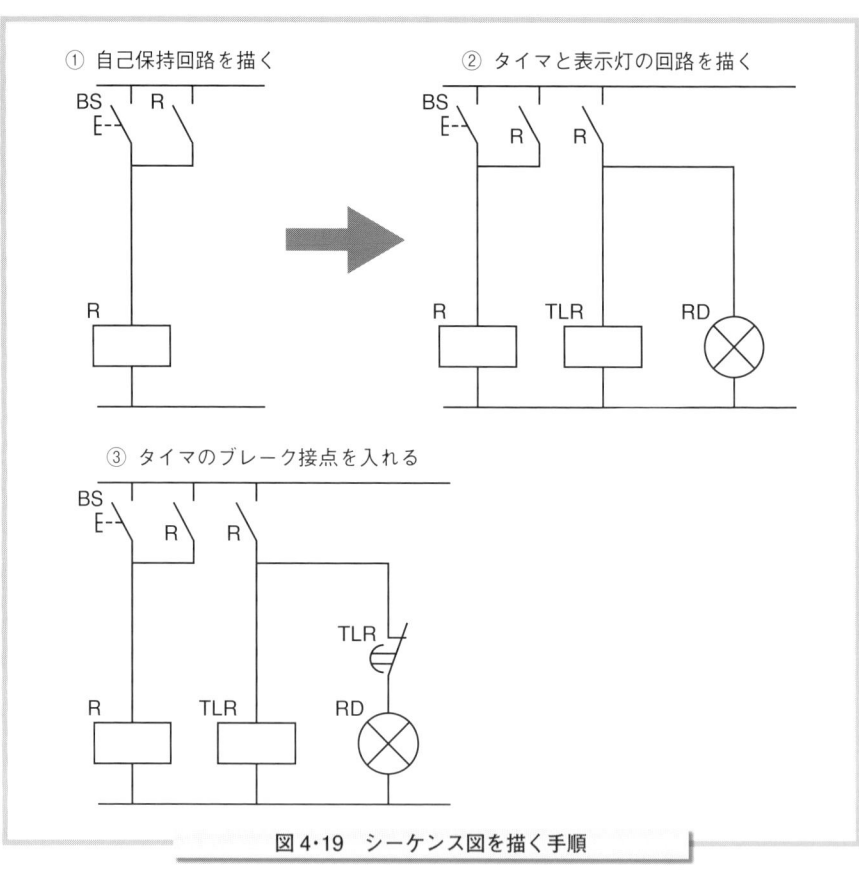

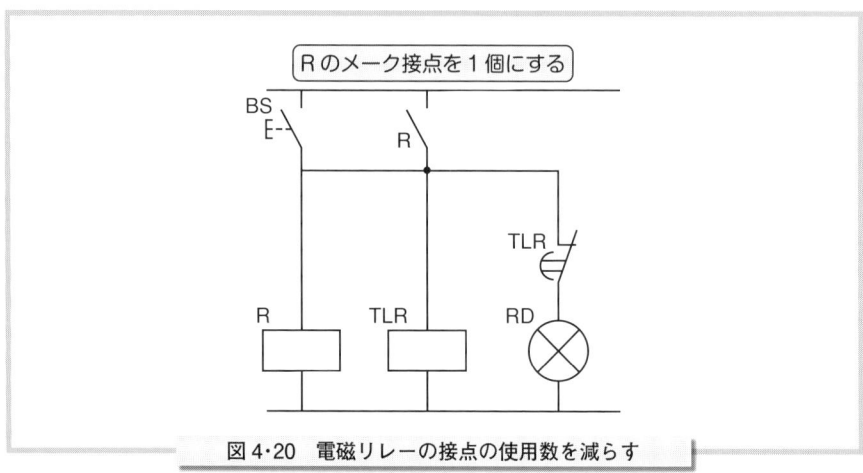

5章 論理回路

5-1　論理回路とは
5-2　AND 回路
5-3　OR 回路
5-4　NOT 回路
5-5　NAND 回路
5-6　NOR 回路
5-7　XOR 回路

5-1 論理回路とは

シーケンス制御回路はさまざまな制御用機器の接点で構成されていますが，これらは基本的な論理回路の組合せからできています．

論理回路は，パソコンなどのデジタル信号を扱う機器などで，論理演算を行う回路です．デジタル信号は 0 または 1 の相反する二つの値で表します．例えば，信号が「ある・ない」，あるいは，電圧が「高い・低い」，などを 1 または 0 に置き換えて表します．

一般に，信号が「ある」，あるいは，電圧が「高い」，という状態を「1」で表し，信号が「ない」，あるいは，電圧が「低い」，という状態を「0」で表します．論理回路における，「1」または「0」，は **2 値信号** といい，2 進数とは違います．

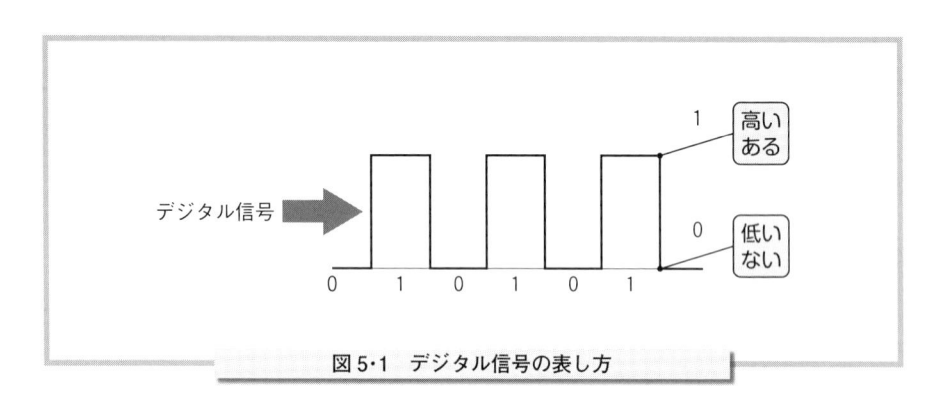

図 5・1　デジタル信号の表し方

押しボタンスイッチ BS のメーク接点に表示灯 L をつないだ回路の動作を 2 値信号で表すと，BS を押してない状態は「0」で表し，L の消灯状態も「0」で表します．次に，BS を押した状態は「1」で表し，L の点灯状態も「1」で表します．

この回路を，接点の開閉状態と表示灯の点滅状態で見ると，**図 5・2** のように，接点が開いている状態は「0」で，閉じている状態は「1」で表します．また，表示灯が消灯している時は「0」で，点灯している時は「1」で表します．

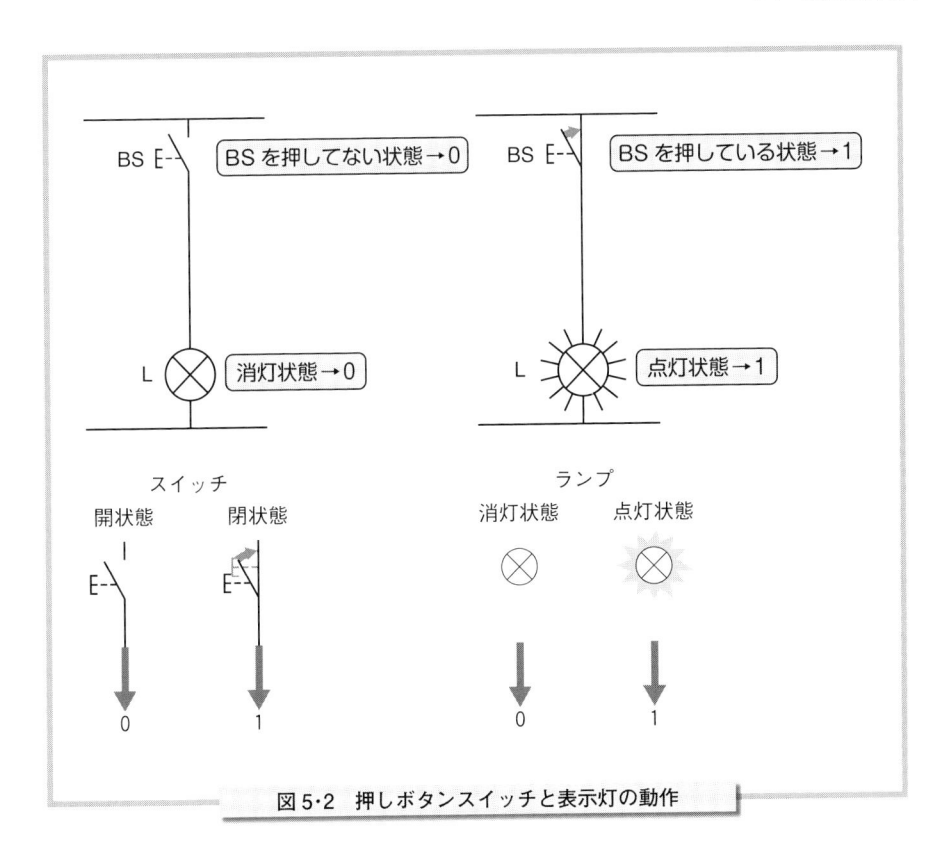

図 5・2 押しボタンスイッチと表示灯の動作

図 5・2 の表示灯回路の動作を表で表すと，**表 5・1** のようになります．

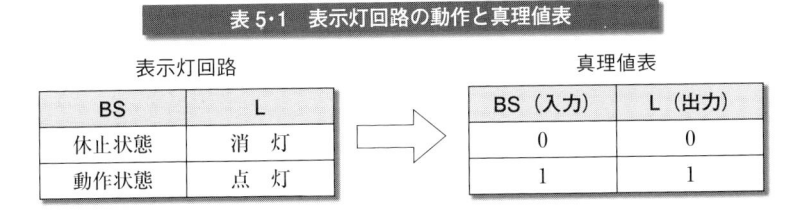

表 5・1　表示灯回路の動作と真理値表

表示灯回路

BS	L
休止状態	消　灯
動作状態	点　灯

真理値表

BS（入力）	L（出力）
0	0
1	1

このように，入力と出力の関係を 2 値信号を使って表にしたものを**真理値表**といいます．この表を見れば入力に対する出力の状態を知ることができます．

複雑なシーケンス制御回路も，AND 回路・OR 回路・NOT 回路という三つの基本的な論理回路を組み合わせて構成されています．論理回路を理解しておくとシーケンス制御回路を理解しやすくなります．

5-2　AND 回路

　AND（アンド）回路は論理積回路とも呼ばれ，2 個以上ある入力がすべて 1 の時，出力も 1 になる回路です．AND 回路を，押しボタンスイッチ A と B，および表示灯 L から構成される回路で表すと，図 5・3 のように，直列に接続された押しボタンスイッチのメーク接点に表示灯を接続した回路になります．

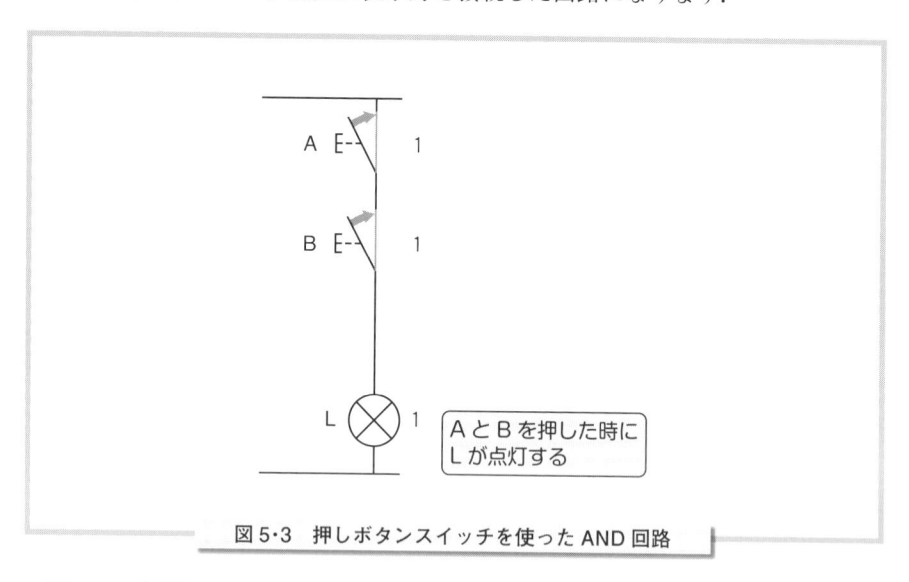

図 5・3　押しボタンスイッチを使った AND 回路

　図 5・3 の回路は，A と B の両方を押した時だけ表示灯が点灯し，A と B をそれぞれ単独で押した時は，表示灯は点灯しません．この回路の押しボタンスイッチと表示灯の動作状態を，2 値信号で示すと，A と B を押すと入力はそれぞれ 1 になり，出力 L も 1 になります．この回路の真理値表は表 5・2 のようになります．

表 5・2　AND 回路の真理値表

入 力		出 力
A	B	表示灯 L
0	0	0
1	0	0
0	1	0
1	1	1

また，入力Aと入力Bに対する出力Lを式で表すと，A·B=Lで表すことができます．これを**論理式**と呼び，この式から動作を判断することができます．

出力Lを表す理論式：A·B=L
　　　　　　　　　　　↑
　　　　　　　　ANDを表す

論理回路は一般にANSI規格[*1]の図記号（旧MIL記号[*2]）を使って表します．AND回路の図記号はANSI規格では**図5·4**のように描き，左が入力，右が出力になるように描きます．

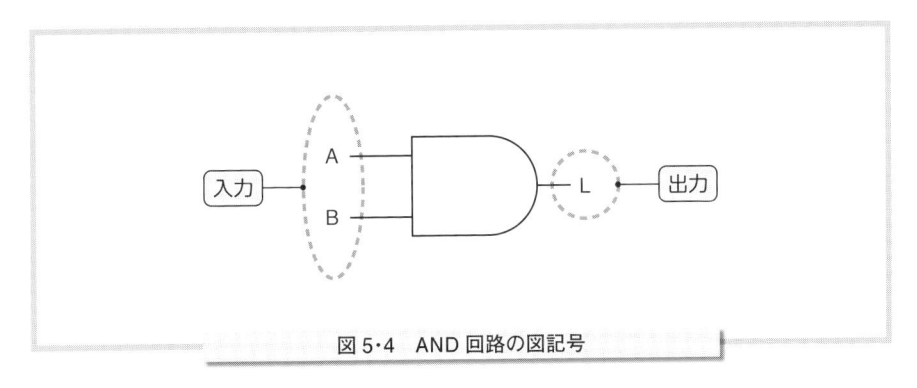

図5·4　AND回路の図記号

また，JIS規格でも論理回路の図記号を定めています．

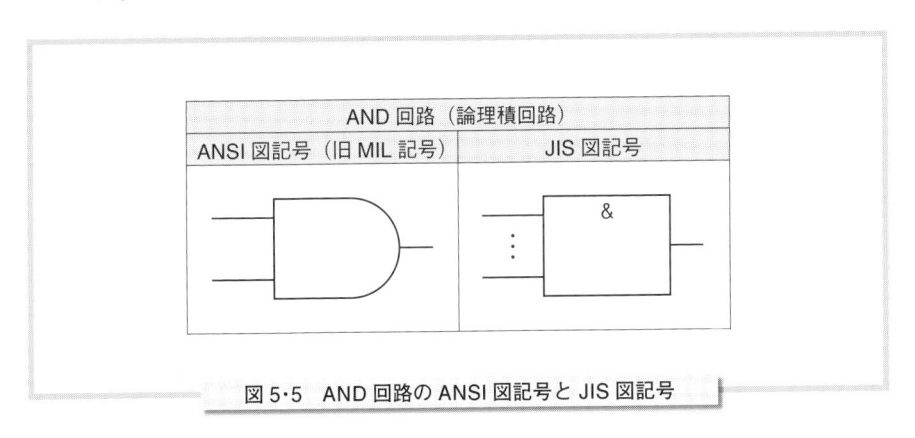

AND回路（論理積回路）	
ANSI図記号（旧MIL記号）	JIS図記号

図5·5　AND回路のANSI図記号とJIS図記号

[*1] 米国規格協会ANSIが承認した規格．ANSIはAmerican National Standards Instituteの略．
[*2] 米国の軍仕様であるMIL規格に規定された論理記号．Military Specifications and Standards．MIL記号は，現在はANSI規格に移行している．

5-3 OR回路

　OR（オア）回路は論理和回路とも呼ばれ，2個以上ある入力のうち一つでも1の時，出力も1になる回路です．OR回路を，押しボタンスイッチAとB，および表示灯Lから構成される回路で表すと，**図5・6**で示すように並列に接続されたAとBのメーク接点に表示灯を接続した回路になります．

　この回路は，AまたはBのいずれか一つでも押すと表示灯が点灯し，AとBの両方を同時に押した時も点灯します．また回路の真理値表は**表5・3**のようになります．

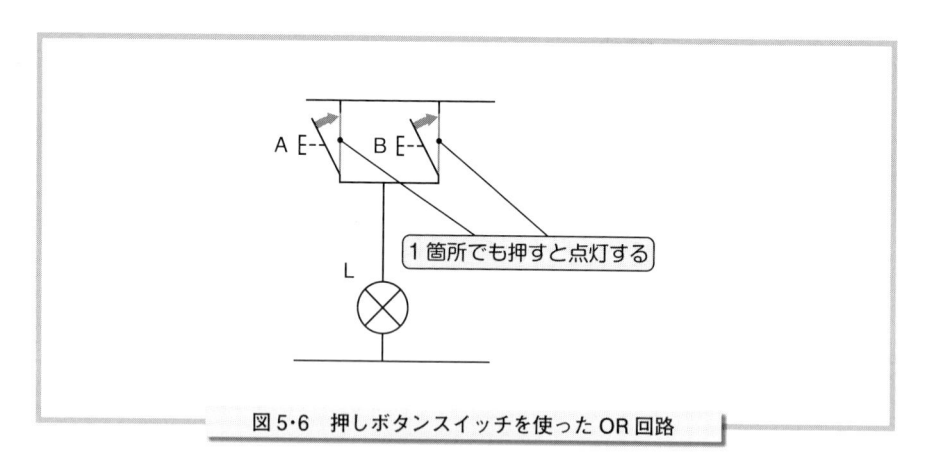

図5・6　押しボタンスイッチを使ったOR回路

表5・3　OR回路の真理値表

入力		出力
A	B	表示灯L
0	0	0
1	0	1
0	1	1
1	1	1

　ここで，入力Aと入力Bに対する出力Lを論理式で表すと

出力Lを表す理論式：A+B＝L
　　　　　　　　　　↑
　　　　　　　　ORを表す

となり，OR回路のANSI図記号は**図5・7**のように表します．

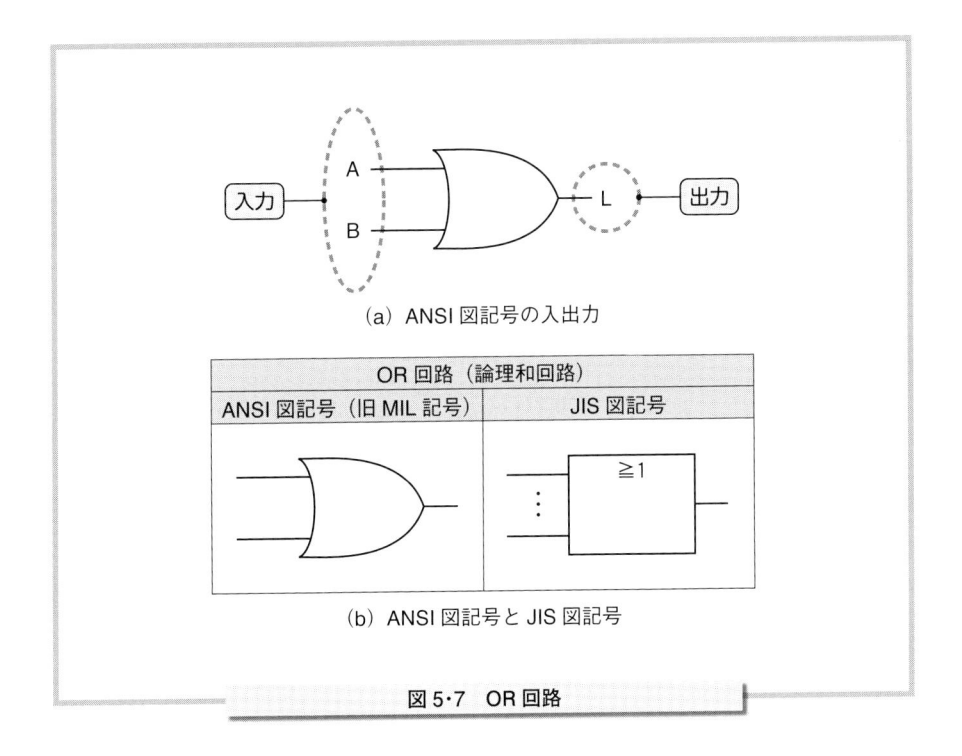

(a) ANSI図記号の入出力

OR回路（論理和回路）	
ANSI図記号（旧MIL記号）	JIS図記号
	≧1

(b) ANSI図記号とJIS図記号

図5・7　OR回路

5-4 NOT 回路

　NOT（ノット）**回路**は論理否定回路ともいい，入力と出力が一つずつあります．この回路は，入力が反転して出力される回路で，例えば，入力が「1」の時に出力は「0」になり，入力が「0」の時は出力が「1」になります．
　NOT 回路を，押しボタンスイッチ A と電磁リレー R および表示灯 L の回路で表すと，**図5・8**のような回路になります．

図5・8　押しボタンスイッチ，電磁リレー，表示灯を使った NOT 回路

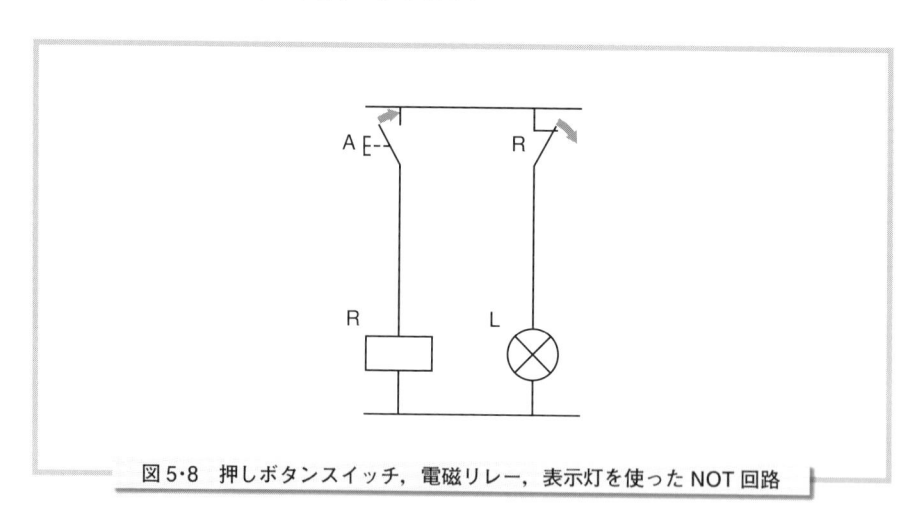

　NOT 回路は，A を押してない時は L が点灯し，A を押すと L が消灯する回路です．このように，入力と出力が逆になる回路で，入力を否定することから，NOT 回路（否定回路）と呼ばれます．この回路の真理値表は**表5・4**のようになります．

表5・4　NOT 回路の真理値表

入力	出力
A	表示灯 L
0	1
1	0

　また，入力 A に対する出力 L を論理式で表すと

5-4 NOT回路

出力Lを表す理論式：$A = \overline{L}$
　　　　　　　　　　↑
　　　　　　　　—は否定を表す

となり，図記号は**図5·9**のように描きます．

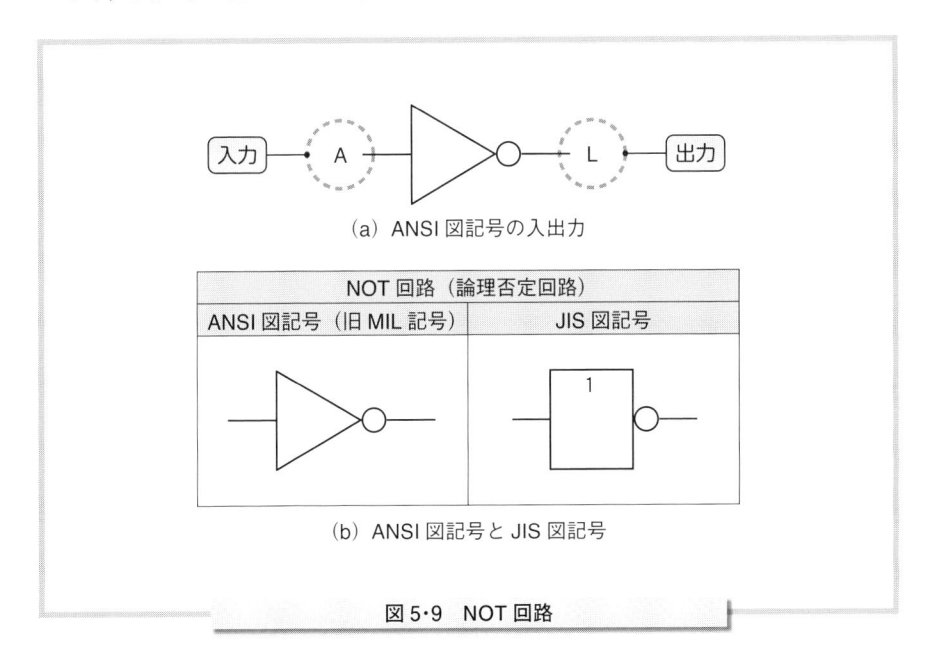

(a) ANSI図記号の入出力

NOT回路（論理否定回路）	
ANSI図記号（旧MIL記号）	JIS図記号

(b) ANSI図記号とJIS図記号

図5·9　NOT回路

5-5 NAND 回路

AND 回路に NOT 回路を組み合わせたものを **NAND（ナンド）回路**といい，AND 回路の出力を反転した出力が得られます．NAND 回路は否定論理積回路ともいい，2個以上の入力のすべてが1の時，出力が0になる回路です．

NAND 回路を**図 5・10** のような押しボタンスイッチ A，B と表示灯 L の回路で表すと，直列に接続した押しボタンスイッチのメーク接点に電磁リレーを接続し，その電磁リレーのブレーク接点に表示灯を接続した回路になります．

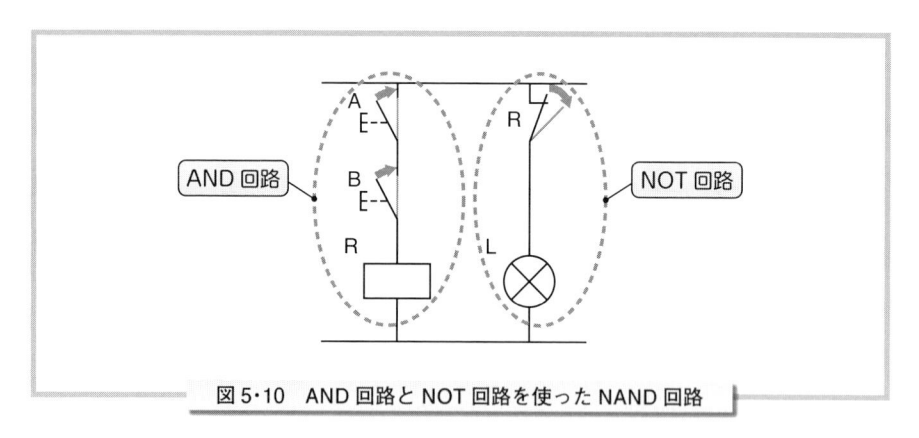

図 5・10　AND 回路と NOT 回路を使った NAND 回路

この回路は，電源を入れると L が点灯し，A と B の両方を押した時に電磁リレーが動作して，そのブレーク接点が開いて L が消灯します．A と B を単独で押しても表示灯は点灯したままです．この回路の真理値表は**表 5・5** のようになります．

表 5・5　NAND 回路の真理値表

入　力		出　力
A	B	表示灯 L
0	0	1
1	0	1
0	1	1
1	1	0

また，入力 A と B に対する出力 L の論理式は
出力 L を表す理論式：$\overline{A \cdot B} = L$

120

となり，図記号は**図 5・11** のように描きます．

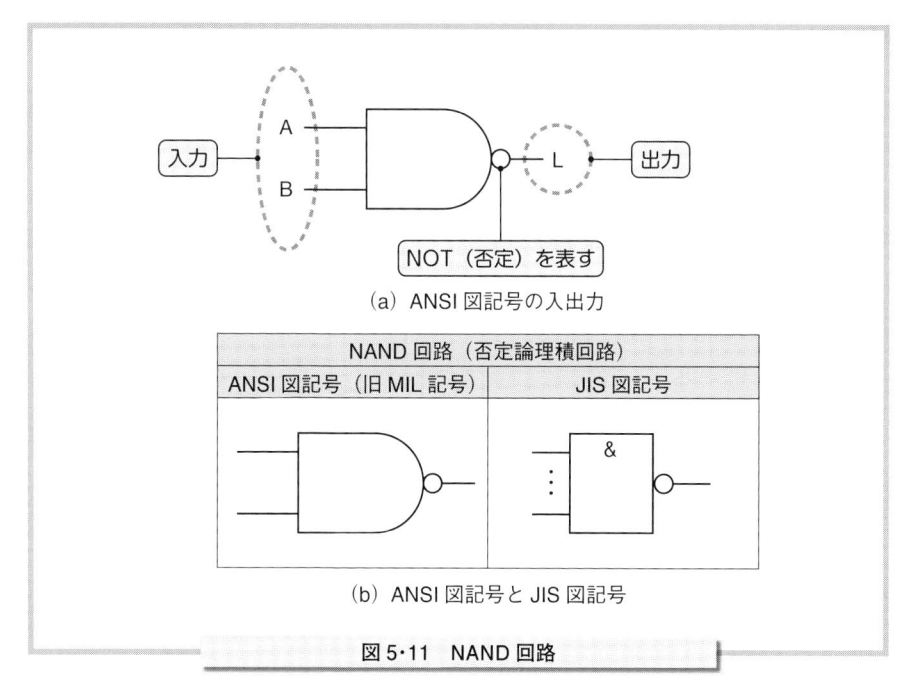

(a) ANSI 図記号の入出力

(b) ANSI 図記号と JIS 図記号

図 5・11 NAND 回路

NAND 回路は，入力を一つにまとめると，NOT 回路になります．

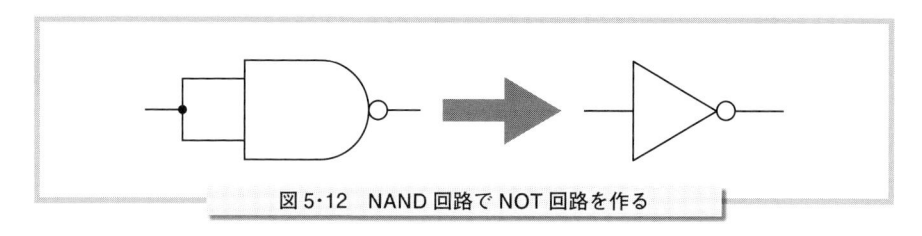

図 5・12 NAND 回路で NOT 回路を作る

また，NAND 回路に NOT 回路を組み合わせると AND 回路になります．

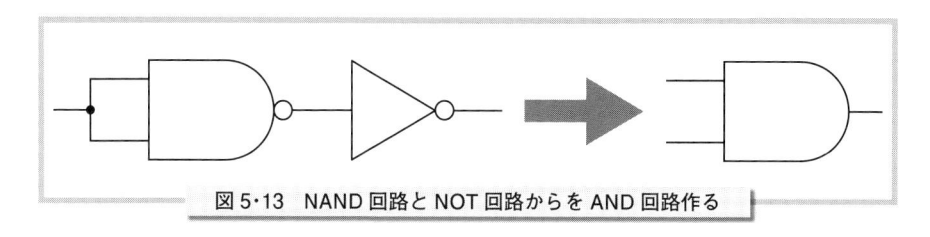

図 5・13 NAND 回路と NOT 回路からを AND 回路作る

5-6 NOR 回路

OR回路にNOT回路を組み合わせたものを **NOR（ノア）回路** といい，OR回路の出力を反転した出力が得られます．NOR回路は否定論理和回路ともいい，入力が一つでも1の時に出力は0になります．また，すべての入力が0の時に出力が1になります．

NOR回路を**図5·14**のような押しボタンスイッチA，Bと表示灯Lの回路で表すと，並列に接続した押しボタンスイッチのメーク接点に電磁リレーを接続し，その電磁リレーのブレーク接点に表示灯を接続した回路になります．この回路は，電源を入れるとLが点灯し，AまたはBを押した時，電磁リレーが動作し，そのブレーク接点が開いてLが消灯する動作をします．

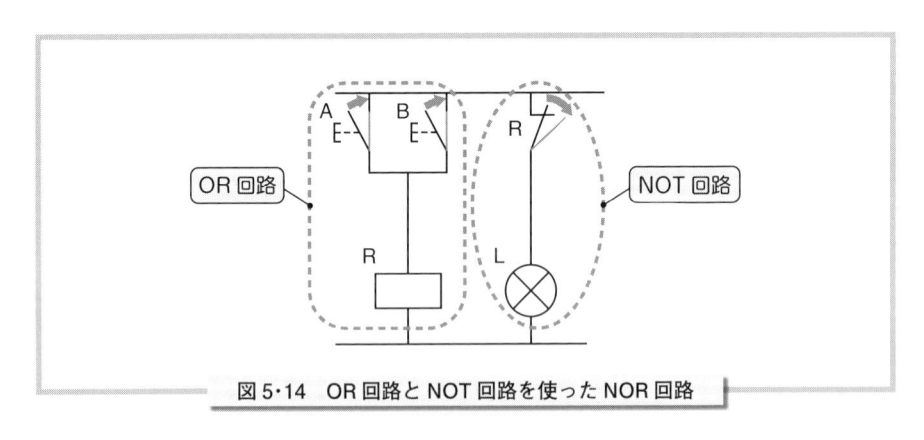

図5·14 OR回路とNOT回路を使ったNOR回路

表5·6 NOR回路の真理値表

入 力		出 力
A	B	表示灯L
0	0	1
1	0	0
0	1	0
1	1	0

また，入力AとBに対する出力Lを論理式で表すと
出力Lを表す理論式：$\overline{A+B} = L$

となり，図記号は**図 5・15** のように描きます．

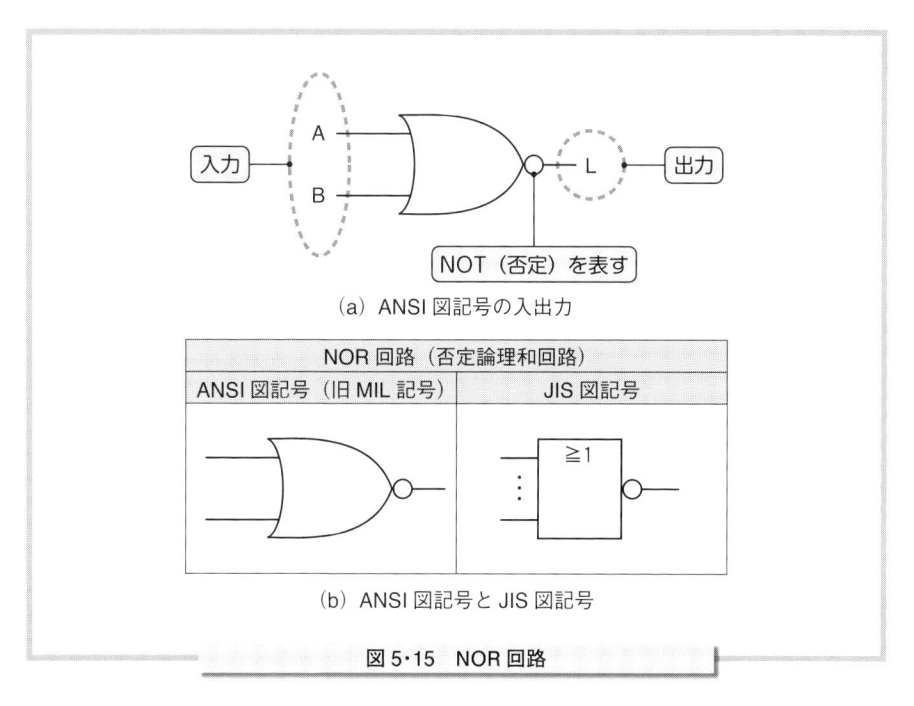

(a) ANSI 図記号の入出力

(b) ANSI 図記号と JIS 図記号

図 5・15　NOR 回路

NOR 回路は，入力を一つにまとめると，NOT 回路になります．

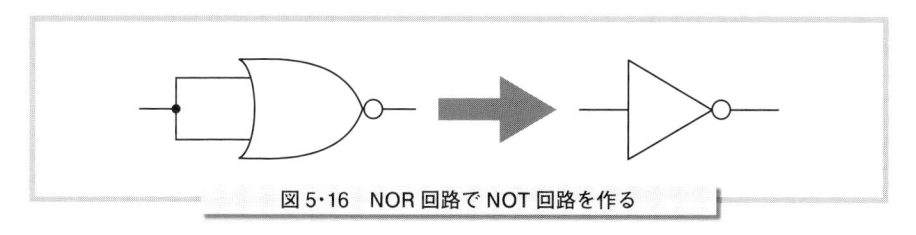

図 5・16　NOR 回路で NOT 回路を作る

また，NOR 回路に NOT 回路を組み合わせると OR 回路になります．

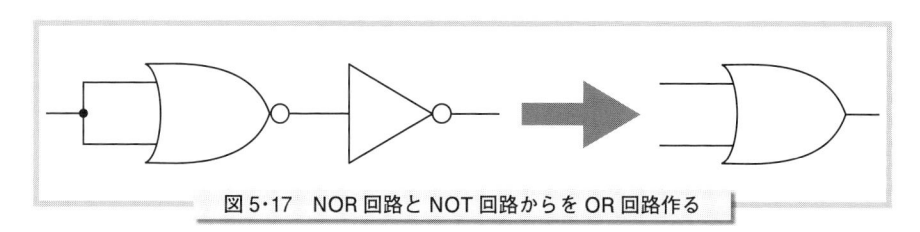

図 5・17　NOR 回路と NOT 回路からを OR 回路作る

5-7 XOR 回路

XOR（exclusive OR）回路は，排他的論理和ともいい，二つの入力のうち，どちらか一つが1の時に出力が1になる回路です．すなわち，異なる入力の時だけ出力が1になるので，不一致回路とも呼びます．

XOR回路を図5・18のような押しボタンスイッチA, Bと表示灯Lの回路で表すと，AのメーK接点とBのブレーク接点を直列に接続したものと，Aのブレーク接点とBのメーク接点を直列に接続したものを並列に接続し，それに出力Lを接続した回路になります．

図5・18 押しボタンスイッチと表示灯を使ったXOR回路

この回路の動作は，押しボタンスイッチAまたはBのどちらか一方だけを押した時だけLが点灯し，AとBの両方を押した時と，AとBの両方を押さない時には，Lは点灯しません．この回路の真理値表は表5・7のようになります．

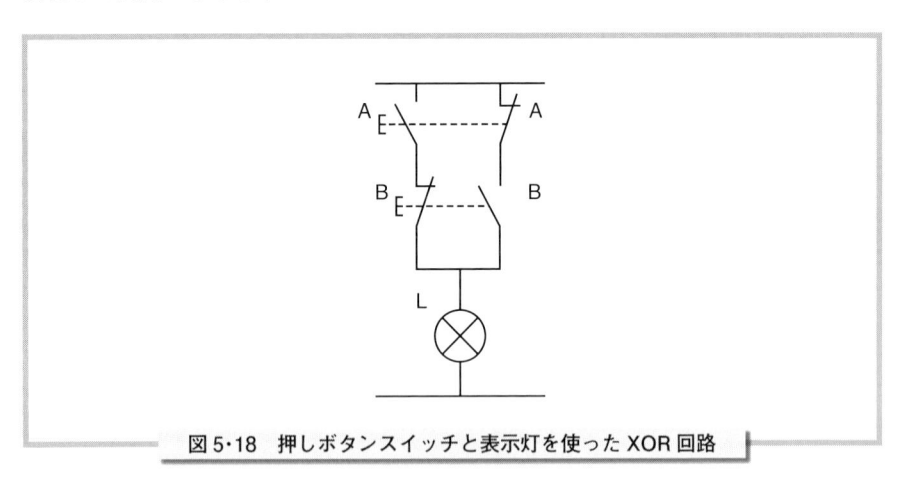

表5・7 XOR回路の真理値表

入力		出力
A	B	表示灯L
0	0	0
0	1	1
1	0	1
1	1	0

また，入力 A，B に対する出力 L を表す論理式は

出力 L を表す理論式：$A \cdot \overline{B} + \overline{A} \cdot B = L$

となり，図記号は**図 5・19** のように描きます．

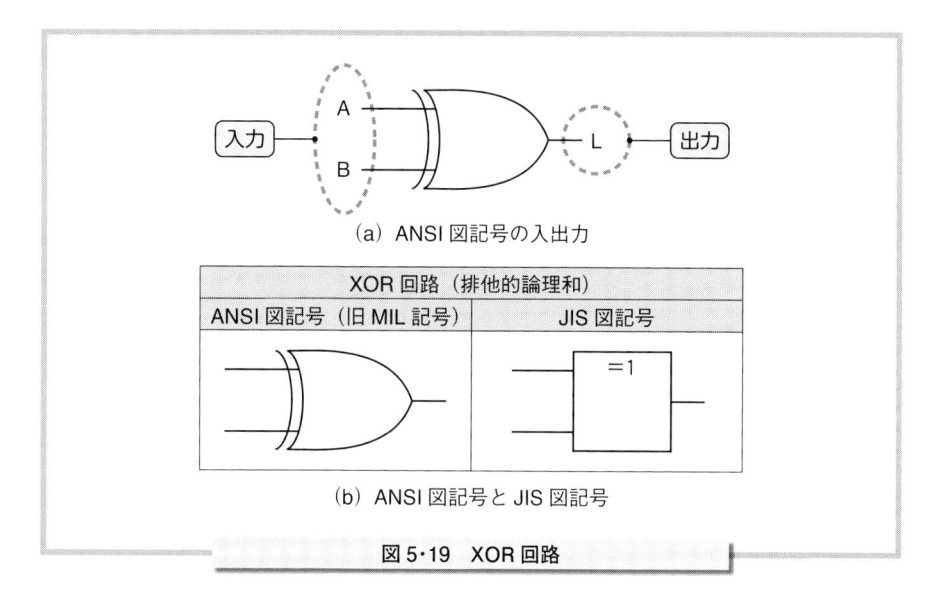

(a) ANSI 図記号の入出力

(b) ANSI 図記号と JIS 図記号

図 5・19　XOR 回路

XOR 回路に NOT 回路を組み合わせると出力が反転し，入力が一致したときに出力が 1 になる一致回路ができます．

一致回路を押しボタンスイッチ A，B と表示灯 L の回路で表すと，**図 5・20** のようになります．

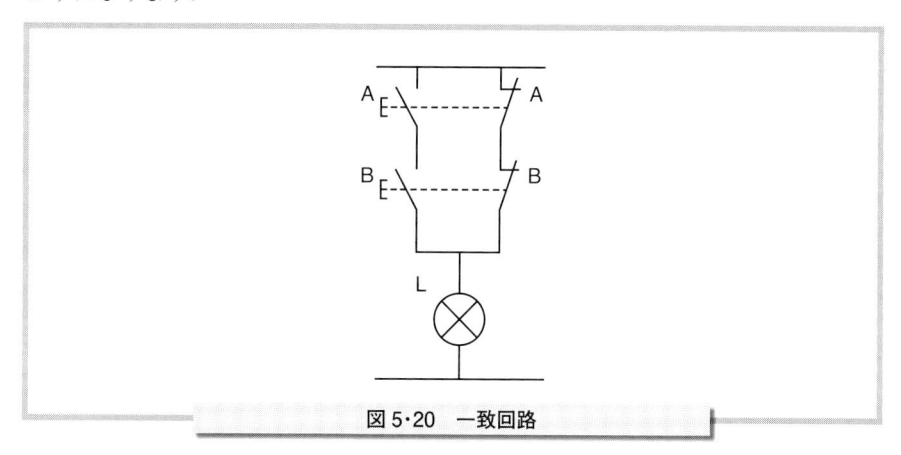

図 5・20　一致回路

また，真理値表は**表 5·8** のようになり，入力 A と B に対する出力 L を論理式で表すと

出力 L を表す理論式：$A \cdot B + \overline{A} \cdot \overline{B} = L$

となり，図記号は**図 5·21** のようになります．

表 5·8　一致回路の真理値表

入　力		出　力
A	B	表示灯 L
0	0	1
0	1	0
1	0	0
1	1	1

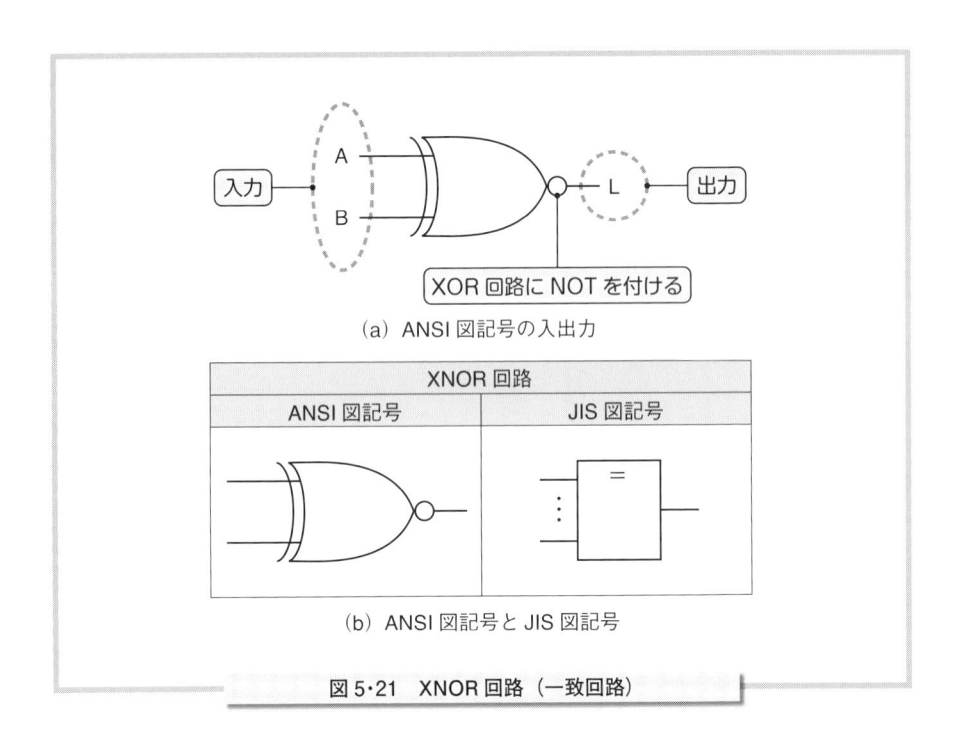

(a) ANSI 図記号の入出力

XNOR 回路	
ANSI 図記号	JIS 図記号

(b) ANSI 図記号と JIS 図記号

図 5·21　XNOR 回路（一致回路）

6章 基本的なシーケンス制御回路

6-1 自己保持回路とは
6-2 インタロック回路とは
6-3 電源側優先回路
6-4 時限動作回路
6-5 繰返し動作回路
6-6 計数制御回路
6-7 基本的な回路の組合せ

6-1 自己保持回路とは

　押しボタンスイッチで電磁リレーを操作する回路は，スイッチを押し続ければリレーは励磁されたままになります．しかし，これではいつまでも手動制御のままです．自動制御を行うには，スイッチから手を離しても励磁状態を維持される必要があります．そこで使われるのが自己保持回路です．

　この回路は，リレーシーケンス制御において，制御を手動から自動に移行するために回路の導入部分で必ず使われる最も重要なものです．

　では，自己保持回路について見てみましょう．

　はじめに，押しボタンスイッチ BS のメーク接点に電磁リレー R のコイルを直列に接続すると，BS を押している時だけ R が動作します（図6・1）．

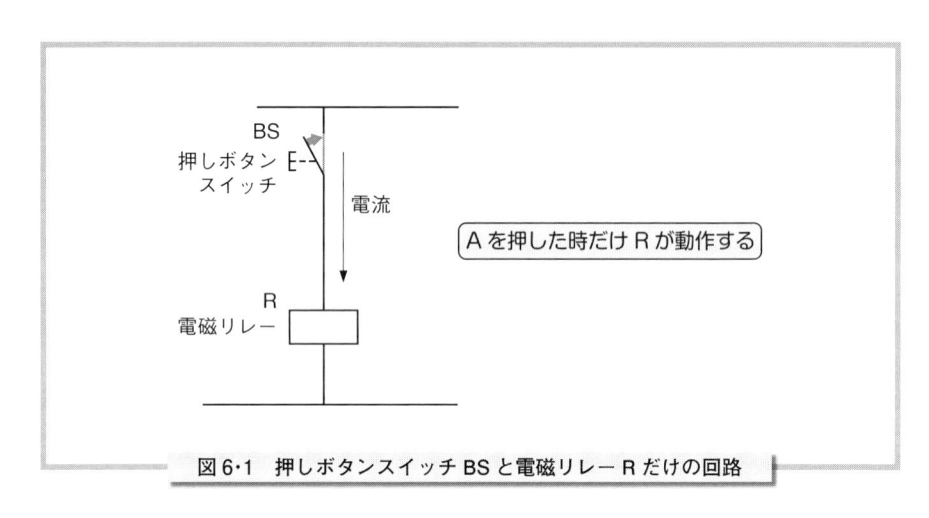

図6・1　押しボタンスイッチ BS と電磁リレー R だけの回路

　そこで，図6・1の回路の BS のメーク接点と並列に R のメーク接点を接続すると，BS のメーク接点が開いても電流は R のメーク接点を流れるため，R のコイルは動作（励磁状態）が保持されます．このような回路を**自己保持回路**といい，リレーシーケンス制御において非常に重要な働きをします（図6・2）．

図6・2　自己保持回路

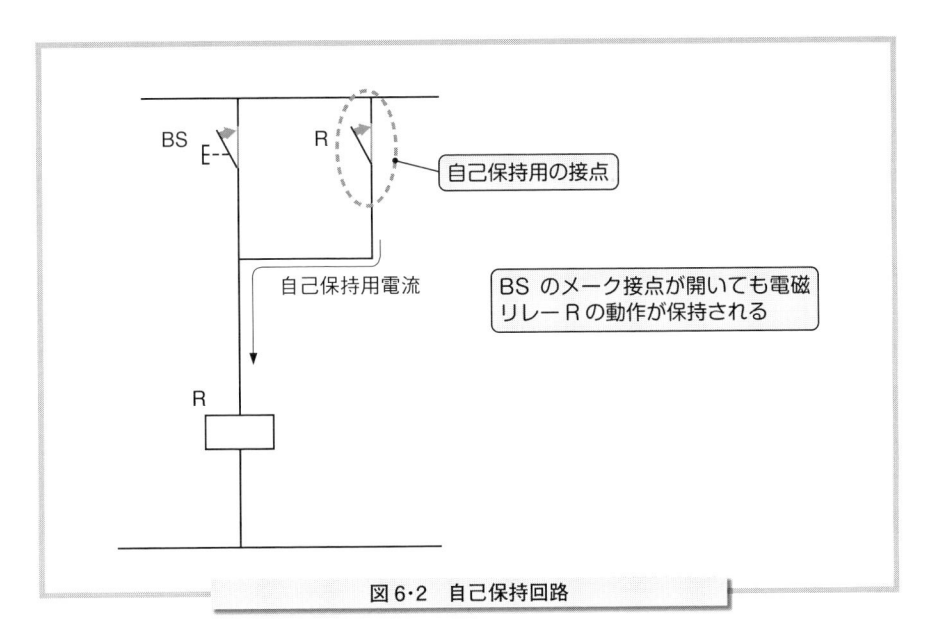

例えば，**図6・3**に示したようなトグルスイッチ（TGS）に電磁リレーRを直列に接続した回路では，手動でTGSを入れるとRは動作したままになりますが，回路を切る時も手動でTGSを操作しなければなりません．

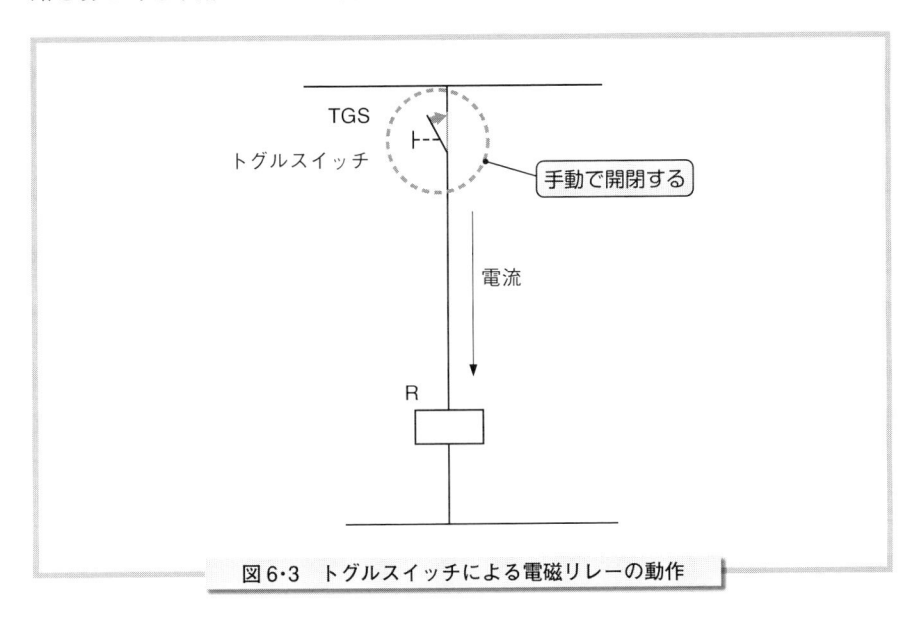

図6・3　トグルスイッチによる電磁リレーの動作

これに対して，自己保持回路は押しボタンスイッチを押し，電磁リレーが自己保持すれば，それ以降は電気的な動作状態になり，**図6・4**のように，回路の途中にマイクロスイッチなど制御用機器のブレーク接点を接続しておけば，マイクロスイッチの動作によって自己保持を解除し，電磁リレーの動作を停止することができます．また，この位置に押しボタンスイッチのブレーク接点を接続すれば，手動による停止もできます．

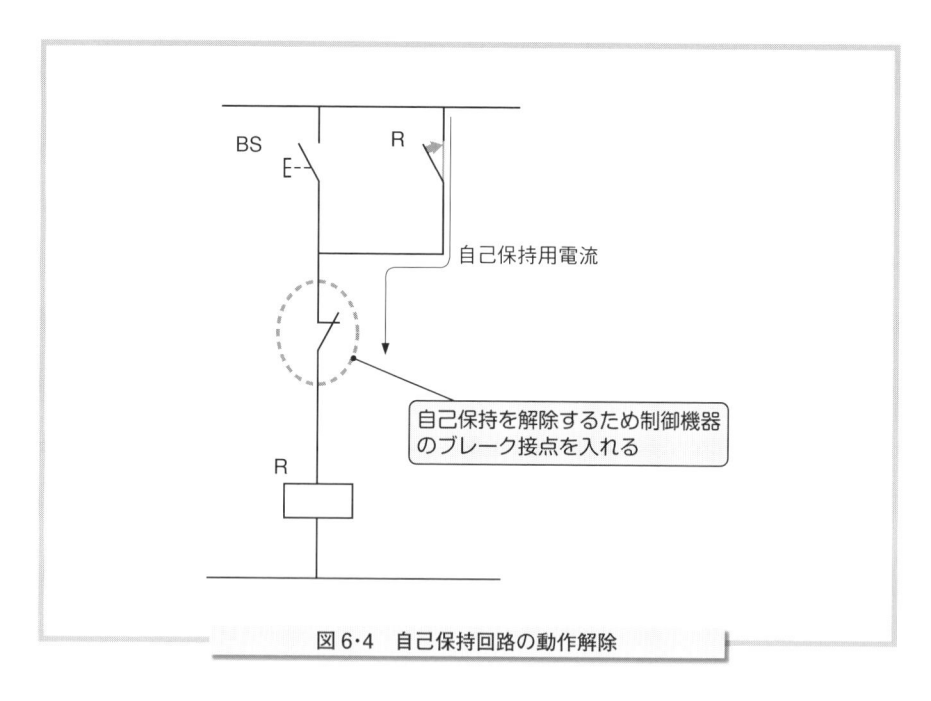

図6・4 自己保持回路の動作解除

このように，自己保持回路は，制御機器が手動だけによる制御から，自動的な制御をするために重要な役割をします．

では，自己保持回路で実際に表示灯を点灯する回路の動作を見てみましょう．**図6・5**の回路は，押しボタンスイッチBS-1を押すと，電磁リレーRの自己保持によって赤の表示灯RDが点灯し，停止用押しボタンスイッチBS-2を押すと，自己保持が解除されてRDが消灯する回路です．

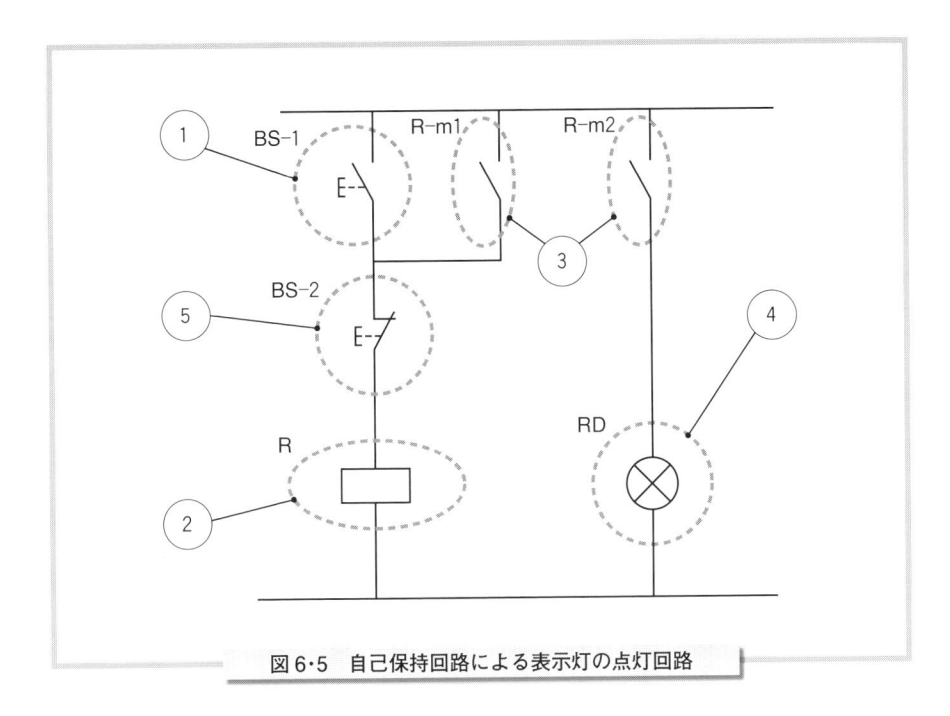

図6・5　自己保持回路による表示灯の点灯回路

◆ 回路の動作説明
① BS-1 を押すと BS-1 のメーク接点が閉じる
② R が励磁する
③ R-m1 と R-m2 が閉じる（R-m1 が閉じて R が自己保持する）
④ R-m2 が閉じて RD が点灯する
⑤ 押しボタンスイッチ BS-2 を押すと自己保持が解除し，R-m2 が開いて RD が消灯する

図6・5の回路のタイムチャートは**図6・6**のようになります．

6章 基本的なシーケンス制御回路

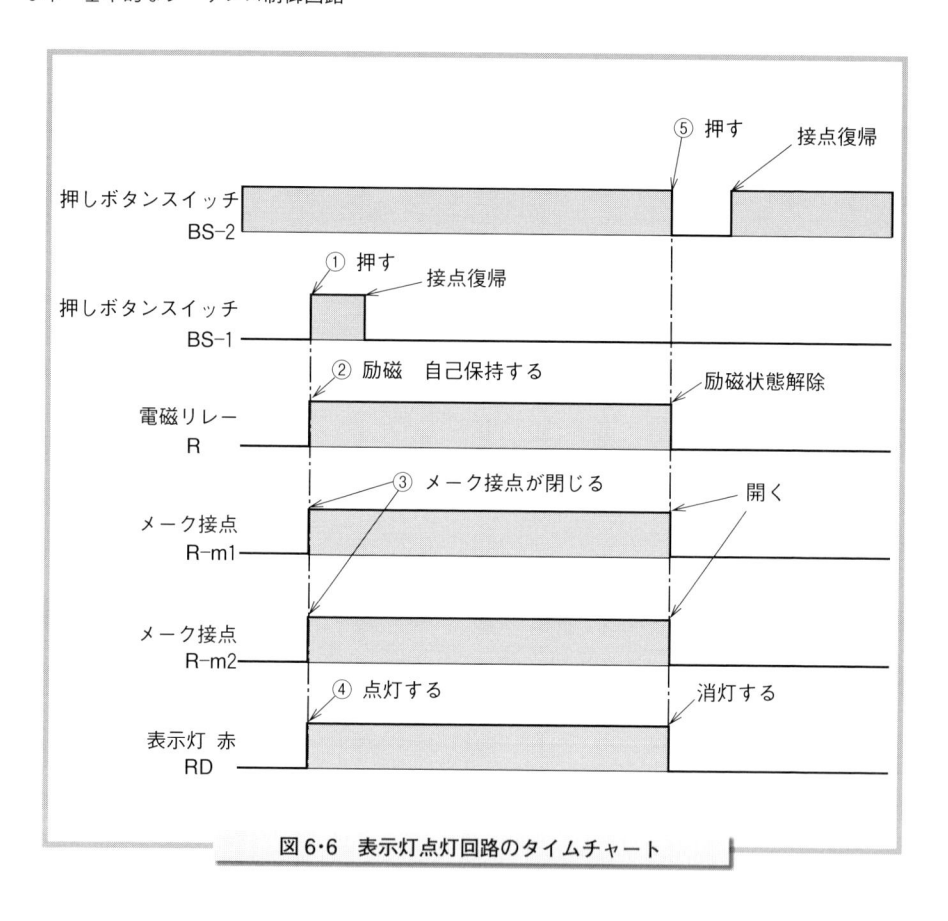

図6・6 表示灯点灯回路のタイムチャート

6-2 インタロック回路とは

　一つの回路が動作中に，別の回路が動作しないようにするものを**インタロック回路**または**禁止回路**といいます（**図6・7**）．これは，ある回路が動作中に別の回路が動作してしまうと，機器の破損や人に危険を及ぼすような場合に使う回路です．

　また，二つ以上の回路でお互いにインタロックをかけ合うものを**並列優先回路**と呼びます．

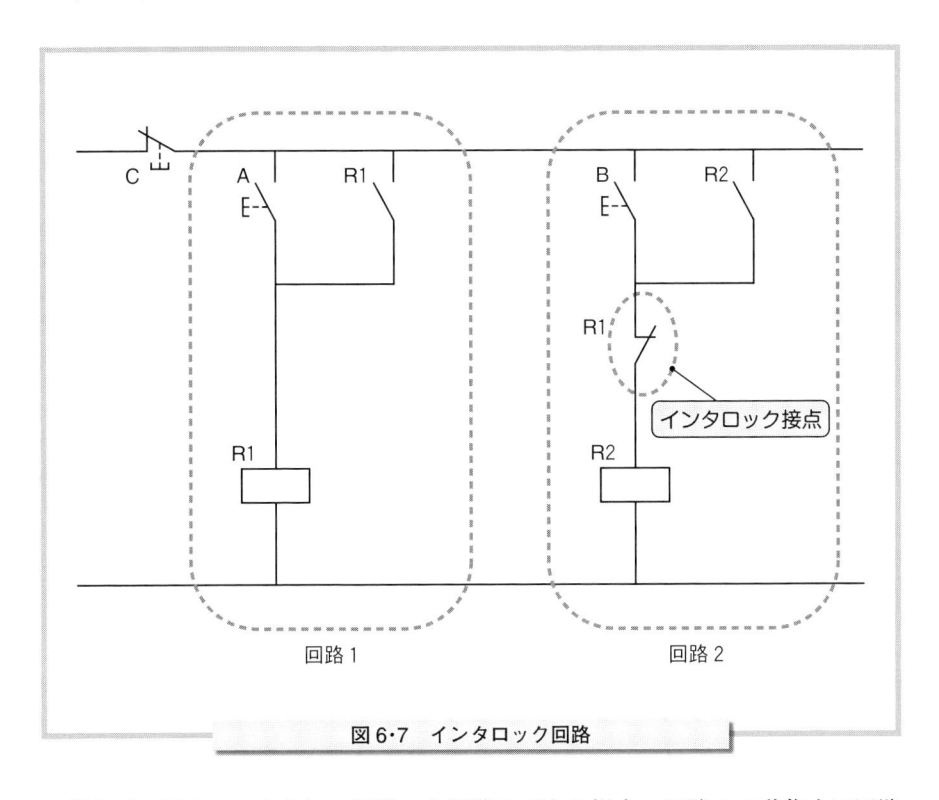

図6・7　インタロック回路

　例えば，図6・7のように，回路1と回路2がある場合，回路1の動作中に回路2が動作できないようにするには，回路1の電磁リレーR1のブレーク接点を回路2に入れます．この時，回路2の動作を禁止するために入れたブレーク接点を**インタロック接点**と呼びます．

◆ 回路の動作説明
① 押しボタンスイッチAを押すと回路1が自己保持し，回路2にあるインタロック接点（電磁リレーR1のブレーク接点）が開く
② 押しボタンスイッチBを押しても回路2は動作しない
③ 押しボタンスイッチCを押すと回路1の自己保持が解除し，インタロック接点が閉じる
④ Bを押すと回路2が動作する
⑤ Aを押すと回路1が動作し，インタロック接点が開いて回路2の動作は解除される

したがって，図6·7の回路は，回路1の動作が優先されます．この回路のタイムチャートは**図6·8**のようになります．

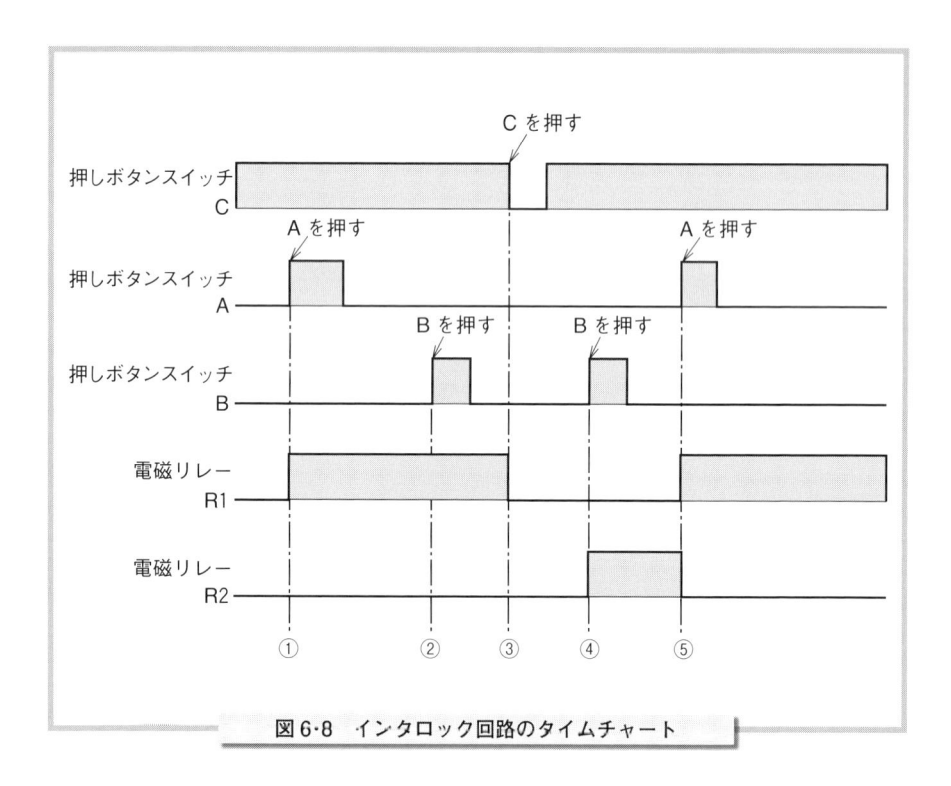

図6·8 インタロック回路のタイムチャート

図 6·7 の回路では回路 1 が優先されましたが，次の**図 6·9** のように，回路 1 と回路 2 のお互いにインタロック接点を入れると，先に押しボタンスイッチを押した回路が動作して，後から押した方は動作しません．このような回路を**並列優先回路**といいます．図 6·9 のような並列優先回路は，押しボタンスイッチ A と B を同時に押すと，電磁リレー R1 と R2 が一瞬だけ同時に動作してしまうことがあり，実際の回路では押しボタンスイッチどうしにも，それぞれのブレーク接点を利用してインタロックをかける必要があります．

このような並列優先回路は，モータの正逆運転制御回路（164 ページ参照）などに使われます．

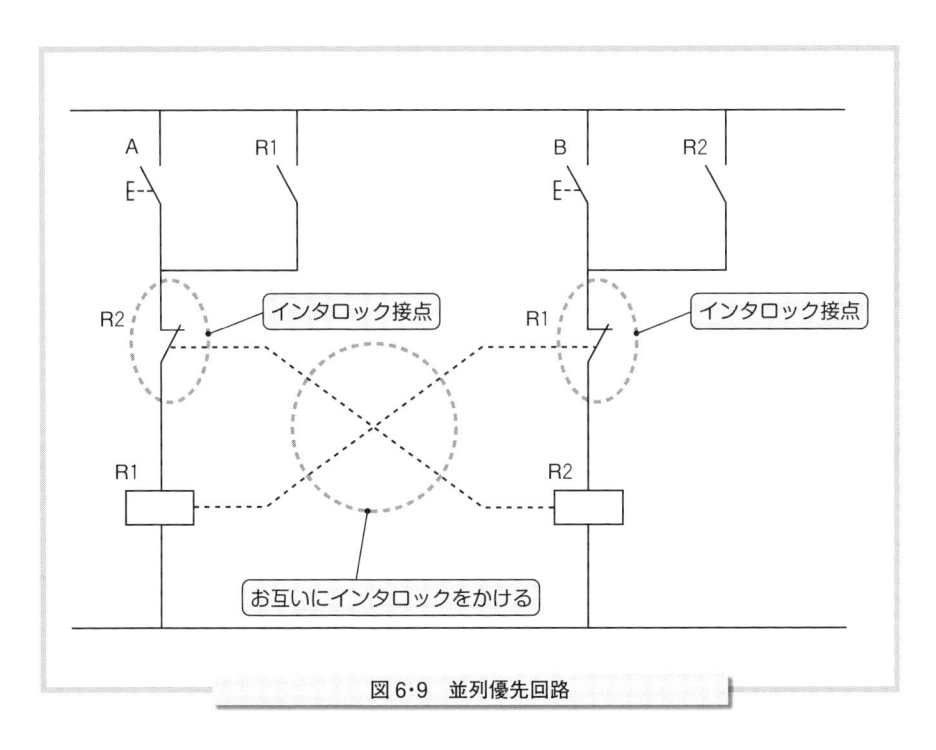

図 6·9　並列優先回路

6-3 電源側優先回路

　複数の機器を一定の順序で動作させる必要がある場合には，直列優先回路を使います．この回路は順序動作回路とも呼ばれます．

　例えば，**図 6・10** のような生産ラインで 2 台のベルトコンベアが使われる場合を見てみましょう．生産ラインの始動時に，入口側のベルトコンベア B が先に動作すると製品が衝突してしまいます．これを防ぐには，ラインの出口側のコンベア A を先に動作させる必要があります．このような場合，**図 6・11** のような直列優先回路を使います．

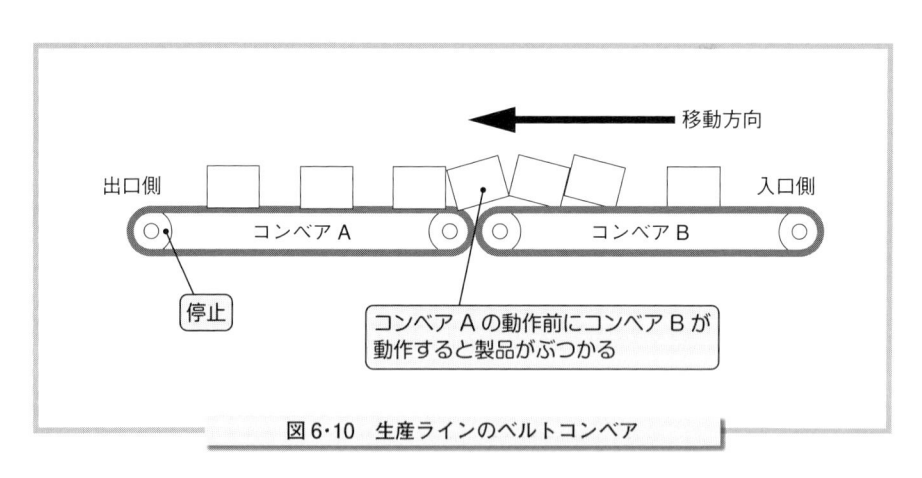

図 6・10　生産ラインのベルトコンベア

6-3 電源側優先回路

図6・11 直列優先回路

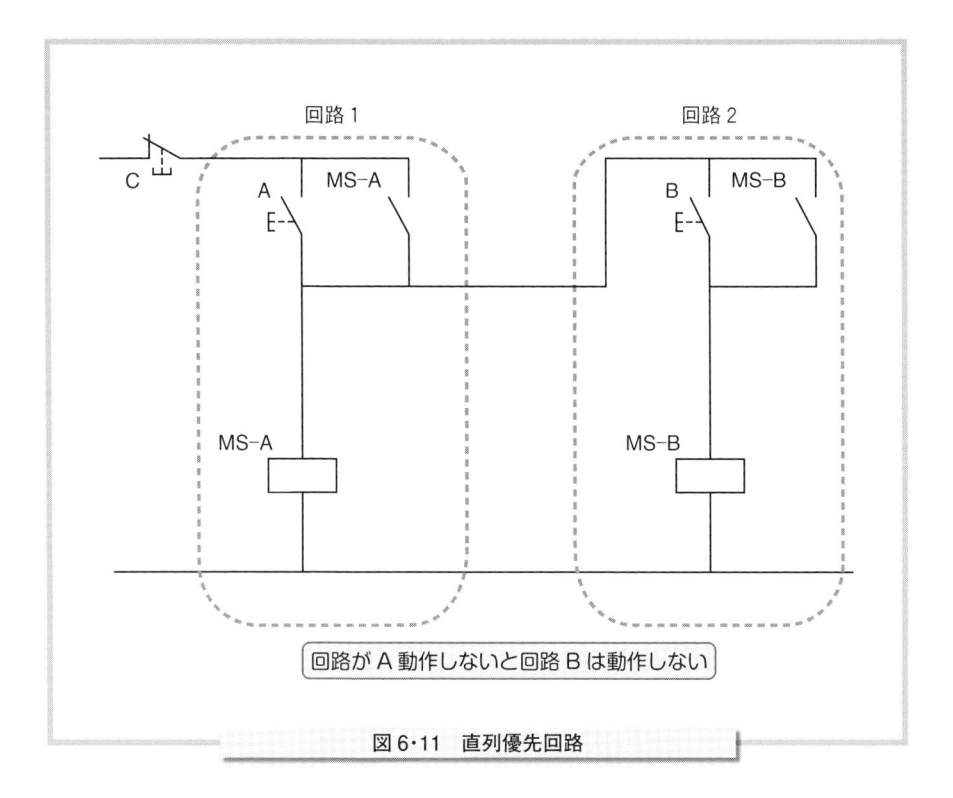

ここで，図6・11の回路のタイムチャートは**図6・12**のようになります．

◆ 回路の動作説明
① 押しボタンスイッチAを押すと，MS-Aが自己保持しコンベアAが動作する
② 押しボタンスイッチBを押すと，MS-Bが自己保持しコンベアBが動作する
③ 押しボタンスイッチCを押すと，コンベアA，Bが停止する．
④ 押しボタンスイッチBを先に押しても，コンベアBは動作しない．

順序動作させたいベルトコンベアを追加するには，**図6・13**のように回路を増やします．

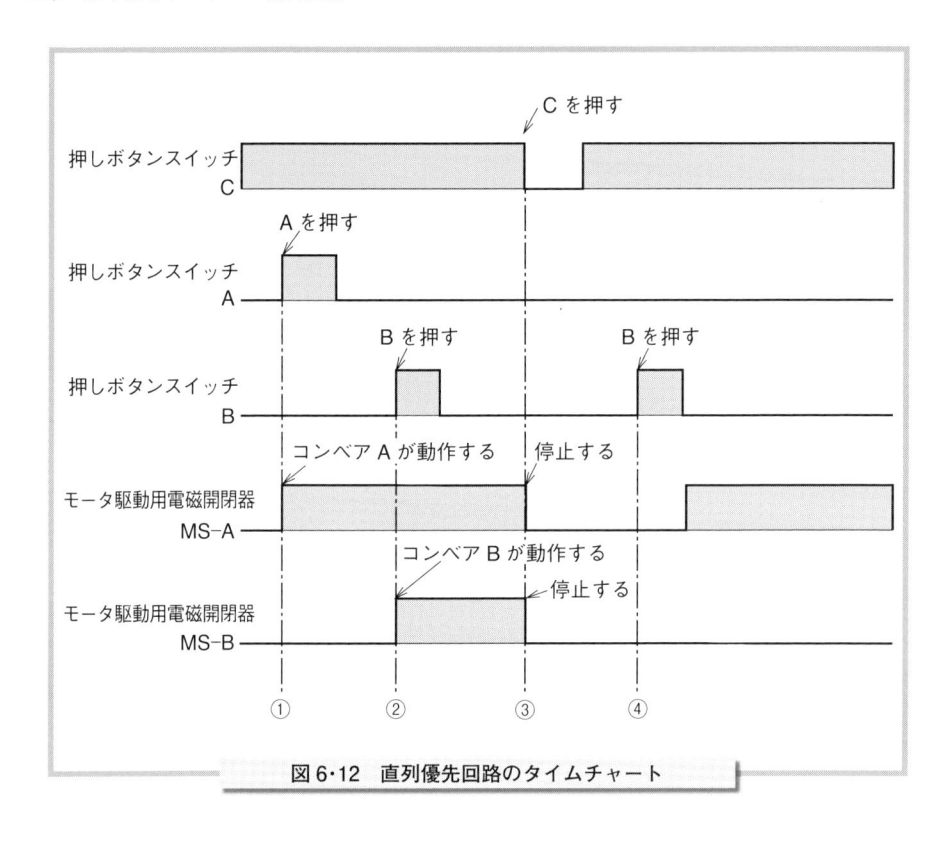

6章　基本的なシーケンス制御回路

図6・12　直列優先回路のタイムチャート

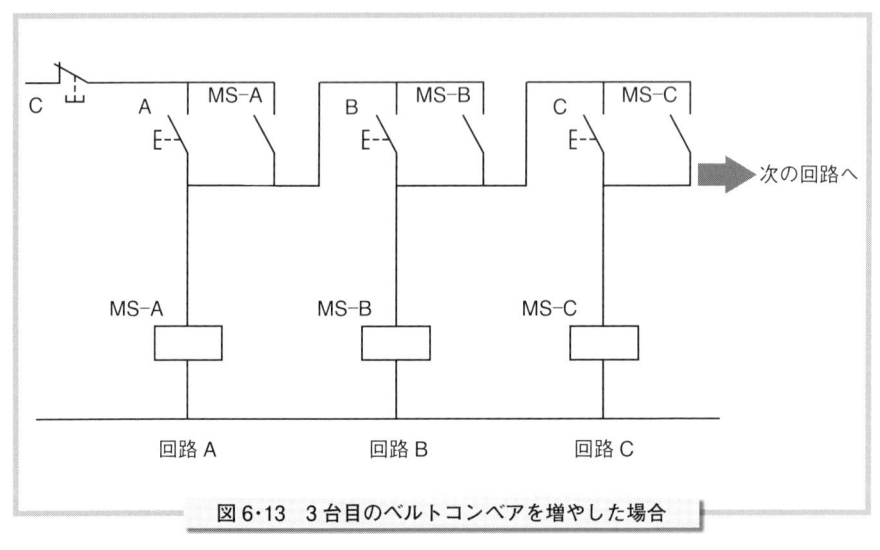

図6・13　3台目のベルトコンベアを増やした場合

138

6-4 時限動作回路

　自動制御では，押しボタンスイッチを押してから設定した時間後に機器を動作させたり，押しボタンスイッチを押してから設定した時間だけ機器を動作させることがよくあります．そのような場合には，限時動作瞬時復帰形タイマを用いた**時限動作回路**を使います．

　はじめに，押しボタンスイッチAを押してから設定した時間後に機器を動作させる回路は図6·14のようになります．

　この回路は，押しボタンスイッチAを押すとコンベアA用の電磁開閉器MS-Aが自己保持し，タイマの設定時間の5秒後にコンベアB用の電磁開閉器MS-Bが動作する回路です．

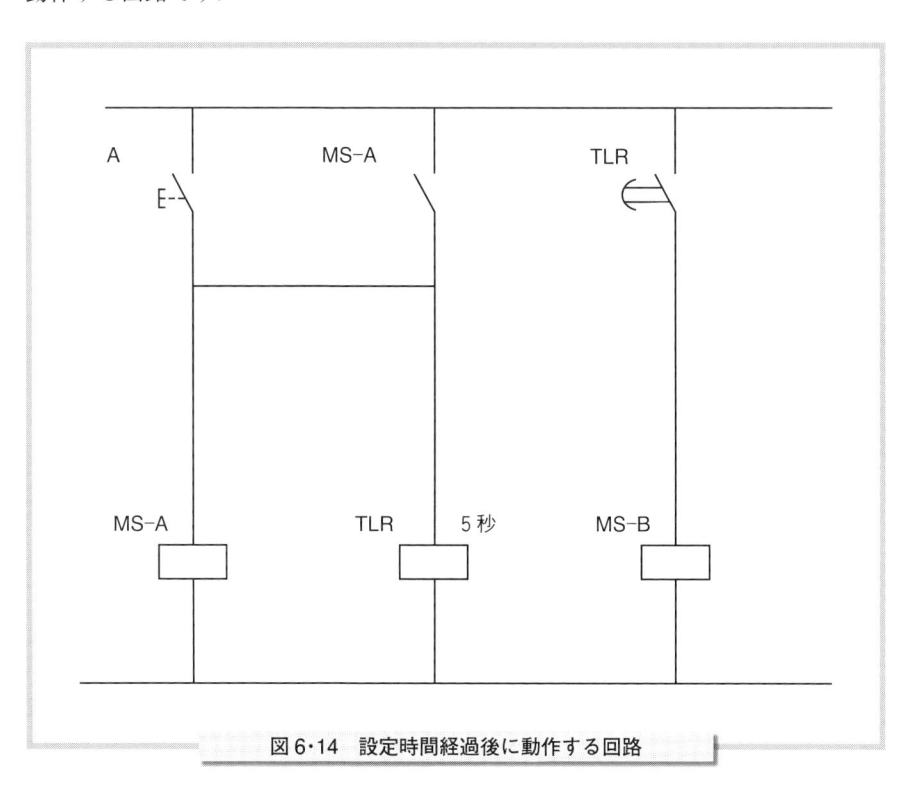

図6·14　設定時間経過後に動作する回路

◆ 回路の動作説明
① 押しボタンスイッチAを押す
② 電磁開閉器 MS-A が自己保持し，コンベアAが始動する
③ 同時にタイマ駆動部に電圧がかかる
④ タイマ設定時間の 5 秒後にタイマのメーク接点が閉じて電磁開閉器 MS-B が作動する
⑤ コンベアBが始動する

ここで，図 6·14 の回路のタイムチャートは**図 6·15** のようになります．

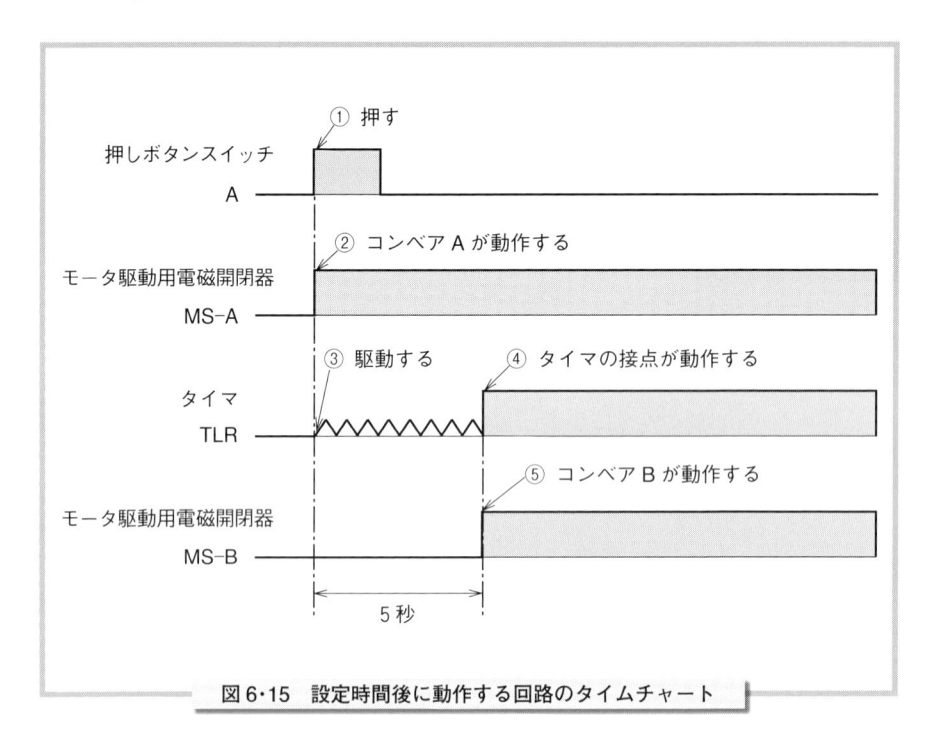

図 6·15　設定時間後に動作する回路のタイムチャート

次に，設定した時間だけ機器を動作させたい場合は**図 6·16** のような回路を用います．

図6・16　一定時間動作回路

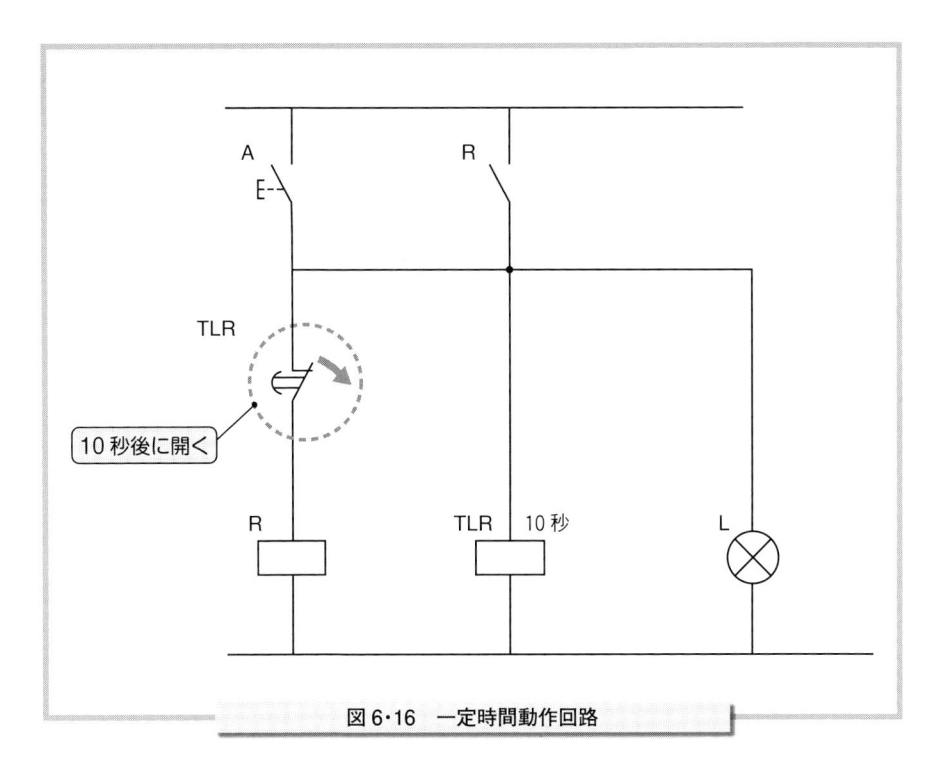

　この回路は，押しボタンスイッチAを押すと電磁リレーが自己保持し，同時にタイマ駆動部に電圧を加え，表示灯も点灯します．タイマに設定した10秒間が経過するとタイマのブレーク接点が開き，電磁リレーRの自己保持を解除して表示灯が消えます．なお，タイマは限時動作瞬時復帰形を用いています．

◆ 回路の動作説明
① 押しボタンスイッチAを押す
② 電磁リレーRが自己保持する（②③④ は同時に動作する）
③ タイマTLRが駆動する
④ 表示灯Lが点灯する
⑤ 10秒間経過後タイマのブレーク接点が開き，電磁リレーの自己保持を解除する
⑥ 表示灯が消灯する

ここで，図6・16の回路のタイムチャートは**図6・17**のようになります．

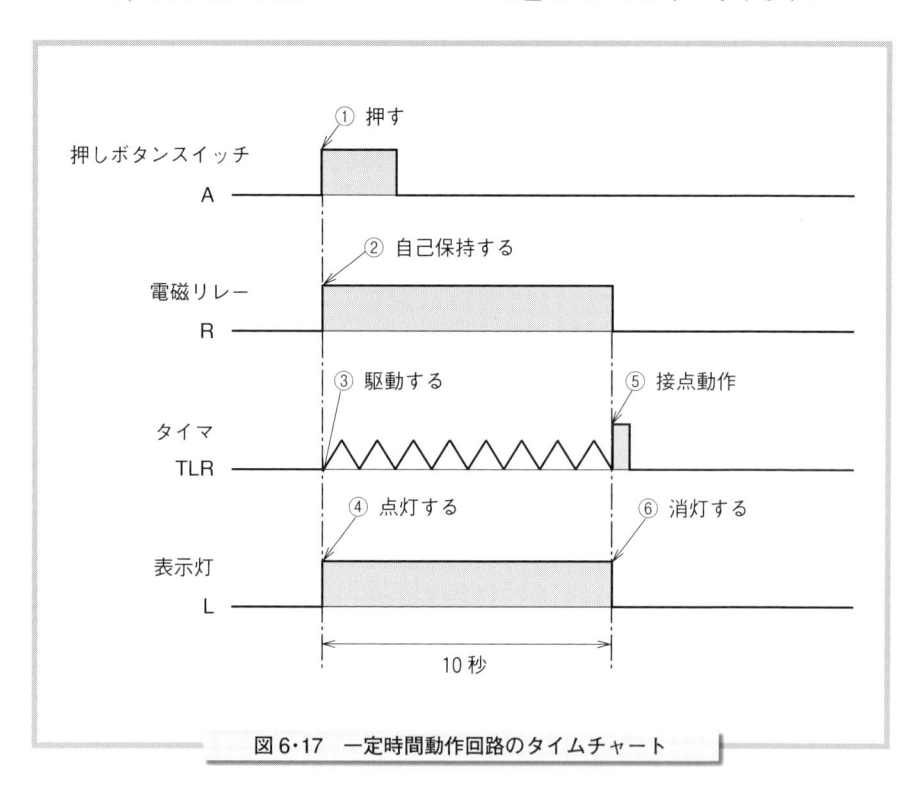

図6・17 一定時間動作回路のタイムチャート

この回路は電磁リレーの自己保持が解除されると，最初の状態に戻るので，再びAを押すと，同じ動作をします．

6-5 繰返し動作回路

　表示灯を点滅させたり，機器に繰返し同じ動作をさせるにはタイマを使った**繰返し動作回路**を用います．この回路は，機器の動作と休止を繰り返すために，二つのタイマが必要になります．

　例えば，表示灯が3秒間点灯した後，5秒間消灯する動作を繰り返す回路を，タイマ2個と電磁リレーを使って作ると**図6・18**のようになります．

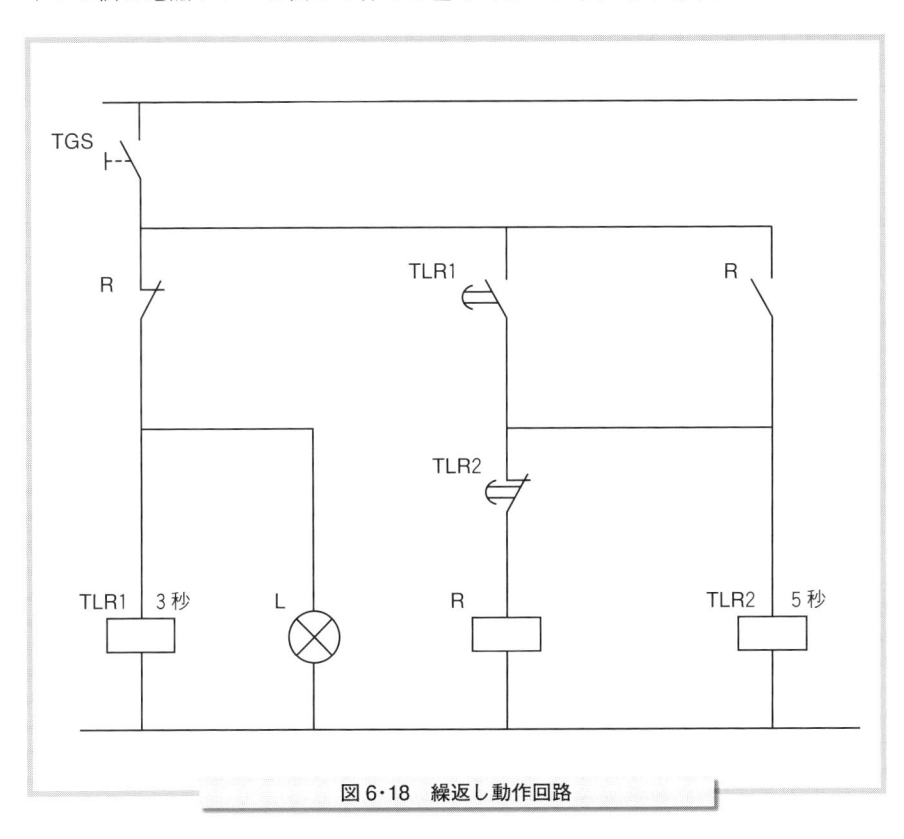

図6・18　繰返し動作回路

◆ 回路の動作説明
① トグルスイッチ TGS を入れるとタイマ TLR1 が駆動し，同時に表示灯 L が点灯する
② TLR1 の接点が閉じ，電磁リレー R が自己保持すると同時に L が消灯し，TLR2 が駆動する．この時，R のブレーク接点が開いて TLR1 は初期状態になる
③ TLR2 の接点が動作して，R の自己保持が解除し，R のブレーク接点が閉じるため再び TLR1 が駆動し，同時に表示灯が点灯する
その後は同じ動作を繰り返す

ここで，図 6·18 の回路のタイムチャートは**図 6·19** のようになります．

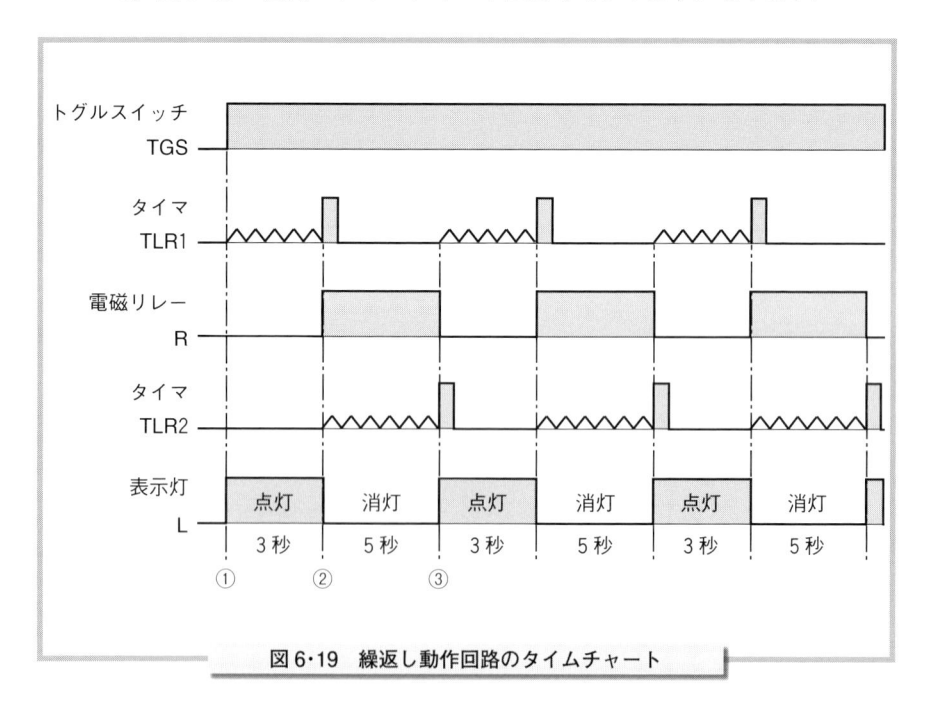

図 6·19　繰返し動作回路のタイムチャート

この回路の表示灯の点灯時間と消灯時間は，二つのタイマの設定時間を調整することで変更できます．

6-6 計数制御回路

　計数制御回路は計数カウンタを使って製品などの数量を数え，設定値になったら機器を作動したり，表示灯を点灯するなど，次の動作への切換え手段に使います．

　計数制御回路は，**図6・20**のように光電スイッチなどを用いて製品を一つずつ検知し，その信号を計数カウンタに入力して数量を数え，設定値になると，計数カウンタの接点が動作して信号を出力し，次の動作を行う回路です．

　生産ラインでは製品を設定した数量単位で箱詰めしたり，同じ数量で振り分ける作業などに用います．

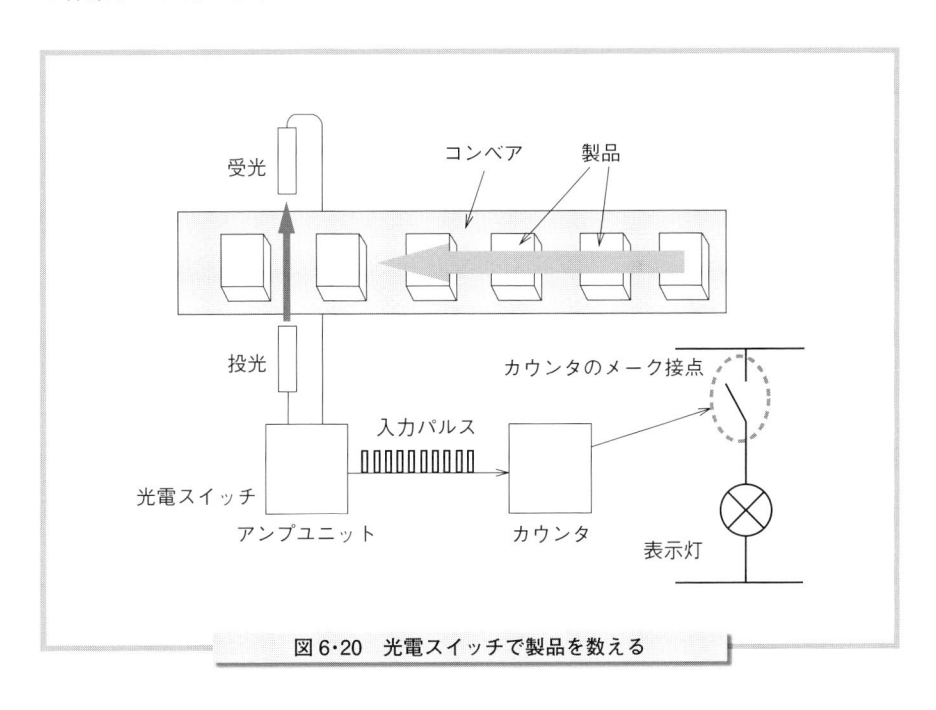

図6・20　光電スイッチで製品を数える

　光電スイッチで製品を一つずつ検知し，計数カウンタを使って，数量が10個になったら表示灯を点灯する回路は，**図6・21**のようになります．

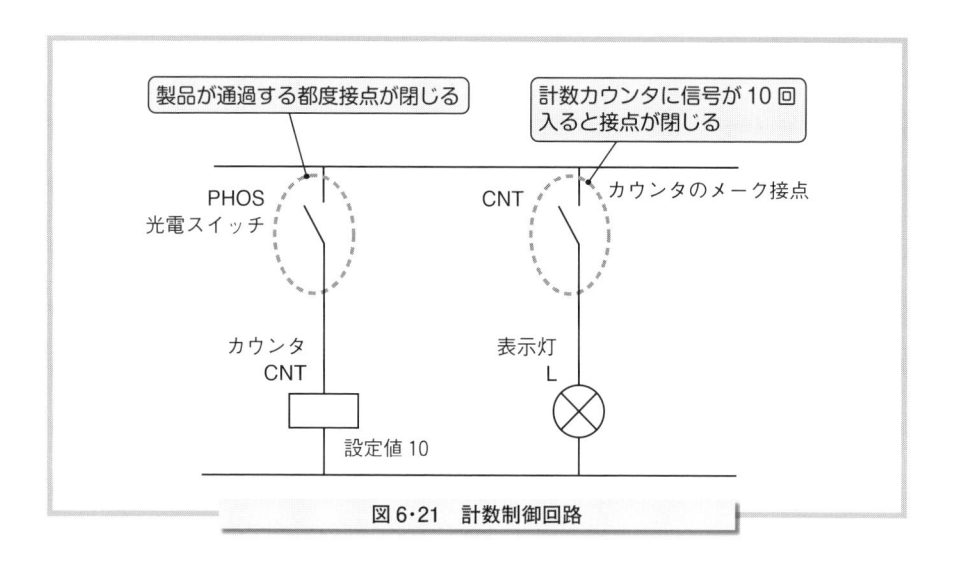

図6·21 計数制御回路

◆ 回路の動作説明
① 光電スイッチの光を製品が遮断する都度, 光電スイッチのメーク接点が閉じ, 製品と同数のパルスが計数カウンタに入力される
② 計数カウンタの設定値 (10 回) のパルスが入ると接点が動作する
③ 計数カウンタのメーク接点が閉じ, 表示灯が点灯する

ここで, 図6·21の回路のタイムチャートは**図6·22**のようになります.

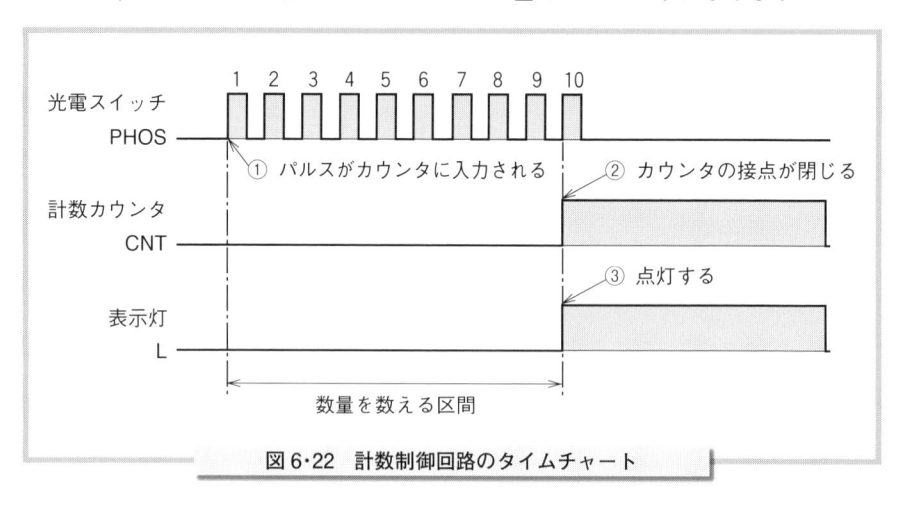

図6·22 計数制御回路のタイムチャート

6-7 基本的な回路の組合せ

　シーケンス制御回路はさまざまな基本的回路の組合せから成り立っています．例えば，前節で見た，繰返し動作回路と計数制御回路を組み合わせると新たな回路ができ上がります．

　143ページのタイマを使った繰返し動作回路は表示灯の点滅をしますが，この点滅を計数カウンタへのパルスとして使うと，表示灯が計数カウンタに設定した数だけ点滅してから計数カウンタの接点出力を使って別の表示灯を点灯する回路ができ上がります（図6・23）．

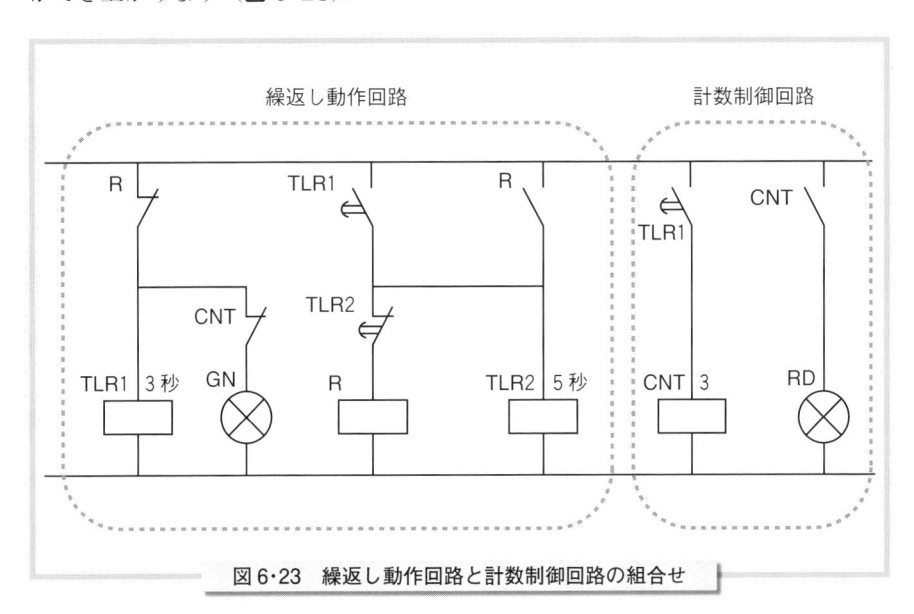

図6・23　繰返し動作回路と計数制御回路の組合せ

◆ 回路の動作説明
① 緑の表示灯が3回点滅する．この時，TLR1のメーク接点が閉じるたびに，パルスが計数カウンタへ入力される
② 3個目のパルスで計数カウンタのメーク接点が閉じてRDが点灯する．同時に，表示灯GNの点滅をカウンタのブレーク接点で停止する（繰返し動作回路は動作を続けている）

ここで，図6・23の回路のタイムチャートは**図6・24**のようになります．

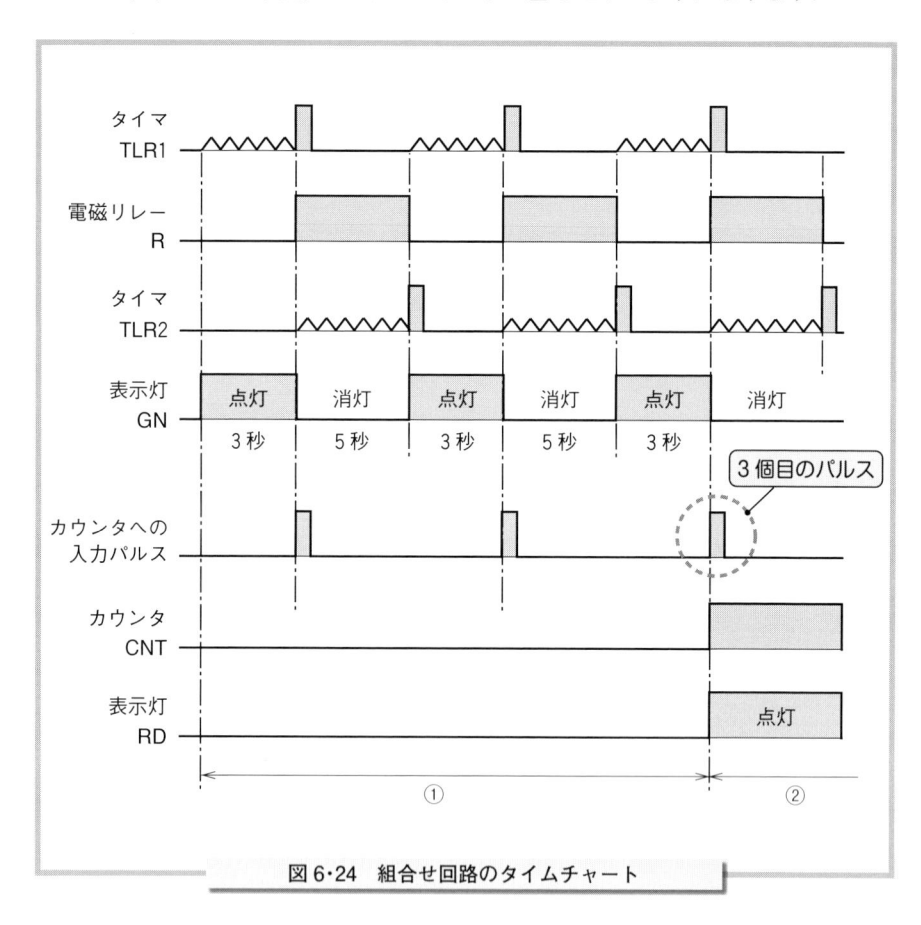

図6・24 組合せ回路のタイムチャート

この回路は，歩行者用信号機が青から赤へ切り換わる時の動作とほぼ同じですが，実際の信号機ではさらにタイマを使って赤から青へ切り換える動作をします．このように，実際のシーケンス制御回路は複数の基本的な回路の組合せから構成されています．

7章
電動機を制御する回路

7-1　主回路と制御回路
7-2　電動機の運転・停止回路
7-3　電動機を2箇所以上から制御する
7-4　電動機の正転・逆転切換え回路とインタロック回路
7-5　三相誘導電動機のY-△始動回路
7-6　液面制御回路

7-1 主回路と制御回路

　電動機を制御する回路は三相電源から電動機までの主回路と呼ばれる配線と，電磁リレーなどを制御するための制御回路（操作回路）から構成されます（**図7・1**）．

　制御回路で使用する制御用機器がAC 200 V電源用の場合は，制御回路の電源を主回路の三相3線200 Vの電源から2本を引き出して用います．

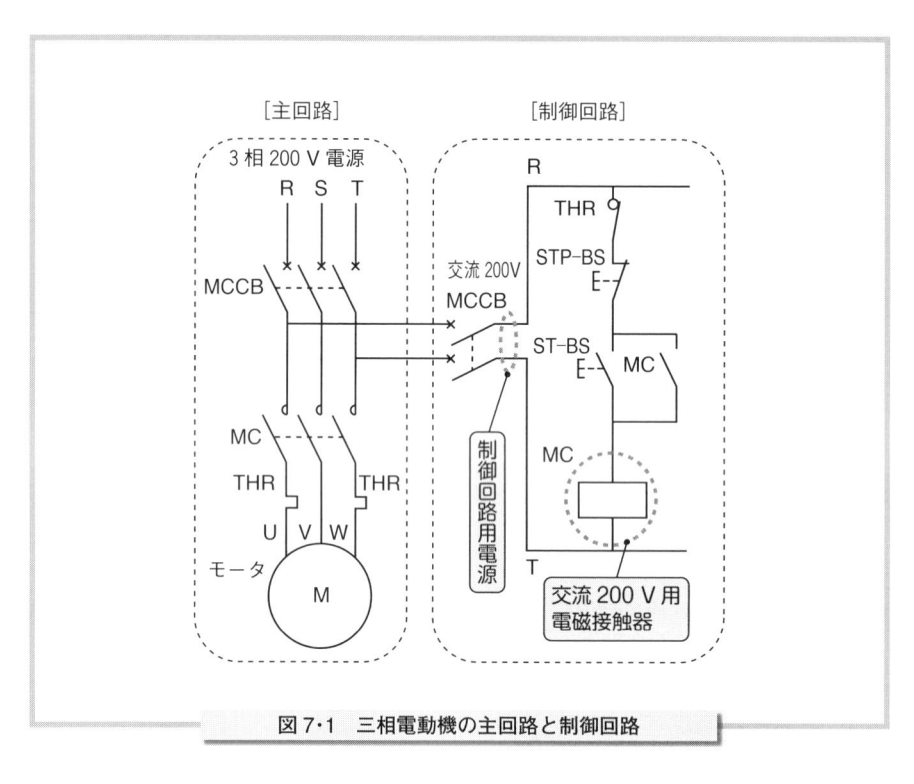

図7・1　三相電動機の主回路と制御回路

　また，制御用機器が直流用の場合や，200 V以下で使用する機器の場合には，主回路の電源を整流回路や変圧器を使って直流や適正な電圧に変換して用います（**図7・2**）．また，必要があれば，制御回路専用に，主回路とは別に電源を用意することもあります（**図7・3**）．

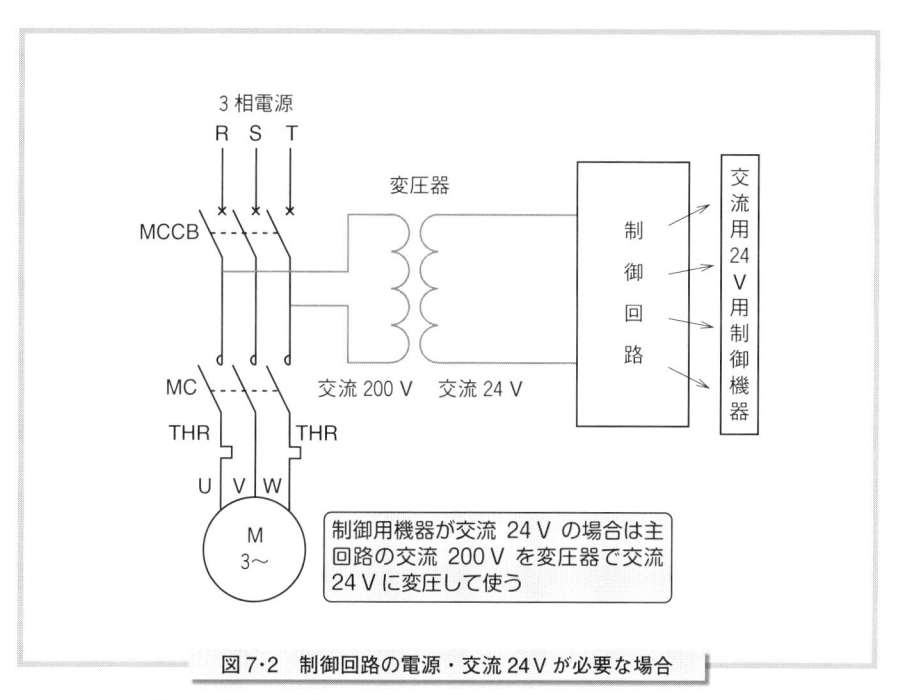

7-1 主回路と制御回路

図7・2 制御回路の電源・交流24Vが必要な場合

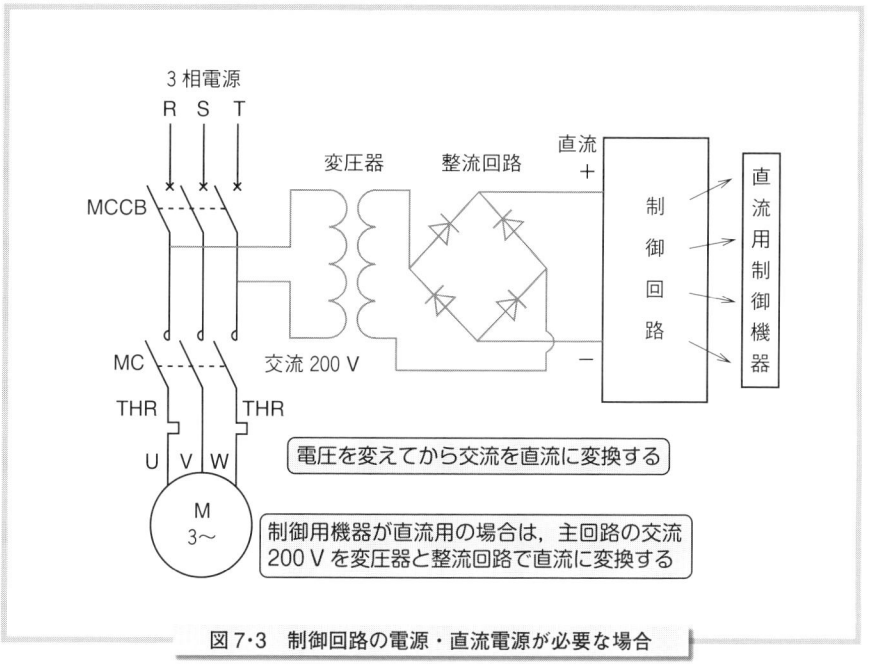

制御用機器が交流24Vの場合は主回路の交流200Vを変圧器で交流24Vに変圧して使う

図7・3 制御回路の電源・直流電源が必要な場合

電圧を変えてから交流を直流に変換する

制御用機器が直流用の場合は、主回路の交流200Vを変圧器と整流回路で直流に変換する

7章 電動機を制御する回路

　電磁接触器などによる制御回路を使わずに，電動機を開閉器などで直接，運転・停止することもできます．この場合は，三相電源と電動機の間に手元開閉器Sを接続します（**図7・4**）．

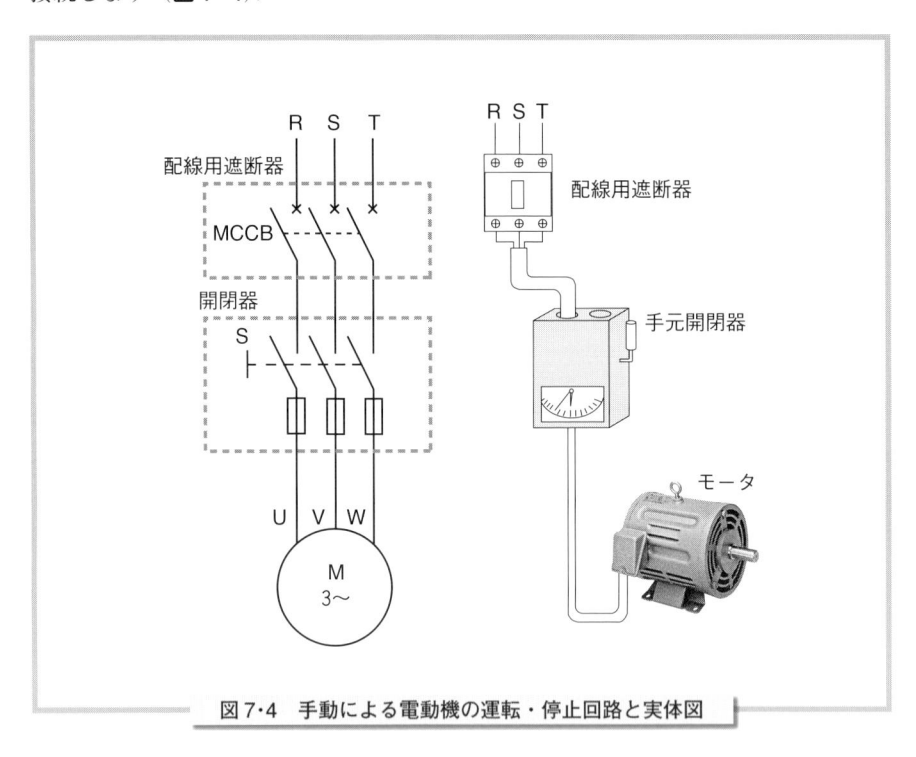

図7・4　手動による電動機の運転・停止回路と実体図

7-2 電動機の運転・停止回路

電磁接触器を用いた三相電動機の制御回路は，電磁接触器の自己保持回路により主回路に接続された電動機を制御します．電動機を運転停止するために最も基本的で重要な制御回路です．

図7・5 の回路は，押しボタンスイッチ ST-BS を押して電磁接触器 MC を自己保持させ，主回路にある MC の主接点が閉じることで電動機が始動します．電動機の運転中に押しボタンスイッチ STP-BS を押すと自己保持が解除されて，MC の主接点が開いて電動機は停止します．また，運転中に電動機が過負荷になると，熱動継電器（サーマルリレー）THR のブレーク接点が開き，電動機は停止します．なお，電動機が停止中の時は緑色表示灯 GN が点灯し，運転中の時は赤色表示灯 RD が点灯します．

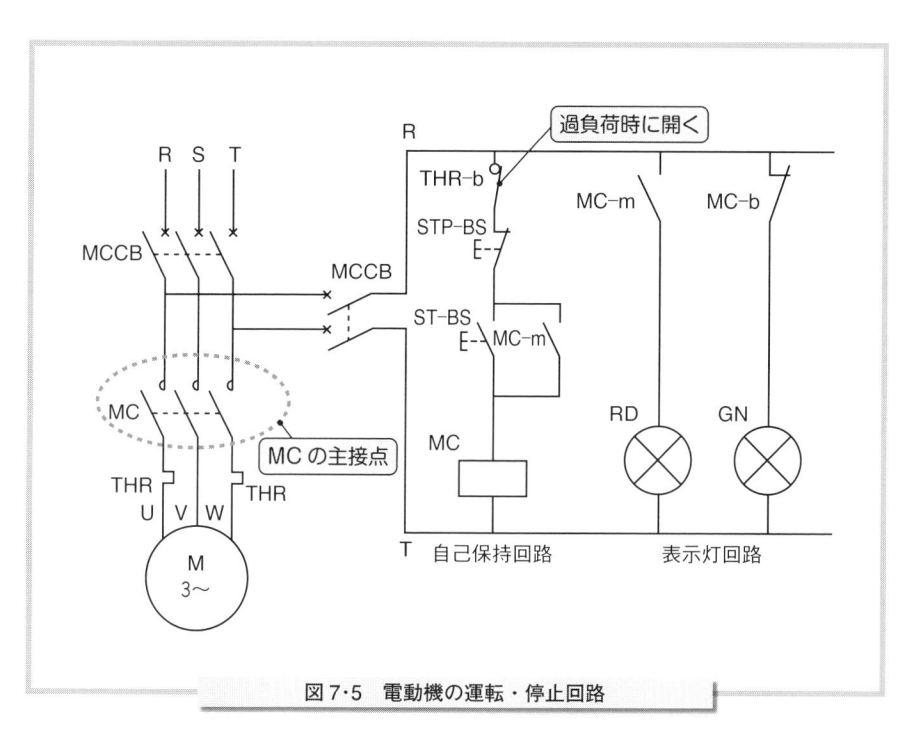

図7・5 電動機の運転・停止回路

◆ 動作順序
① 電源を入れると停止を表す緑色表示灯 GN が点灯する
② 運転用押しボタンスイッチ ST-BS を押すと電磁接触器 MC が自己保持して，電動機 M が始動し，運転を表す赤色表示灯 RD が点灯する．同時に GN が消灯する
③ 停止用押しボタンスイッチ STP-BS を押すと MC の自己保持が解除され，電動機が停止する．同時に RD が消灯し，GN が点灯する
④ 再び ST-BS を押すと MC が自己保持して電動機が始動し，RD が点灯する．同時に GN が消灯する
⑤ サーマルリレー THR が過負荷電流を検知すると THR のブレーク接点が開き，MC の自己保持が解除され電動機が停止する．同時に RD が消灯し GN が点灯する

　図 7・5 の回路のタイムチャートは**図 7・6** のようになります．

　電動機の過負荷によりサーマルリレーが作動して電動機が停止した時は，過負荷の原因を取り除き，復帰ボタン（**図 7・7**）を操作してサーマルリレーの接点を復帰させれば，再び電動機を運転することができます．この時，サーマルリレーの電流調整ダイヤルが適正な値に設定されているかどうかも確認します．

7-2 電動機の運転・停止回路

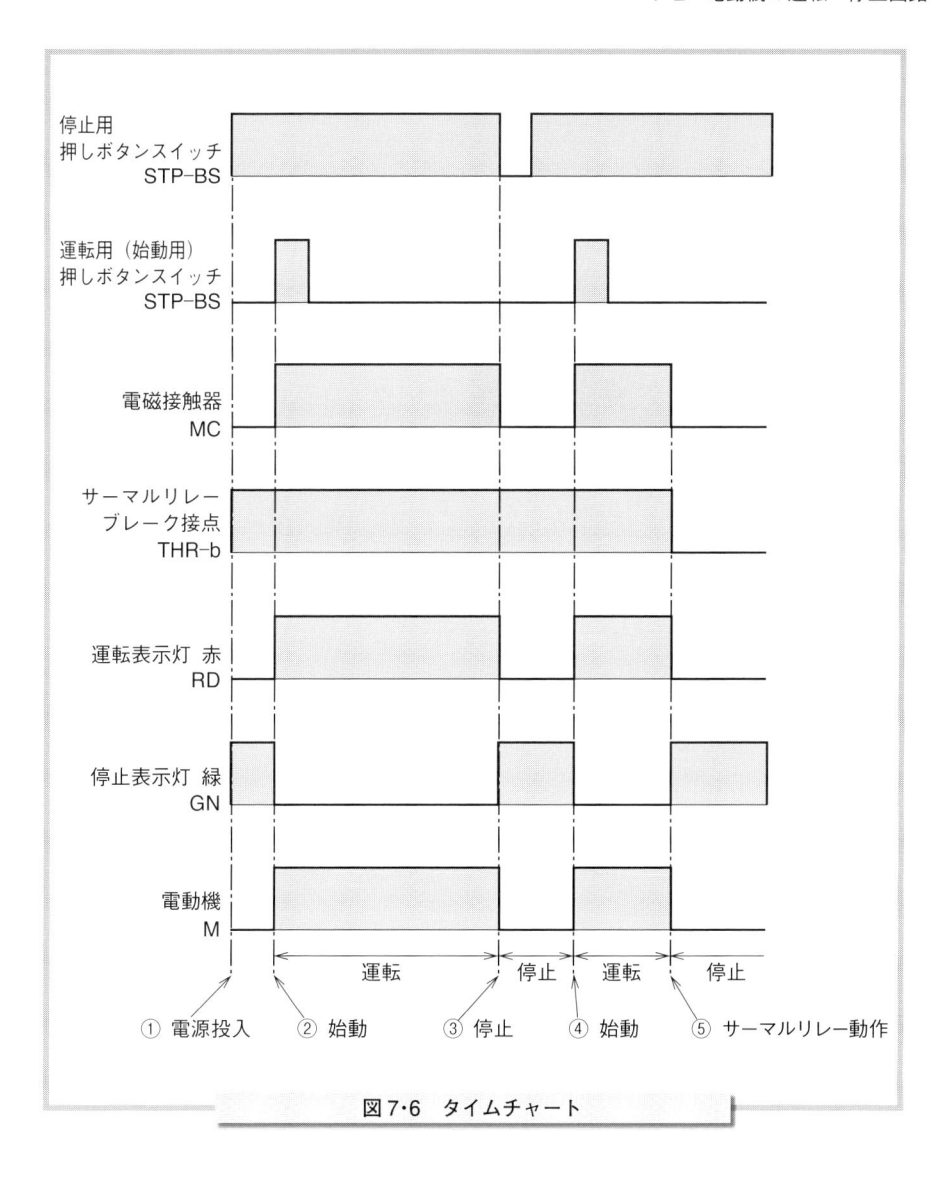

信号名	
停止用 押しボタンスイッチ STP-BS	
運転用（始動用） 押しボタンスイッチ STP-BS	
電磁接触器 MC	
サーマルリレー ブレーク接点 THR-b	
運転表示灯 赤 RD	
停止表示灯 緑 GN	
電動機 M	

運転 — 停止 — 運転 — 停止

① 電源投入　② 始動　③ 停止　④ 始動　⑤ サーマルリレー動作

図7・6　タイムチャート

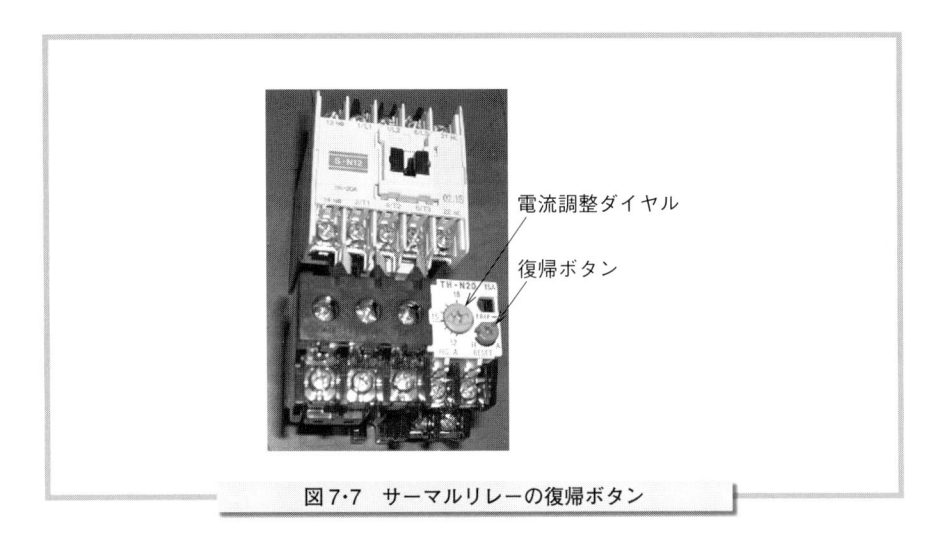

図7・7 サーマルリレーの復帰ボタン

また，サーマルリレーのメーク接点に表示灯を接続しておけば，電動機が通常の停止でなく，サーマルリレーが作動したことで停止したことを知らせる故障発生の表示灯になります（**図7・8**）．

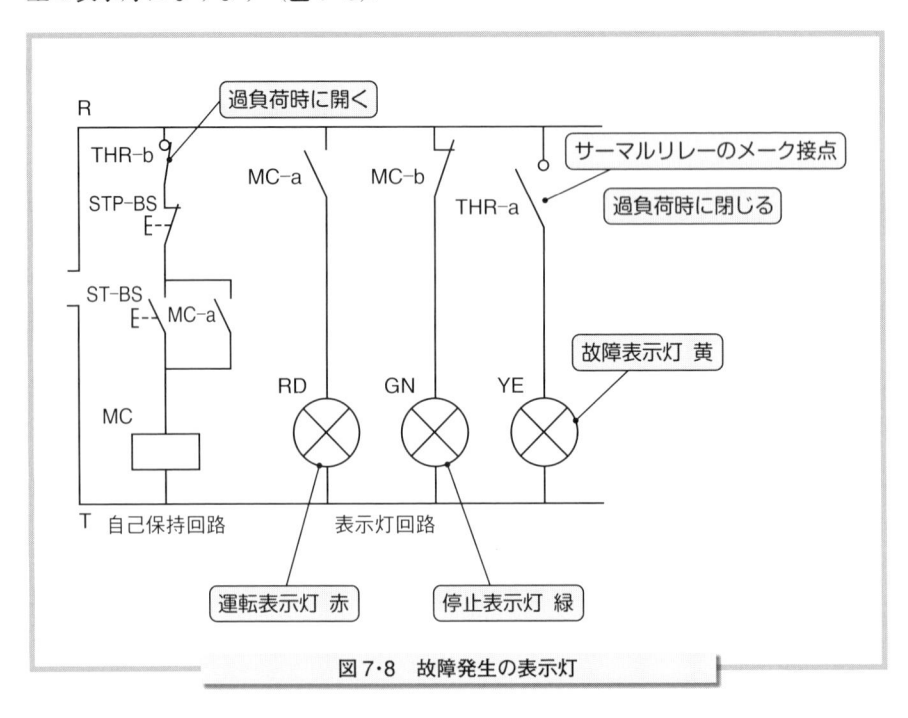

図7・8 故障発生の表示灯

また，各表示灯と点灯のようすを表すと，**表7・1**のようになります．

表7・1 表示灯の点灯のようす

	表示灯 RD	表示灯 GN	表示灯 YE
正常な停止状態	消　灯	点　灯	消　灯
運転中	点　灯	消　灯	消　灯
電動機が過負荷で停止状態	消　灯	点　灯	点　灯

7-3 電動機を2箇所以上から制御する

　機械を運転・停止するための押しボタンスイッチは，制御盤以外に機械本体にも必要な場合があります．手元開閉器で行う手動制御では，その場所でしか電動機を制御することができませんが，電磁リレーを使った制御回路では，押しボタンスイッチを必要な場所に追加して，制御盤から離れた複数の箇所からも機械を制御することが可能になります．

　電磁接触器を使った電動機の制御回路で，始動・停止の押しボタンスイッチを2箇所必要な場合は，図7・9のように，停止ボタンは直列に接続し，始動ボタンは並列に接続します．

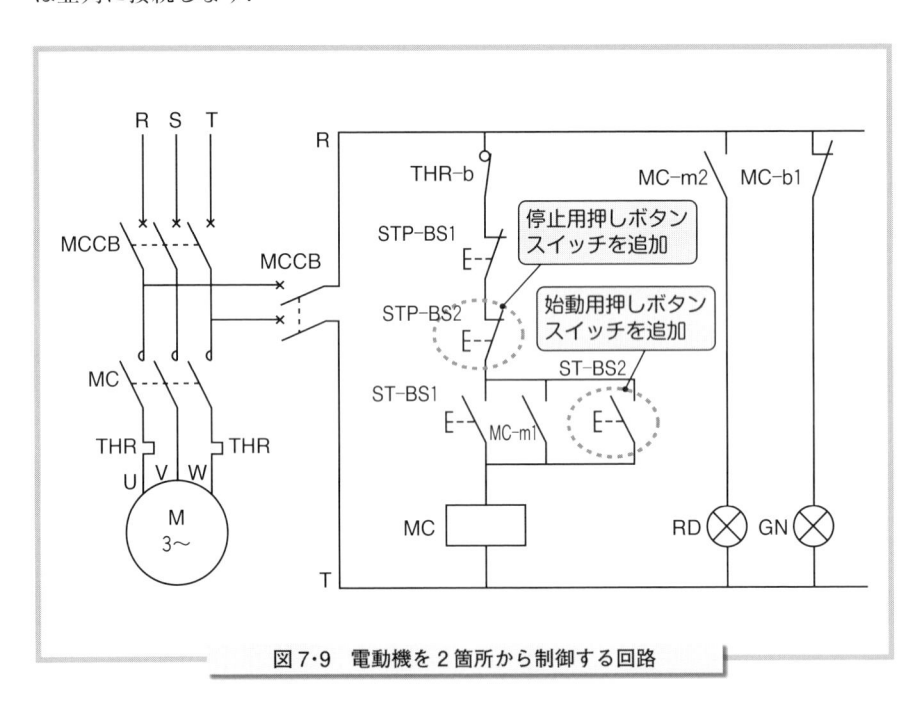

図7・9　電動機を2箇所から制御する回路

　このシーケンス図は，図7・10のように制御盤に停止用押しボタンスイッチSTP-BS1と始動用押しボタンスイッチST-BS1を取り付け，停止用押しボタンスイッチSTP-BS2と始動用押しボタンスイッチST-BS2は制御盤以外の場所に取り付ける回路です．そのため，実際は制御盤からSTP-BS2とST-BS2まで配線を引

き出す必要があります.

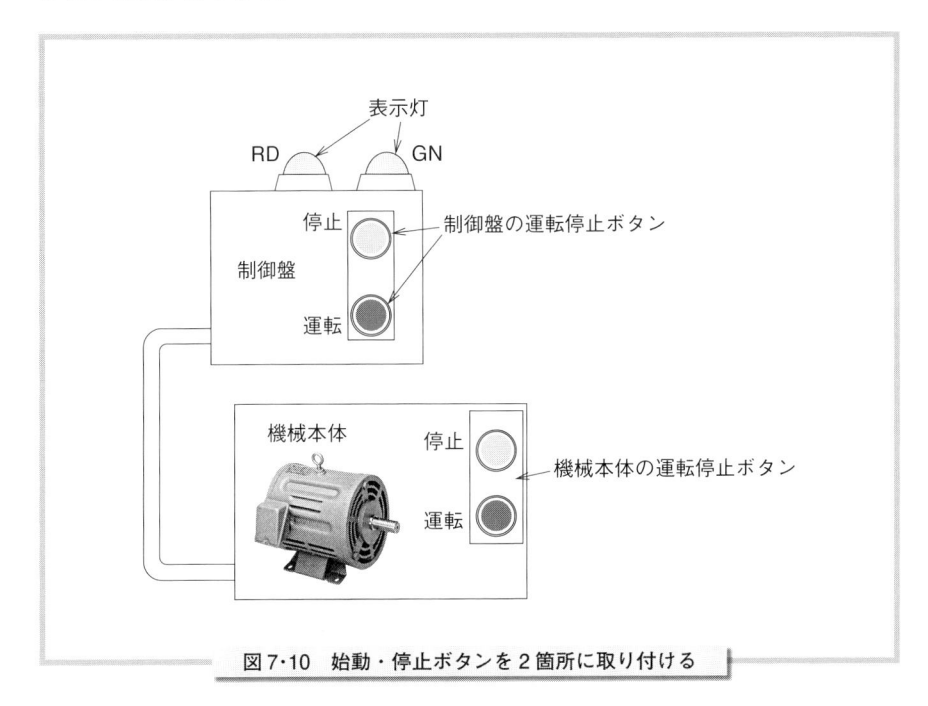

図7・10 始動・停止ボタンを2箇所に取り付ける

さらに，**図7・11**のように停止用押しボタンスイッチを増設するには，サーマルリレーTHR-bと停止用押しボタンスイッチのブレーク接点が直列に接続された部分を切り開いて直列に接続し，運転用押しボタンスイッチを増設するにはすでに取り付けた運転用押しボタンスイッチと並列に接続します.

また，機械の不具合を検知するリミットスイッチなどのブレーク接点を停止用押しボタンスイッチと直列に接続すると，不具合が起きた時に機械を自動的に停止させることができます.

機械の運転・停止などを知らせる表示灯を増設するには，それぞれの表示灯と並列に接続します（**図7・12**）.

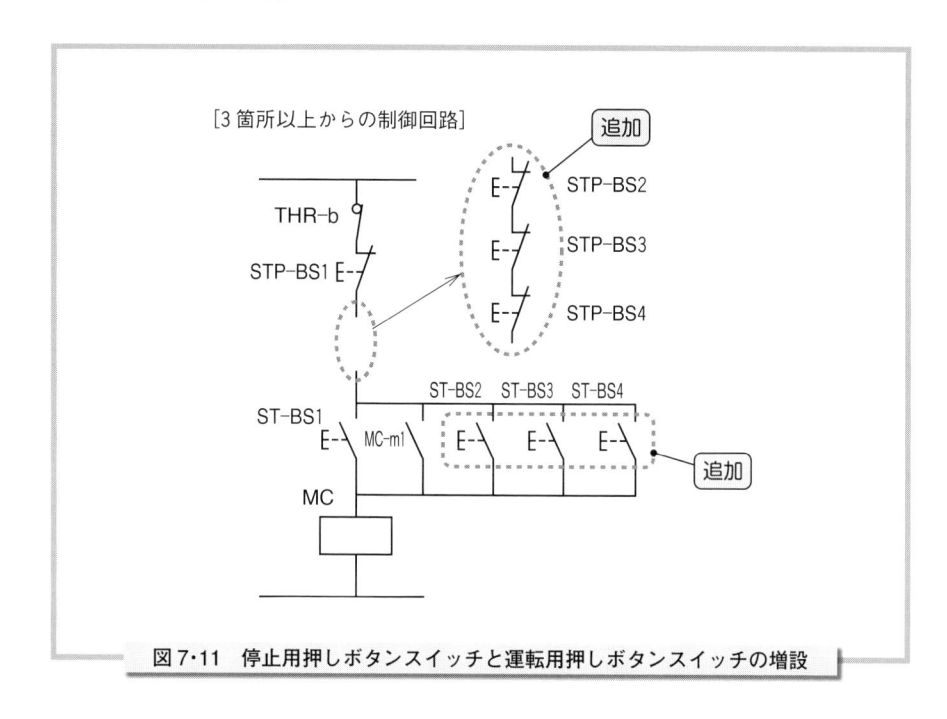

7章　電動機を制御する回路

［3箇所以上からの制御回路］

図7・11　停止用押しボタンスイッチと運転用押しボタンスイッチの増設

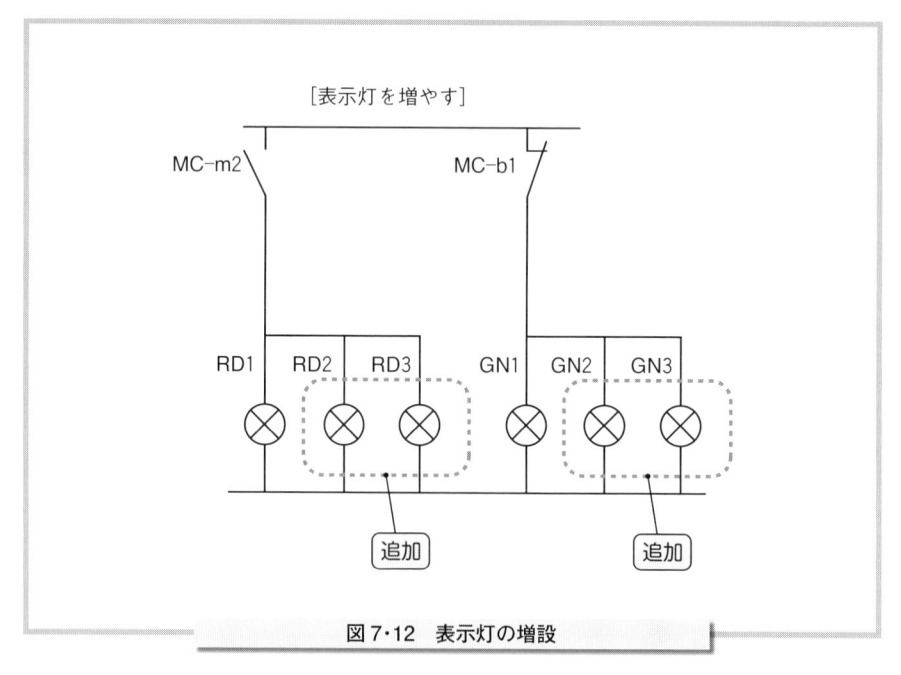

［表示灯を増やす］

図7・12　表示灯の増設

7-4 電動機の正転・逆転切換え回路とインタロック回路

　工場などで使われる一般的な機械の動力源には，構造が簡単で安価な三相かご形誘導電動機が広く使われています．この電動機は三相交流を電源に用いるもので，電源線3本のうち，いずれか2本の線を入れ換えると回転方向を変えることができます（図7・13）．

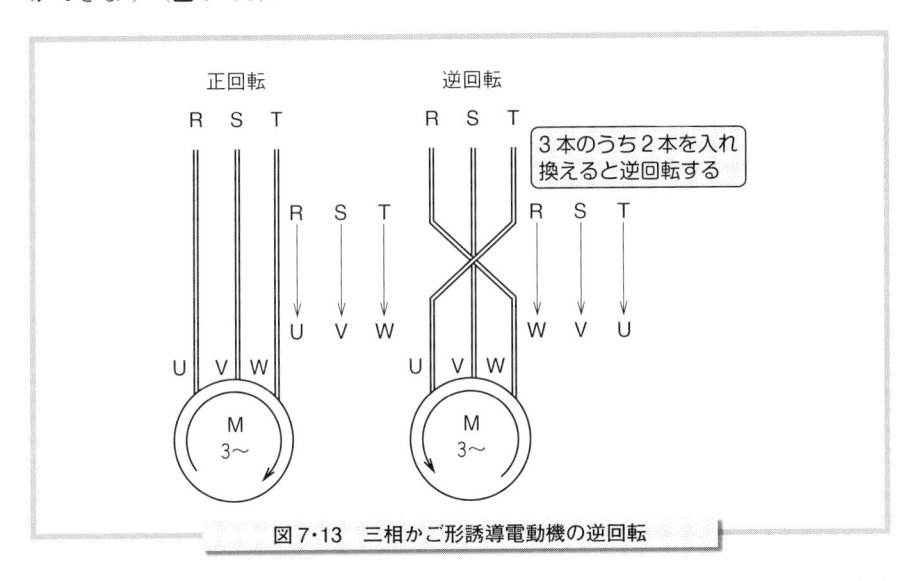

図7・13　三相かご形誘導電動機の逆回転

　なお，図7・14に示すように，電動機の回転方向は，軸の反対側から見て時計回りを正回転としています．

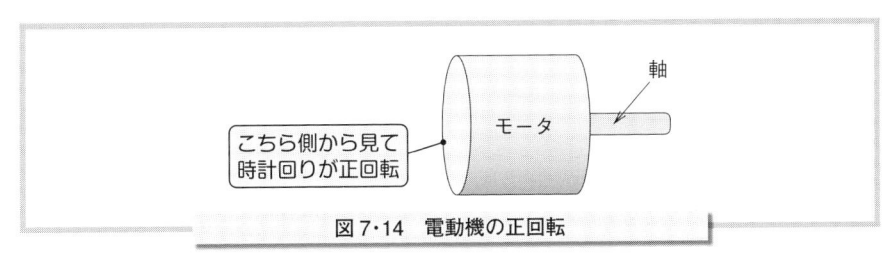

図7・14　電動機の正回転

　三相電動機の正転・逆転の切換え方法には，図7・15のような双投開閉器や図7・16のような専用の切換えスイッチを用いる手動による方法と，電磁リレーなどを用いるシーケンス制御による方法があります．

7章　電動機を制御する回路

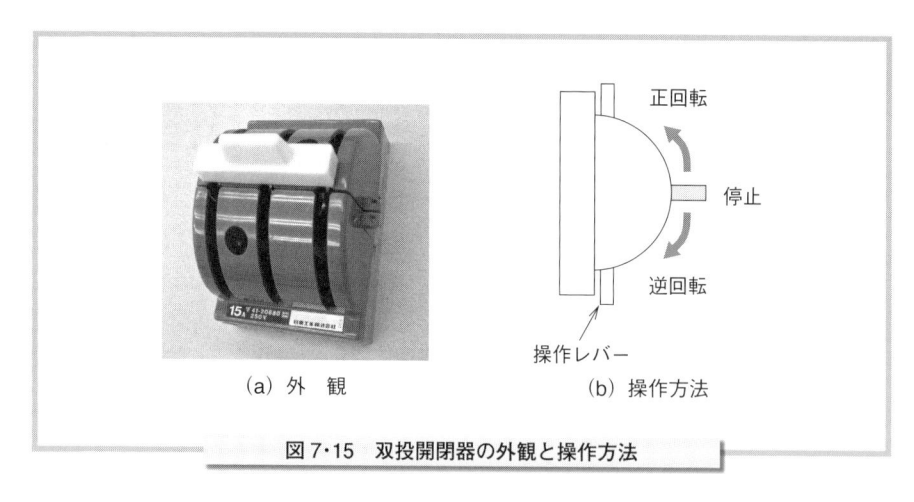

(a) 外　観　　　　　(b) 操作方法

図7・15　双投開閉器の外観と操作方法

図7・16　正転・逆転切換えスイッチ

　双投開閉器を用いて三相電動機の正転・逆転運転を行うには，**図7・17**のように双投開閉器の可動極に電動機を接続し，固定極に三相電源を結線します．なお，結線図は**図7・18**のようになります．

　この回路は，双投開閉器の操作レバーを中間位置にすると電動機が停止し，上方向に倒すと正回転，下方向に倒すと逆回転させることができます．

　電動機の正転・逆転の切換えを電磁接触器などの電磁リレーを用いて行う場合は，正回転用と逆回転用の二つの回路を組み合わせます（**図7・19**）．

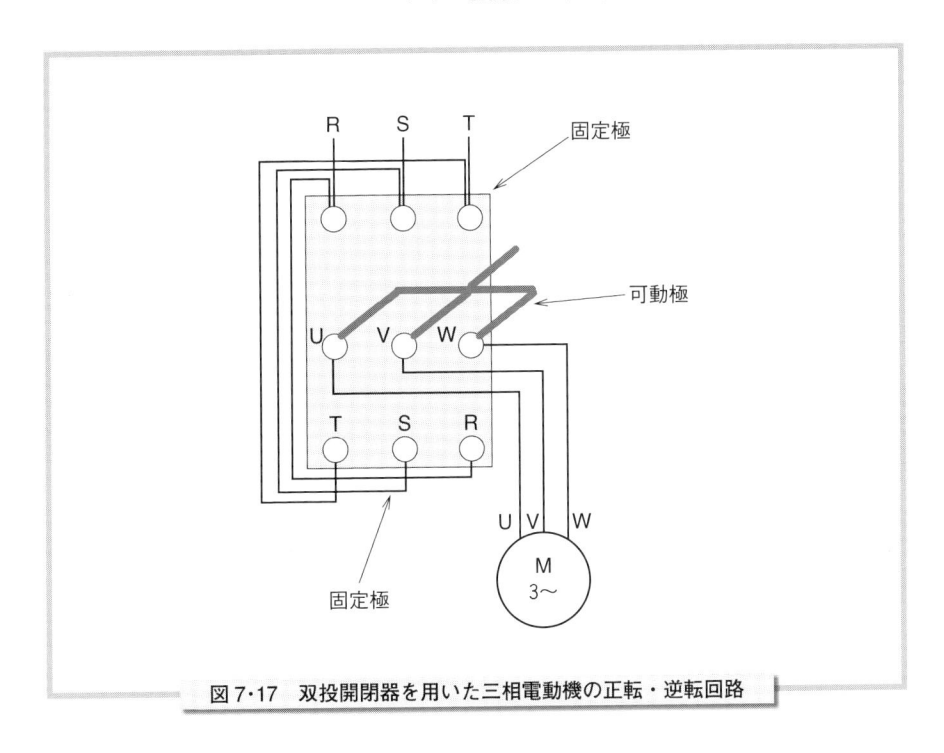

7-4 電動機の正転・逆転切換え回路とインタロック回路

図7・17 双投開閉器を用いた三相電動機の正転・逆転回路

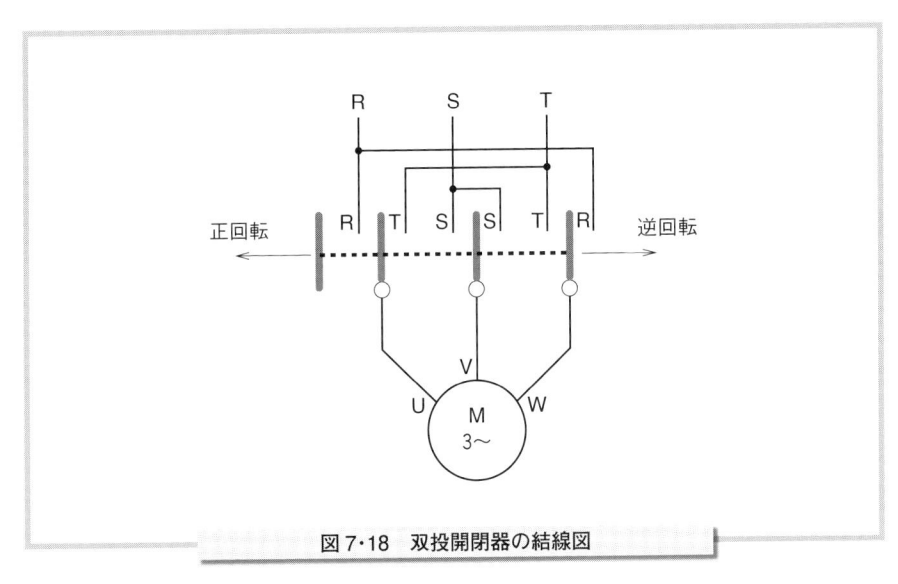

図7・18 双投開閉器の結線図

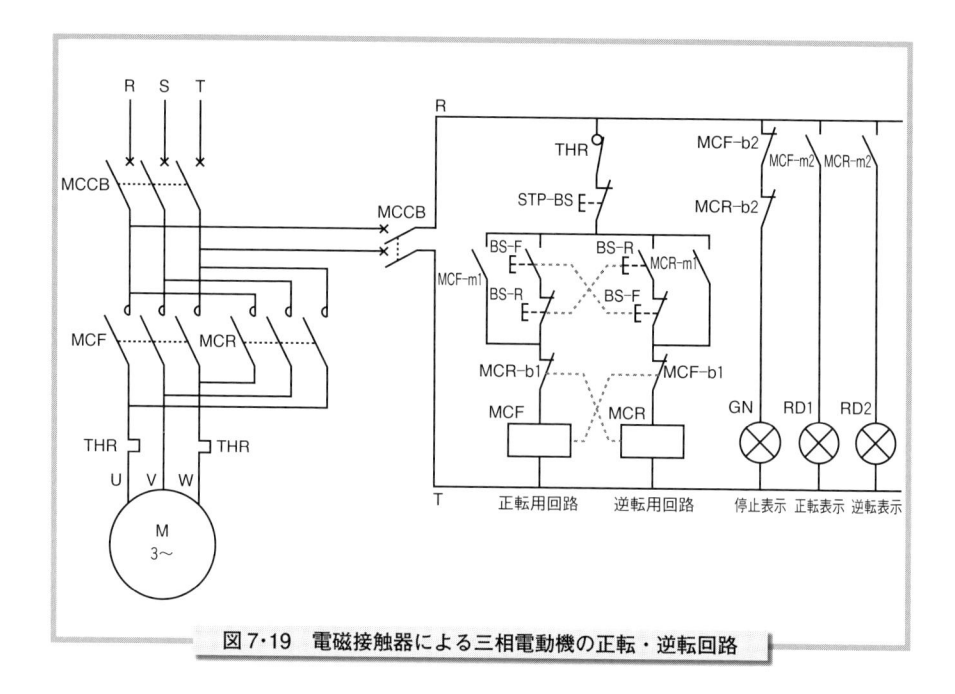

図7・19　電磁接触器による三相電動機の正転・逆転回路

◆ 正転・逆転回路の動作順序
① 正転用押しボタンスイッチ BS-F を押すと正転用電磁接触器 MCF が自己保持し，電動機が正転する．同時に正転表示灯 RD1 が点灯し，停止表示灯 GN が消灯する
② 逆転用押しボタンスイッチ BS-R を押してもインタロックをかけてあるので正転を続け，逆転はしない
③ 停止用押しボタンスイッチ STP-BS を押すと MCF の自己保持が解除されモータが停止する．同時に GN が点灯し，RD1 が消灯する
④ BS-R を押すと逆転用電磁接触器 MCR が自己保持し，電動機が逆転する．同時に逆転表示灯 RD2 が点灯し，GN が消灯する
⑤ BS-F を押してもインタロックをかけてあるので電動機は逆転を続け，正転はしない
⑥ STP-BS を押すと MCF の自己保持が解除され電動機は停止する．同時に GN が点灯し，RD1 が消灯する

7-4 電動機の正転・逆転切換え回路とインタロック回路

　この回路では，正回転用と逆回転用の主回路が同時に入ってしまうと三相電源が短絡してしまうため，電磁接触器のブレーク接点を使いお互いにインタロックをかけ，二つの回路が同時に作動しないようにする必要があります．また，押しボタンスイッチ BS-F と BS-R を全く同時に押すと，一瞬だけ電磁接触器 MCF と MCR が一緒に作動するおそれがあるため，押しボタンスイッチ BS-F と BS-R のそれぞれのブレーク接点も使って，押しボタンスイッチでもインタロックをかける必要があります．この回路のタイムチャートは**図 7·20** のようになります．

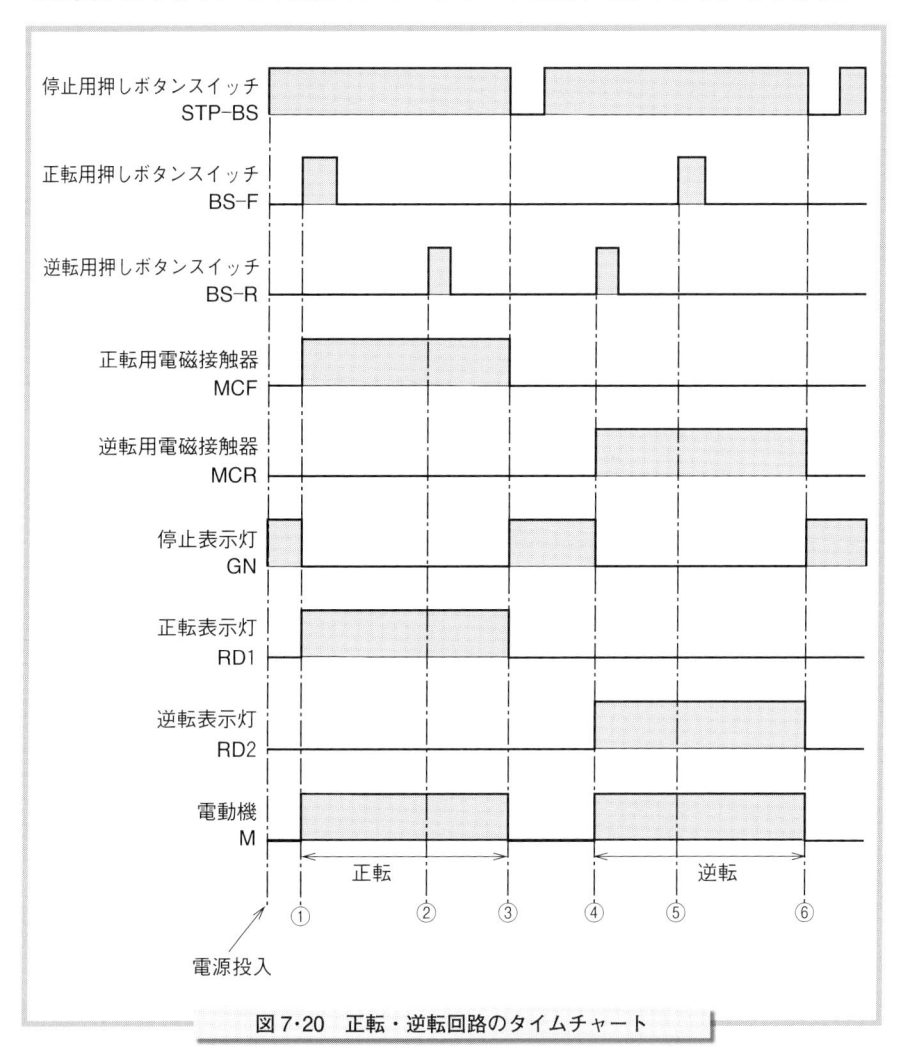

図 7·20　正転・逆転回路のタイムチャート

7-5 三相誘導電動機のY-△始動回路

　電動機に直接電源電圧を加えて始動する方法を**直入れ始動法**（全電圧始動法）と呼びます．電動機を直入れ始動すると定格電流の5倍以上の始動電流が流れ，電源用のブレーカが落ちてしまったり，配線が熱くなってしまう場合があります．そこで，比較的大きな誘導電動機では，始動電流を抑えるためにさまざまな始動法が用いられます．

　出力が5.5kW以上の三相かご形誘導電動機では一般にY-△（スターデルタ）始動法が用いられます．この電動機は，外部で固定子コイルの結線を切り換えるため，図7・21のように，固定子コイルから6個の端子が外部に出ています．

　この始動法はこれら6個の端子を使って，始動時には固定子コイルの結線を図7・22のようなY形（星形）にし，回転速度が定格の80%程度まで上昇したら，図7・23のように△結線（三角形）に切り換えます．

　この始動法により，始動電流を直入れ始動時の3分の1に減らすことができます．ただし，始動トルクも3分の1になるため，始動時に大きなトルクが必要な機器には適しません．

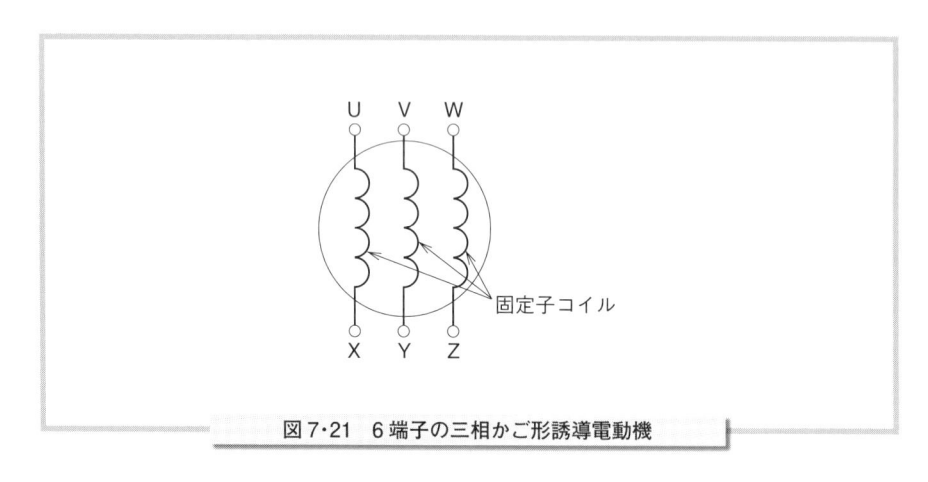

図7・21　6端子の三相かご形誘導電動機

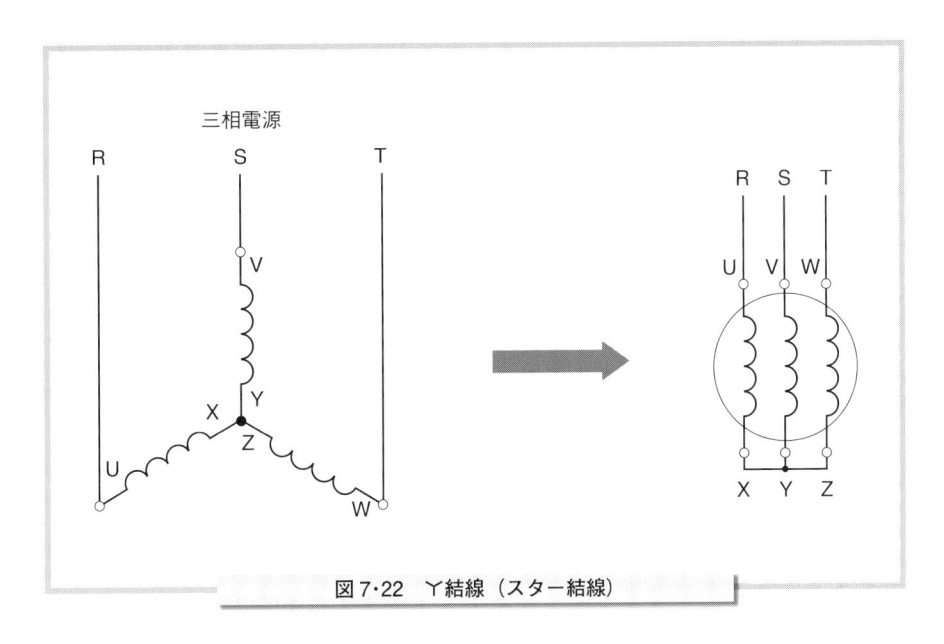

7-5 三相誘導電動機のY-△始動回路

図7・22 Y結線（スター結線）

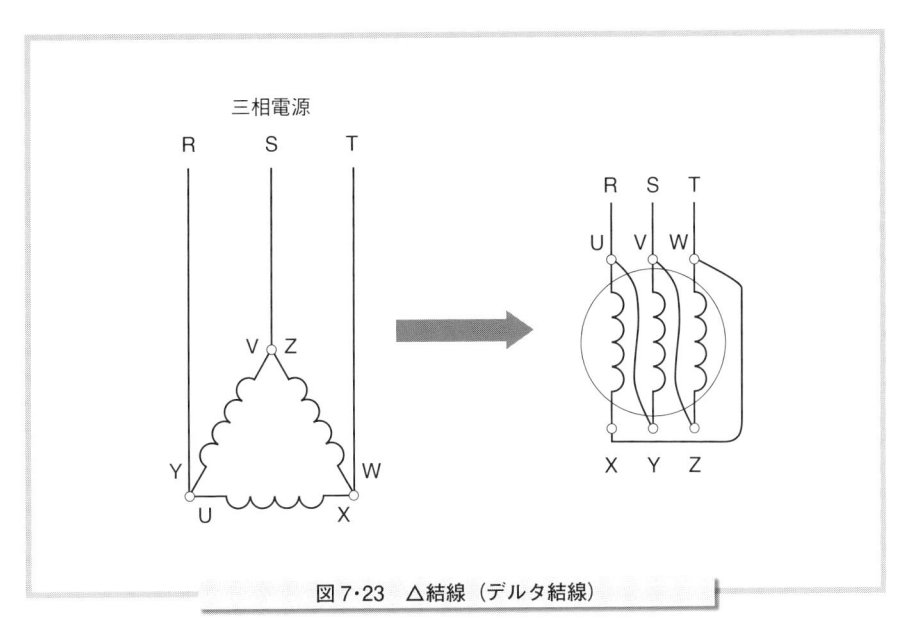

図7・23 △結線（デルタ結線）

7章　電動機を制御する回路

　Y-△始動法を手動で行うには，図7・24のような双投開閉器や図7・25のような専用のY-△始動器を用います．

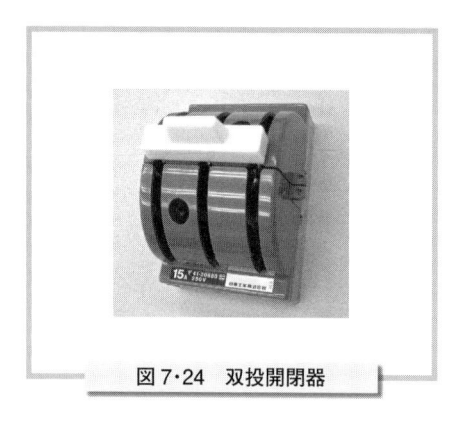

図7・24　双投開閉器

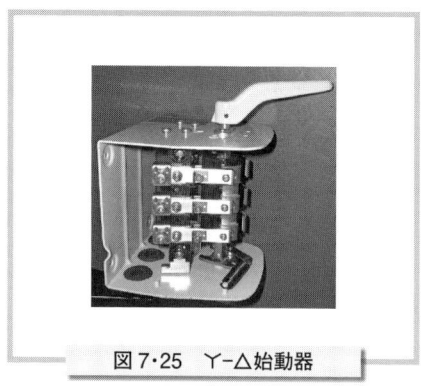

図7・25　Y-△始動器

　双投開閉器を用いたY-△始動回路は，電動機と双投開閉器を図7・26のように6本の配線で接続します．

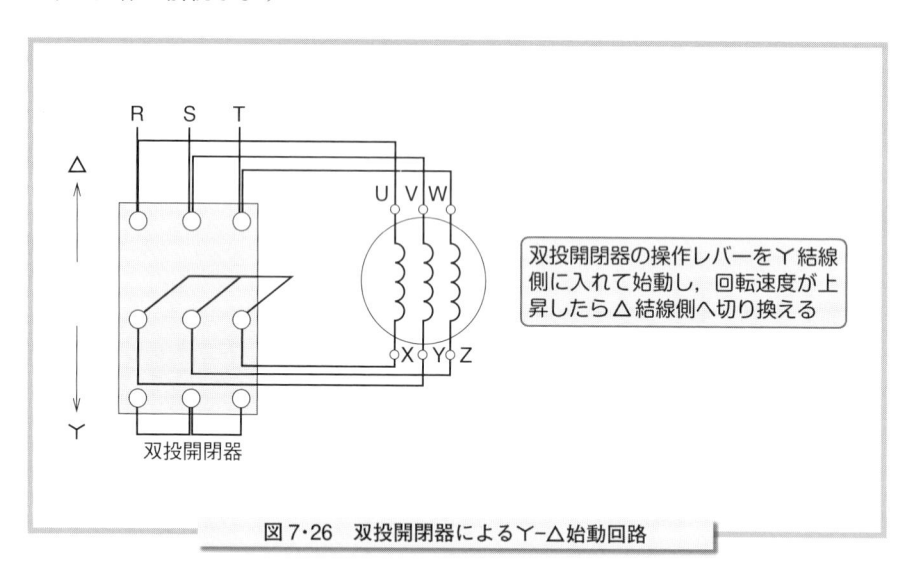

双投開閉器の操作レバーをY結線側に入れて始動し，回転速度が上昇したら△結線側へ切り換える

図7・26　双投開閉器によるY-△始動回路

　また，双投開閉器の結線部分を，図記号を用いて描き表すと図7・27のようになります．

168

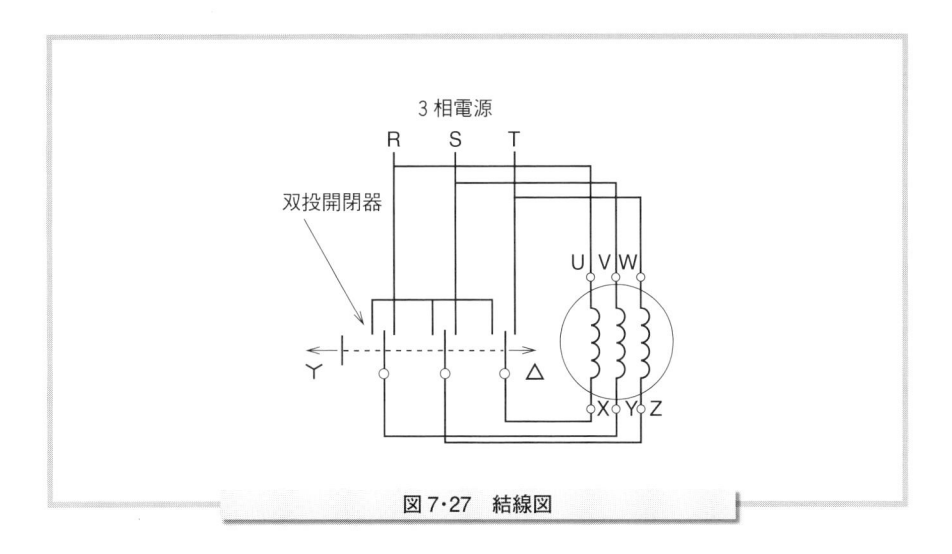

7-5 三相誘導電動機のY-△始動回路

図7・27 結線図

　シーケンス制御によるY-△始動法は，電磁接触器やタイマを用いて行い，始動後はタイマによって自動的にY結線から△結線に切り換えることができます．この回路では，動作時間が短い電磁接触器を使うと，Y用電磁接触器と△用電磁接触器が切り換わる際に電源が短絡するおそれがあるため，Y-△始動専用のタイマを使うこともあります．

　図7・28にシーケンス制御によるY-△始動回路の一例を示します．この回路は，始動用押しボタンスイッチST-BSを押すと電磁接触器MCが自己保持し，Y運転を開始します．次にタイマTLRの設定した時間が経過すると，Y運転から△運転に切り換わります．また，電磁接触器MCYとMC△はお互いにインタロックをかけ，同時に動作しないようにして主回路の電源短絡を防止します．

　運転表示灯RDはMCのメーク接点を用いて点灯し，停止表示灯GNはMCYおよびMC△のブレーク接点を直列接続して使うことで，MCYとMC△が動作してない時に点灯します．さらに，サーマルリレーのメーク接点を使って過負荷時には故障表示灯YEが点灯します．

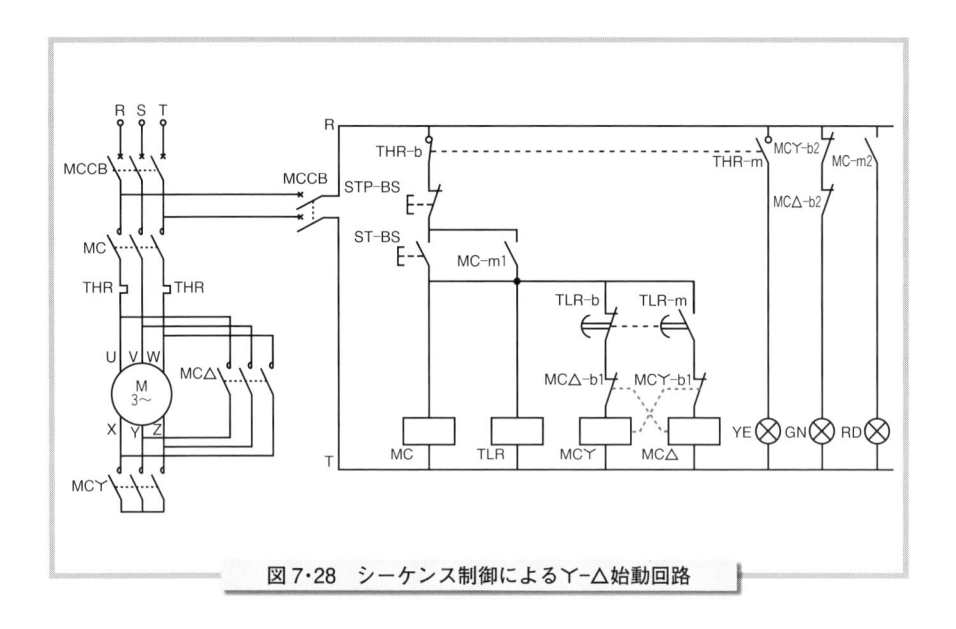

図7・28　シーケンス制御によるY-△始動回路

◆ Y-△始動回路の動作順序

① 始動用押しボタンスイッチ ST-BS を押すと電磁接触器 MC が自己保持し，Y始動用 MCY が作動し電動機がY始動する．同時に，MCYのブレーク接点が開き，電磁接触器 MC△ にインタロックをかける．さらにタイマ TLR の駆動回路に電圧が加えられ，運転表示灯 RD が点灯，停止表示灯 GN が消灯する

② TLR の設定時間が経過して接点が動作し，MCYの動作が解除され，MC△ が作動して△運転に切り換わる．同時に，MC△のブレーク接点が開き，電磁接触器 MCY にインタロックをかける

③ 停止用押しボタンスイッチ STP-BS を押すと，MC・TLR・MC△の動作が解除され，電動機が停止する．表示灯は RD が消灯し，GN が点灯する

④ 再度 ST-BS を押して始動し，運転中に電動機が過負荷になると，サーマルリレーのブレーク接点が開き電動機は停止する．この時，故障表示灯 YE と GN が点灯し，RD は消灯する

図7・28の回路のタイムチャートは**図7・29**のようになります．

7-5 三相誘導電動機のY-△始動回路

図7・29 Y-△始動回路のタイムチャート

171

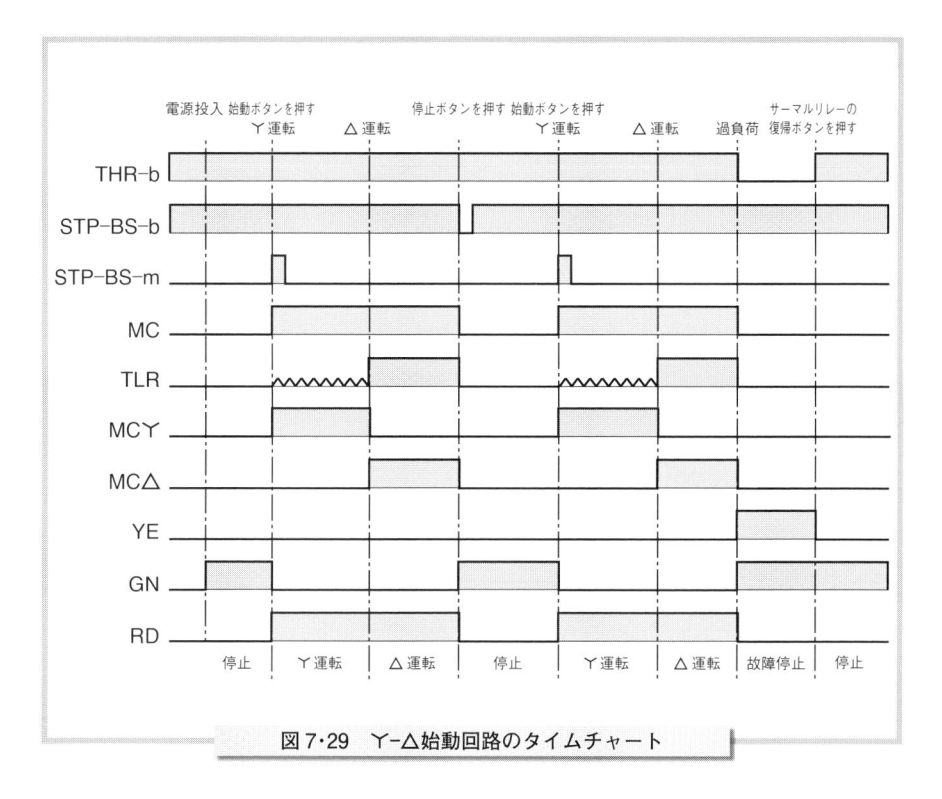

7-6 液面制御回路

　タンクなどの液面の位置を検知して液体の残量を知り，給水や排水などを自動的に行う制御を**液面制御**といいます．液面の検知には浮きを使うフロートスイッチや電極棒を使うフロートレススイッチなどが使われます．高架水槽への給水は，一般にフロートレススイッチを使った自動給水回路が使われています．

　フロートレススイッチは，電極棒とアンプユニットから構成され，電極棒で水位を検知してアンプユニット内の電磁リレーを動作させ，その接点を使って揚水ポンプ用電動機の電磁接触器を動作させます．

　電極棒は，専用支持具と長さの違う3本の金属製電極で構成され，短い方からE1・E2・E3という記号が付けられています．また，アンプユニットには，交流100Vまたは200Vの電源用端子と内蔵された電磁リレーの接点出力用端子があります．

　高架水槽への給水用回路では電磁リレーのブレーク接点を用います．また，汚

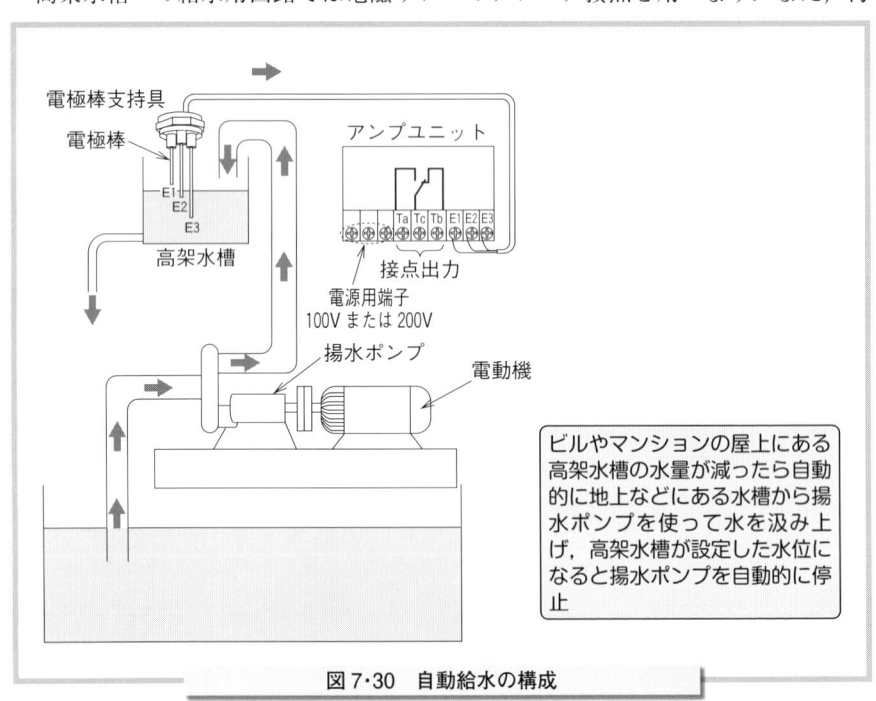

図7・30　自動給水の構成

7-6 液面制御回路

水槽などの排水用回路では，メーク接点を使います．

図7・30にフロートレススイッチによる高架水槽への自動給水の構成を示します．図のように電極棒からアンプユニットの端子へ多心ケーブルを用いて配線します．

フロートレススイッチと電磁開閉器を用いた自動給水回路のシーケンス図は図7・31のようになります．この回路は，アンプユニットの接点出力 Tc, Tb を用いて電磁開閉器を作動することで電動機を制御します．高架水槽が渇水の時はTc-Tb 間が閉じて電動機が動作し，満水になると Tc-Tb 間が開いて電動機は停止します．

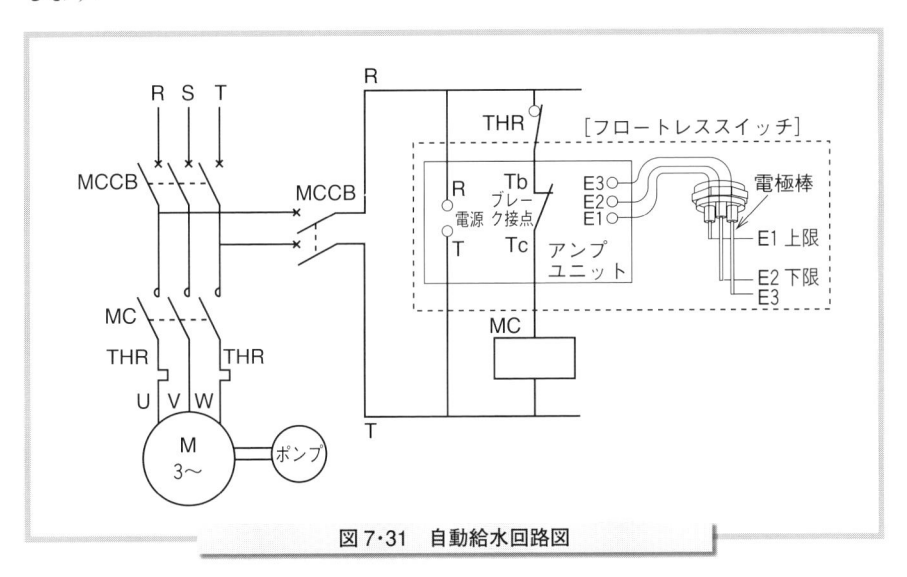

図7・31　自動給水回路図

◆ 自動給水回路の動作順序

① 高架水槽が空の状態で電源を入れると，アンプユニット内のブレーク接点により電磁接触器 MC が作動して揚水ポンプ用電動機が始動し給水する

② 給水によって高架水槽の水位が電極棒 E1 まで上がると E1-E2 間に電流が流れ，アンプユニット内の電磁リレーが作動して揚水ポンプ用電動機が停止し給水も止まる

③ 水が使用され，水位が電極棒 E2 より下がると E2-E3 間の導通がなくなり，電磁リレーのブレーク接点が復帰して揚水ポンプ用電動機が再び作動し，水を汲み上げる

7章 電動機を制御する回路

　アンプユニットのブレーク接点と揚水ポンプ用電動機の動作をタイムチャートで表すと**図 7・32** のようになります．まず，高架水槽が渇水になると，アンプユニットのブレーク接点 R-b が閉じ電磁接触器 MC が励磁されて揚水ポンプ用電動機が始動し，次に，満水になると R-b が開いて MC が消磁し，電動機は停止します．

　実際の自動給水回路では，高架水槽の水がない状態で揚水ポンプが作動すると揚水ポンプ用電動機が焼損するので，空転防止回路も付け加えます．また，給水のたびに 2 台の電動機を自動的に交代して運転する自動交互運転回路も使われています．

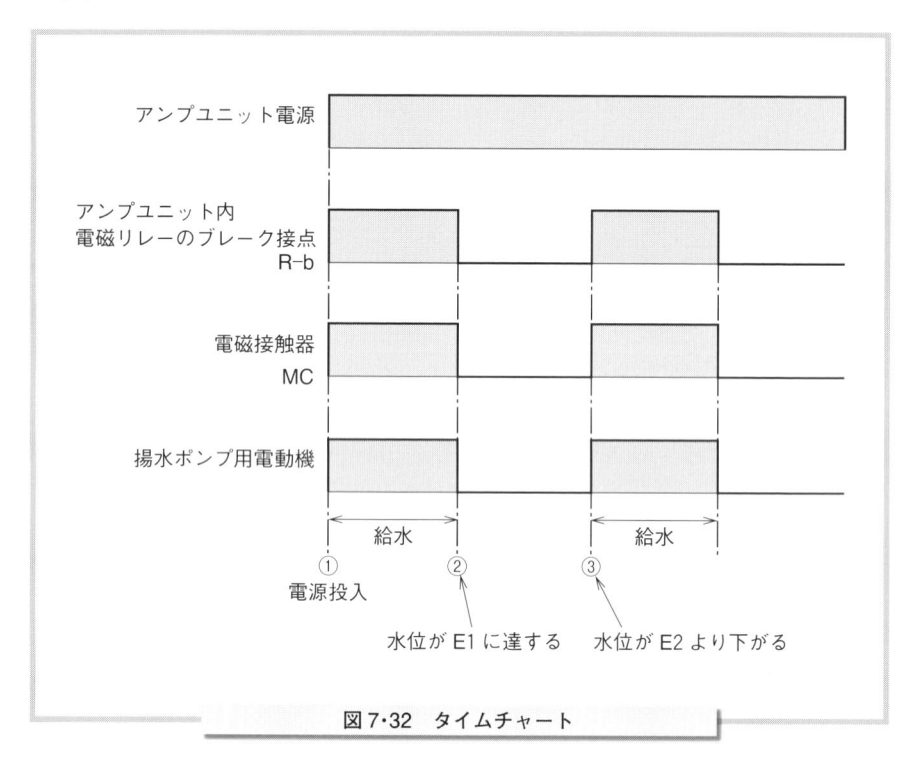

図 7・32　タイムチャート

8章
制御回路の検査点検

8-1 制御回路のトラブルの原因と対策

8-2 目視による点検と日常の点検

8-3 テスタによる点検

8-4 機器や電路の絶縁抵抗値を測定する

8-5 負荷電流を測定する

8-6 アースの点検と接地抵抗値

8-7 三相の相順序の検査

8-1 制御回路のトラブルの原因と対策

　電磁リレーなどを用いた制御回路には，接点のように機械的な劣化消耗をするものが数多く使われています．制御回路を扱うには，機械が突然停止することを防ぐために，これら制御用機器の故障発生の原因や対処法などについて知る必要があります．また，定期的な検査点検をすることで，突然発生するトラブルをある程度未然に防ぐことが可能になります．

　電磁リレーの接点を大きく劣化させる原因には，主に次のようなものがあります．

① **チャタリング**

　チャタリングとは接点が短時間に高頻度の開閉をする（接点がばたつく）現象で，接点に異常発熱や消耗および溶着を起こします．原因は，電源電圧の不適正，リミットスイッチなど電磁リレーを操作する機器の不具合，電磁リレーの取付け不良，コイル端子ネジの緩み，などさまざまです．

② **主回路用接点の端子ネジの緩み**

　電磁リレーの主回路用接点の端子ネジが緩むと，異常発熱によりトラッキング[*1]が起きて周囲が炭化し，最終的に相間短絡するおそれがあります．

③ **接点容量不足でのインチング動作**

　容量不足の接点を用いて機械のインチング動作（寸動運転）を行うと接点は急激に消耗します．また，電動機の正転逆転運転や，Y-△始動において，電磁接触器の切換え時間が短かすぎると，三相電源の短絡（相間短絡）を起こし，接点を大きく損傷します．

　上記以外にも，電磁リレーなどの制御用機器にはさまざまな原因により故障が発生します．電磁リレーなどの各種リレーによく起こるトラブルと，その原因および対処法について**表8・1**にまとめておきます．

[*1] 電極間に微小放電が発生し電極間の絶縁体が徐々に炭化することで導電路が形成され，最終的に絶縁破壊を起こす現象．

8-1 制御回路のトラブルの原因と対策

表 8·1 各種リレーに発生するトラブル

故障症状	原　因	対策・防止策
接点の動作不良	塵埃がリレー内部に侵入	塵埃対策をする
		シール形リレーに取り換える
	配線時の異物侵入	配線時は養生して異物侵入を防止する
	リレーへの印加電圧の不足や定格電圧の選定誤り	電源電圧を確認する
		電圧降下が原因の場合は，電源容量や配線距離および負荷にある電動機との関連を確認する
	配線の誤り	配線を改修する
	電源電圧の不足	定格電圧，電源容量の確認をする
	温度上昇による動作電圧の上昇	リレー取付け位置（間隔など）の改善，制御盤内部の温度上昇対策をする
	コイル断線	印加極性を確認する
接点の接触不良や回路の短絡	配線時に銅線くずなどの導電物質がリレー内部に侵入	配線時は養生してリレー内部への異物侵入を防止する
接点の接触不良	接点表面の酸化や接点の摩耗，劣化	リレーの接点容量を確認する
接点間の絶縁劣化	水や薬品および塵埃の付着によりトラッキングが発生	水・薬品・塵埃対策を施す 定期的に端子間の絶縁状態を調べる （特に主回路用接点では相間短絡の危険がある）
リレーコイルの絶縁劣化	コイルへの長時間連続の通電による熱劣化 コイル自身の発熱による絶縁劣化	長時間連続の通電を避ける回路に変更する （絶縁劣化の最大の原因は温度上昇）
リレーの焼損	コイルへの不適正電圧の印加 リレーの定格電圧の選定誤り （例：200 V 回路に 100 V 用リレーを誤って使用） コイルの層間短絡（レヤショート）	コイル端子間の電圧を確認し定格電圧に適合させる 盤内温度や取付け位置などを確認する
リレーの誤動作	異常振動やリレー内部の部品の変形や破損 取付けネジのゆるみ	振動を発生する電動機などの影響を受けない位置へ移動する 取付けネジを増し締めする 盤内温度や取付け位置などを確認する
	強い外部磁界	誤動作の原因となる強い磁界の存在する場所では使用しない（接点開閉時に発生するアーク放電が強い磁界により押し曲げられて閃絡し，絶縁不良を起こす）

表8・1 各種リレーに発生するトラブル（つづき）

故障症状	原　因	対策・防止策
リレーの誤動作	リレーソケットの接触不良	リレーはソケット表面に対して垂直方向に抜き差しする（斜めに抜き差しすると，端子の曲がりやソケットとの接触不良などの原因になる） ソケットの取付け面に対して傾けず，垂直に抜く
接点の異常消耗	リレーの定格値不適正	リレーの定格値の再確認 火花消弧回路などを追加する 接点保護回路を追加する
接点溶着	接続負荷機器の容量過大（接点容量不足），開閉頻度の過大	接点容量，開閉回数の確認をする
	負荷回路の短絡	負荷回路の確認，改修をする
	うなりによる接点の異常開閉	接点定格の確認，うなりの原因を除去する
うなり	コイルへの印加電圧の不足	コイル端子間の電圧確認後適正電圧にする
	コイル定格電圧の選定の誤り	リレーの定格電圧を確認し適正なものに交換する
	鉄芯部の摩耗やくま取りコイルの断線 断線したくま取りコイル	リレーが寿命の場合は交換する
	リレー内部への異物混入	異物の除去，侵入防止策をする
サーマルリレーの誤作動	異常振動	取付け不良，取付け位置を改善する
サーマルリレーの不作動	設定電流の不適正	電動機の全負荷電流値（定格電流値）に合わせる（全負荷電流値より大きめに設定すると過負荷時に電動機を焼損するおそれがある）

電磁接触器は接点部および機構部について，機械的耐久性と電気的耐久性がJISにより定められ，性能差で0種から6種まで区分されています（**表8・2**）．なお，機械的耐久性とは，主回路に通電せずに規程の条件で開閉した場合の機械的損耗による耐久性を表し，電気的耐久性とは，主回路に通電して規程の条件で開閉した場合の電気的損耗による耐久性を表しています．

表8・2　電磁接触器の機械的耐久性と電気的耐久性（JIS規格）

種別	機械的耐久性	電気的耐久性
0種	1 000 万回以上	100 万回以上
1種	500 万回以上	50 万回以上
2種	250 万回以上	25 万回以上
3種	100 万回以上	10 万回以上
4種	25 万回以上	5 万回以上
5種	5 万回以上	1 万回以上
6種	0.5 万回以上	0.1 万回以上

各種制御用機器の中でも特に電動機を直接制御する電磁開閉器にはさまざまなトラブルが発生します．電磁開閉器に起こるトラブルの原因を**図8・1**にまとめておきます．普段からこれら不具合の原因とトラブルの関係を知っておくことで，トラブル発生時に適切な対処が可能になります．

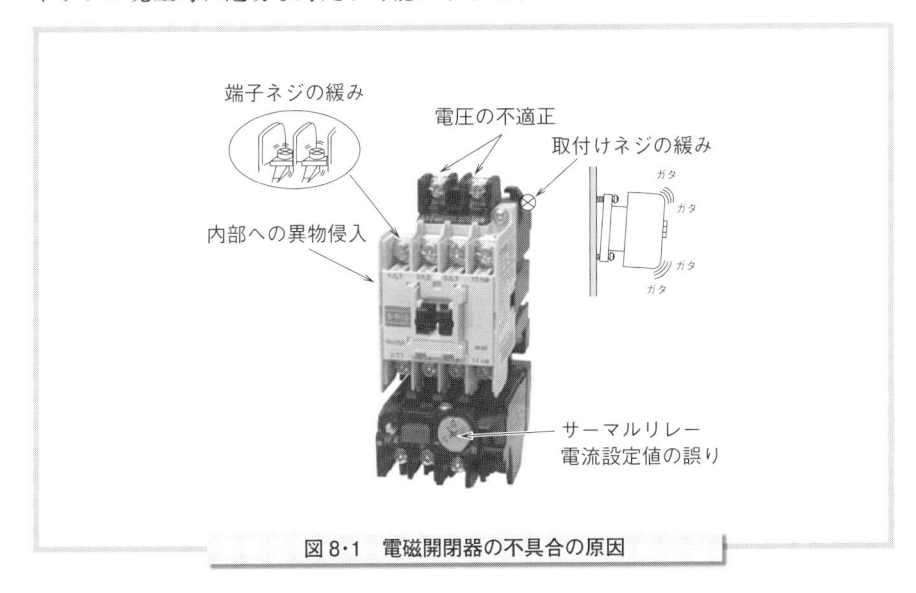

図8・1　電磁開閉器の不具合の原因

8-2 目視による点検と日常の点検

　機械の運転中の故障を防止するために，目視による制御回路の点検や，異臭の発生，異常音の発生などに，日ごろから注意しておく必要があります．

1 目視による点検項目

① ネジ類の緩みはないか

　端子台や機器の端子ネジが緩んでないか確認します．定期点検では，すべての端子ネジを適正トルクで増し締めします（**図8・2**）．

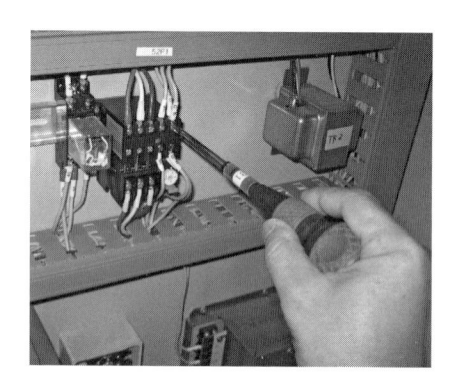

図8・2　端子ネジの増し締め

② 絶縁物の破損，変色はないか

　絶縁電線の被覆が損傷した場合は改修，または原因の対処を行います．制御盤扉の開閉による電線損傷の場合は，電線を保護するためにスパイラルチューブを巻き付けます（**図8・3**）．

180

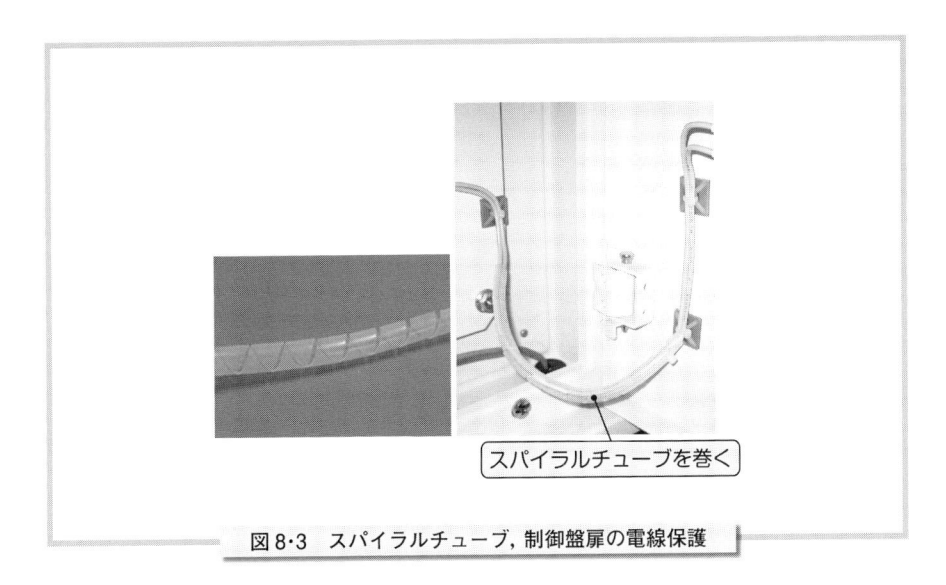

図8·3 スパイラルチューブ，制御盤扉の電線保護

③ リレーの下部に接点摩耗の痕跡がないか

　リレーの真下にある配線用ダクト（図8·4）や，ミニチュアリレーの下部に接点の摩耗の痕跡がないか確認します（図8·5）．

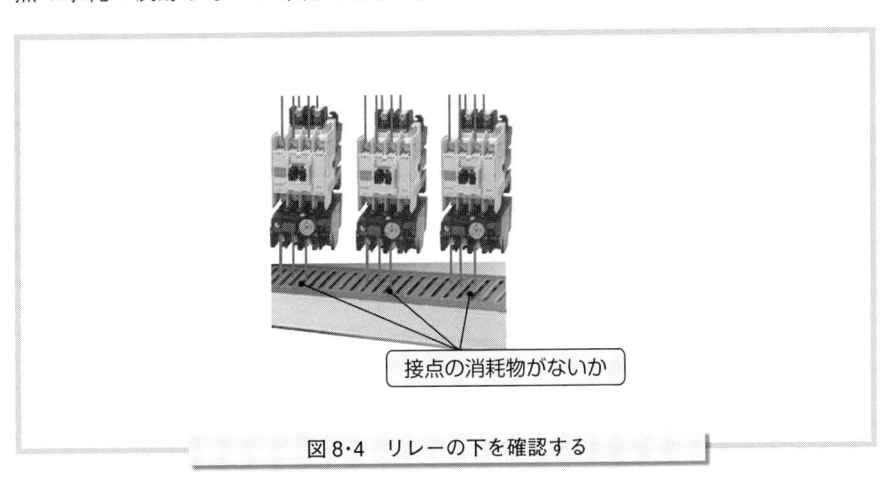

図8·4 リレーの下を確認する

図8・5 ミニチュアリレーの接点摩耗

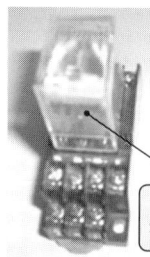

（この部分が接点摩耗による落下物で汚れていないか）

2 異常音や異臭

① **異常音はないか**

日ごろから制御用機器の動作音の変化に注意が必要です（電磁リレーは正常時でもわずかなうなり音は発生します）．

② **コイルの過熱などによる異臭はないか**

電磁リレーのコイル用保護テープの収縮や焦げがないか確認します．

図8・6 保護テープの焦げ

③ **制御盤内の安全対策**

制御盤内部の点検の際に電線損傷の防止や点検時のけがを防止するために，レールの角は図8・7のように面取りをするか図8・8のような保護キャップを取

り付け，また，結束バンドは突起を残さぬようにニッパーで切断しておきます（図8・9）．

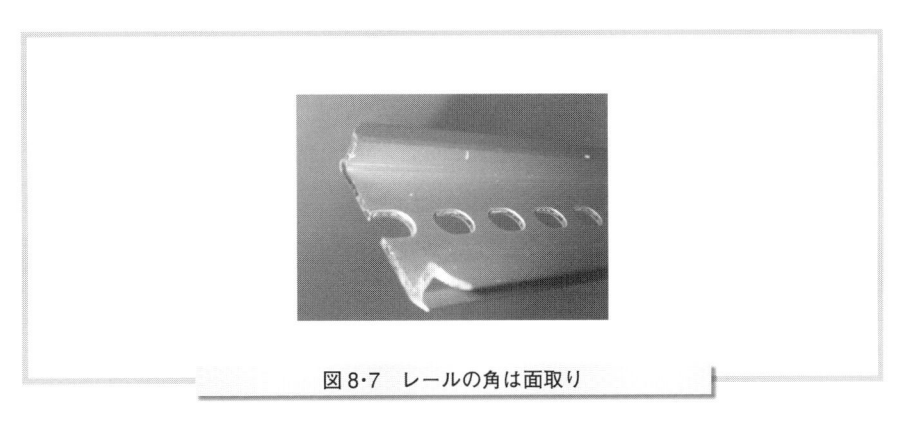

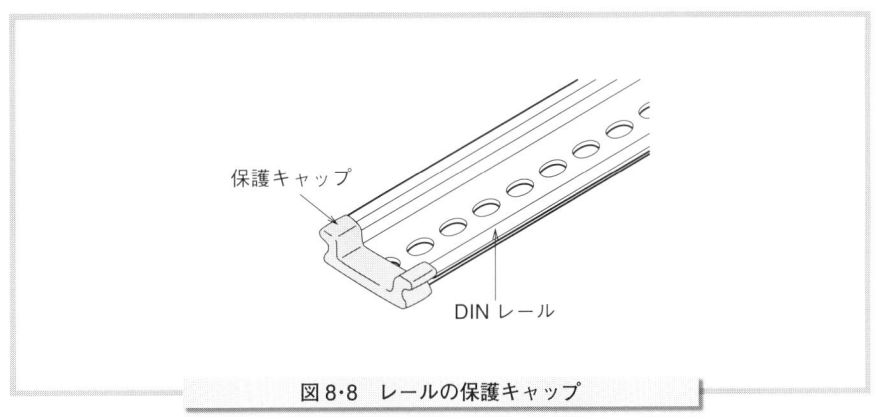

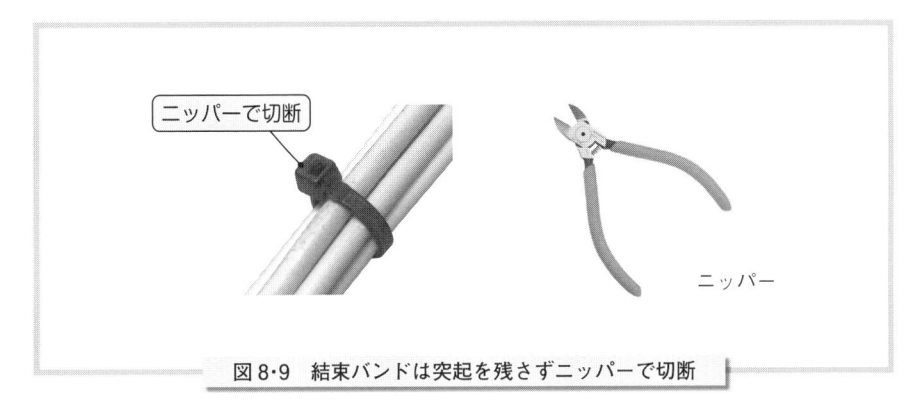

図8・7　レールの角は面取り

図8・8　レールの保護キャップ

図8・9　結束バンドは突起を残さずニッパーで切断

8-3 テスタによる点検

テスタ（回路計）は，交流電圧，直流電圧および抵抗値などを測定することのできる測定器です．指針が測定値を指示するアナログ式（図 8・10）と数字を表示するデジタル式（図 8・11）があり，リード線の付いた赤色と黒色の 2 本のプローブ（probe）を測定個所に当てて測定します．

テスタは電圧や抵抗値を手軽に測定することができますが，測定レンジを誤って使用するとテスタを破損してしまうので，レンジをよく確認してから測定することが重要です．

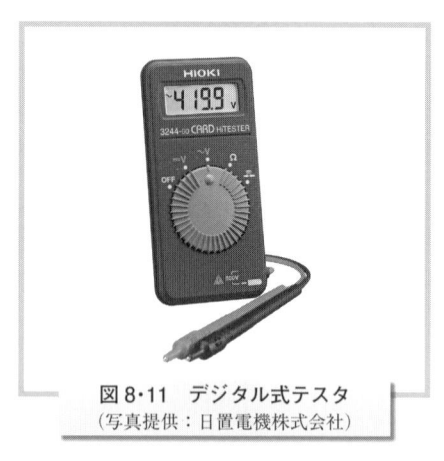

図 8・10 アナログ式テスタ
（写真提供：日置電機株式会社）

図 8・11 デジタル式テスタ
（写真提供：日置電機株式会社）

1 電圧の測定

電圧の測定は，交流と直流ではそれぞれ別のレンジで測定します．交流電圧の測定は，レンジを ACV（∼V）に合わせ，直流電圧の測定は，レンジを DCV（⎓V）に合わせます．また，レンジは測定電圧より大きい値を使って測定します．

交流にはプラスマイナスの極性がないのでプローブの赤と黒の色を気にする必要はありませんが，直流電圧をアナログ式テスタで測定する場合は，指針の逆振れを防ぐためにプラス極に赤色のプローブを，マイナス極に黒色のプローブを当てて測定します．なお，直流電圧をデジタル式テスタで測定する際に，赤色のプローブをマイナス極へ当てると測定値はマイナスの符号が付いて表示されます．

◆ 交流電圧の測定
① ダイヤルを交流電圧測定レンジ（ACV）（〜V）に合わせる．電圧が不明な場合は初めに大きめのレンジで測定し，徐々にレンジの値を下げていく
（例：交流 200 V の電圧の場合は，AC 250 V のレンジを使用する）
② プローブを測定端子に当てる
③ 数値を読む．アナログ式テスタの場合は目盛から読み取る

◆ 直流電圧の測定
① ダイヤルを直流電圧測定レンジ（DCV）（⎓V）に合わせる．電圧が不明な場合は大きめのレンジに合わせる
② 赤色プローブをプラス極へ，黒色プローブをマイナス極へ当てる
③ 数値を読む．デジタル式テスタの場合は，極性を逆に当ててもマイナスの符号が表示されるのでそのまま測定することができる

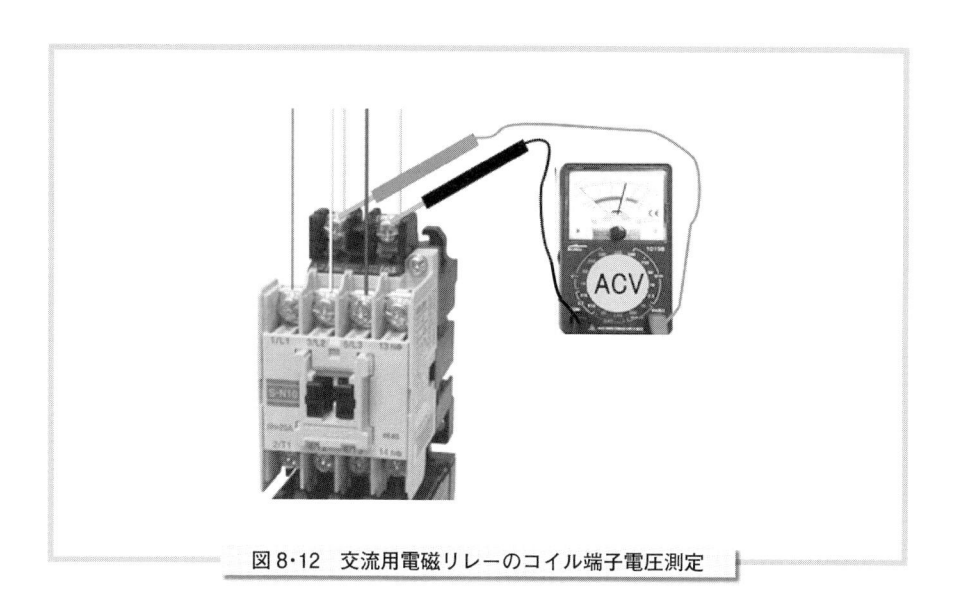

図 8・12　交流用電磁リレーのコイル端子電圧測定

2 抵抗値の測定

抵抗値の測定は,「Ω」のマークがある抵抗計レンジを使います(図8・13).抵抗レンジには「×1」(1倍),「×10」(10倍),「×1k」(1000倍)などの表示があり,大きな抵抗値の測定は大きな倍率を選びます.また,アナログ式テスタはレンジを切り換えるたびに必ずプローブをショートし,指針が0Ωを指すように調整用のつまみを回してゼロオーム調整をする必要があります.この調整を怠ると抵抗値の正確な測定ができません.

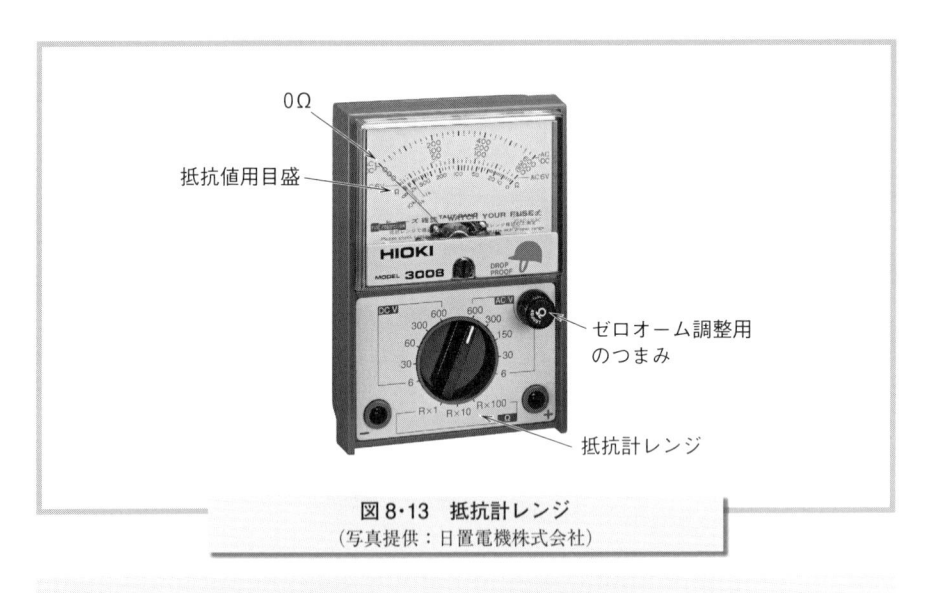

図8・13 抵抗計レンジ
(写真提供:日置電機株式会社)

◆ 抵抗値の測定
① レンジ切り換えダイヤルを抵抗計レンジにする
② 赤,黒2本のプローブの先端を付けて(ショートする),ゼロオーム調整用のつまみ(0Ω ADJの表示)を回し,指針が0Ωを指すように回す(指針が全く振れない場合は,テスタ内部のヒューズが溶断している可能性がある.また,ゼロオーム調整は抵抗計レンジの倍率を切り換えるたびに毎回行う)
③ 抵抗値用目盛の値を読んでから,選択したレンジに表示されている倍率をかけて抵抗値を求める(例:指針が抵抗値用目盛の20を指し,倍率が×10の場合の抵抗値は,20×10 = 200Ω)

回路の導通を調べるには，抵抗計レンジを「×1」に合わせ，ゼロオーム調整をしてからプローブを測定したい箇所に当てます．抵抗計レンジでは内蔵された電池が電源として使われます．抵抗計レンジを「×1」に合わせ，ゼロオーム調整するときに指針が0Ωまで振れない場合は，内蔵電池が消耗しているので交換する必要があります．また，抵抗計レンジでダイオードの良否判定をする場合，アナログ式テスタでは，黒色プローブが内蔵電池のプラス極に，赤色プローブがマイナス極に接続されているので，極性に注意して検査する必要があります．なお，デジタル式テスタは，赤色プローブが内蔵電池のプラス極に，黒色プローブがマイナス極に接続さています．

テスタによっては導通を調べるための専用レンジを備え，導通があると音で知らせるものもあります．

3 接点の状態を調べる

電磁リレーなどの接点の消耗状態を調べるには抵抗計レンジ（×1）を使います．測定時には，回路の電源は必ず切っておきます．また，回路の回り込みがある場合は測定ができないので，接点に接続された配線の片方を端子から外して測定します．

電磁リレーなどの接点は閉じた状態で導通を調べると接点の劣化が少なければ非常に小さな抵抗値になりますが，劣化して接触抵抗が増えると0Ωにはなりません．また，接点の抵抗値はテスタでは正確に測定することができないので，他の接点と比較をするなどして判断します．

三相回路の主回路用接点を調べる場合は，各相の接点の抵抗値を指針の振れ具合の比較から判断したり，新品のリレーと比較するなどして接点の劣化状態をある程度判断することができます．なお，三相電動機に進相コンデンサが接続されている場合は，停電後すぐに測定すると感電やテスタを破損することがあるので，コンデンサに充電された電荷が充分放電されてから測定します．

実際に電磁接触器のメーク接点を点検するには，回路の電源を切り，テスタの抵抗計レンジを1倍（×1）に合わせて，**図8・14**のように電磁接触器の接点を手動で操作できるクロスバーを押して接点を閉じ，プローブを接点の各端子に当てて調べます．この方法は接点の抵抗値を正確に求めるのが目的ではなく，他の接

点と比較して劣化状態を判断するために行います．

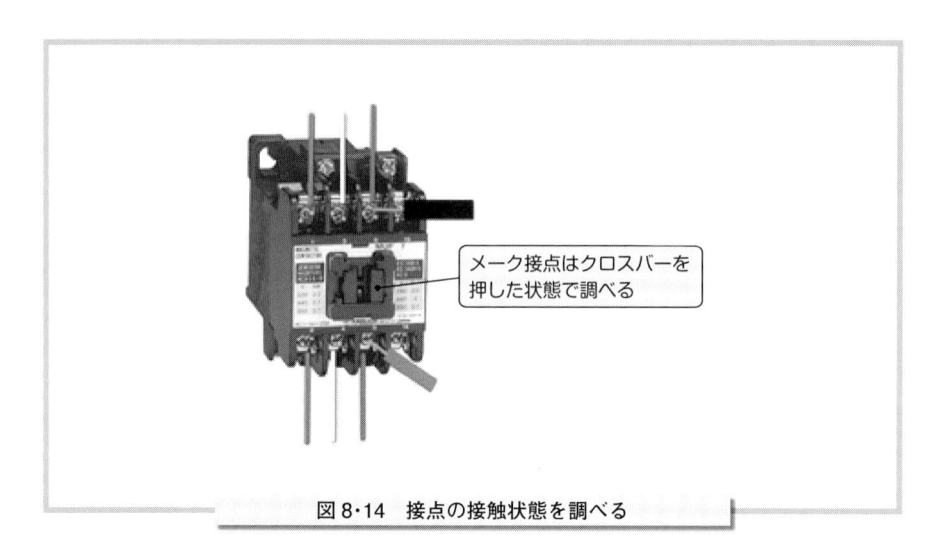

図8・14　接点の接触状態を調べる

また，回路に回り込みがある時は，そのままでは接点の導通状態を調べられないので，**図8・15**のように接点に接続された片方の配線を一時的に外してから調べます．

このように，接点を閉じた状態で導通が全くなかったり，他の接点と比較して極端に抵抗値が大きい場合は，接点が脱落したり，極端に劣化している可能性があります．

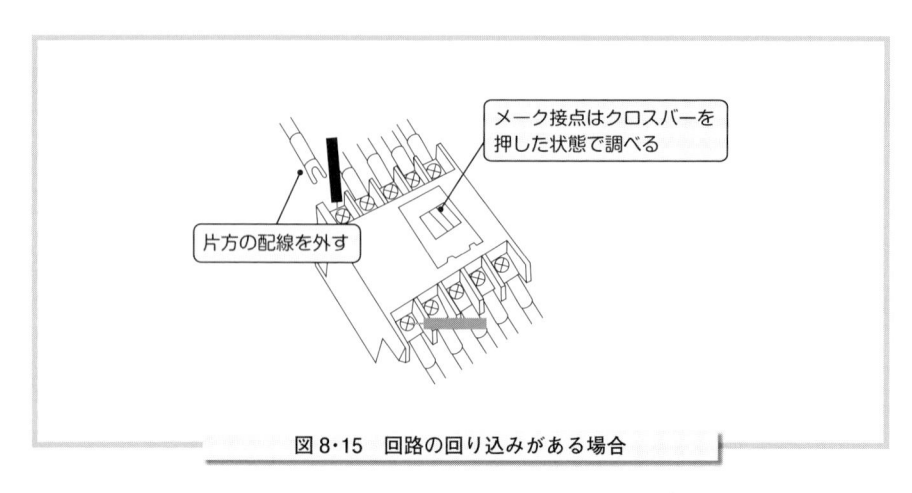

図8・15　回路の回り込みがある場合

8-4 機器や電路の絶縁抵抗値を測定する

電気機器や電路は絶縁が劣化すると漏電して火災や感電のおそれがあるため，定期的に絶縁状態を調べる必要があります．絶縁抵抗は一般に絶縁抵抗計（メガー）を使って測定し，その測定値で良否を判断します．絶縁抵抗計にはアナログ式（図8・16(a)）とデジタル式（図8・16(b)）があり，内部で作り出す直流電圧の電流を使って測定します．測定用電圧の値は，測定する電路や機器の使用電圧により異なりますが，通常は使用電圧以上の電圧を加えます．ただし，電路に半導体素子などがあると素子を破損したり，電流が流れて測定ができない可能性があるため，素子を外すか使用電圧と同等の電圧で測定します．

(a) アナログ式　　　　(b) デジタル式

図8・16　絶縁抵抗計
（写真提供：日置電機株式会社）

絶縁抵抗計は付属の赤プローブと黒のワニ口クリップを被測定部に当てて測定します．電路の絶縁抵抗測定は，電路の電源を切ってから電線間および電路と大地間を測定します．まず，**電線間**の測定では負荷を外し，プローブとワニ口クリップを各電線に当てて測定します（図8・17）．

次に，**電路と大地間**の測定はワニ口クリップを接地端子など，すでに接地されている箇所に当て，プローブを電路に当てて測定します．この時，電路の機器類は外さずにそのままの状態で測定します（図8・18）．

絶縁抵抗計の測定時の電圧は測定対象の電路や機器の電圧により**表8・3**のように使い分けます．例えば，三相3線式200V配線で使用する電路や機器の維持，

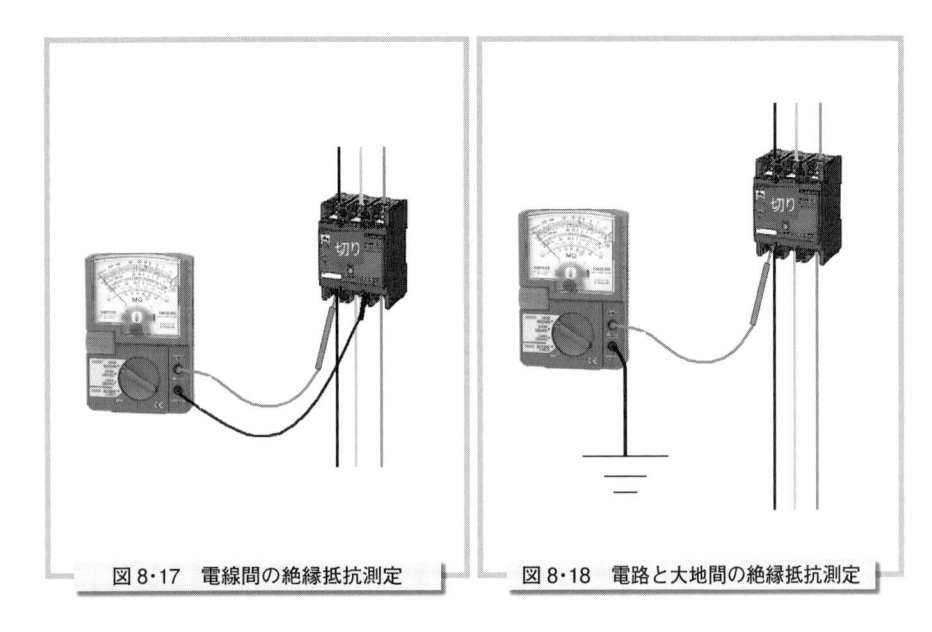

図8・17　電線間の絶縁抵抗測定　　　図8・18　電路と大地間の絶縁抵抗測定

管理のための絶縁抵抗測定は，直流250Vを使用します．また，竣工時の測定は直流500Vを使用します．

表8・3　絶縁抵抗計の電圧

測定対象　電路，機器の電圧	絶縁抵抗計の測定電圧
100V以下の低圧電路および機器などの維持・管理のための絶縁測定	DC125V
200V以下の低圧電路および機器などの維持・管理のための絶縁測定	DC250V
100V・200V・400V配電線路の竣工時の絶縁測定および機器の絶縁測定	DC500V

　低圧電路の絶縁抵抗値は電気設備技術基準により定められています（**表8・4**）．また，各電路で使用する電気機器の絶縁抵抗値にもこの値が適用されます．

　例えば，三相電動機の電源に使用する三相200V配線の電路の絶縁抵抗値は，電線間および電路と大地間ともに0.2MΩ以上が必要です．また，各種制御用機器の絶縁抵抗値は一般に10MΩ以上は必要ですが，実際にはさまざまな種類が使われ，絶縁抵抗の規定値もそれぞれ違うため，必要があればメーカーの仕様書などを確認する必要があります．

表8·4 低圧電路（交流600V以下）の絶縁抵抗値（電気設備技術基準）

電路の使用電圧の区分		絶縁抵抗値
300V以下	対地電圧（接地式電路においては電線と大地間の電圧，非接地式電路においては電線間の電圧をいう）が150V以下の場合	0.1 MΩ以上
	その他の場合	0.2 MΩ以上
300Vを超えるもの		0.4 MΩ以上

　電動機の絶縁抵抗の測定は，**図8·19**のように，ワニ口クリップを電動機本体にある接地端子などの金属部分に取り付け，プローブを電動機の電源端子に当てて測定します．

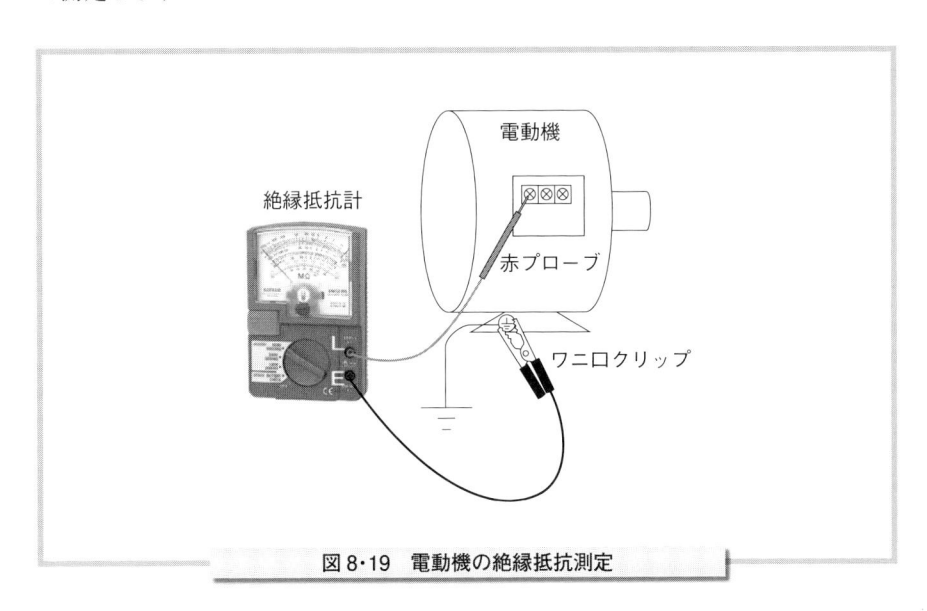

図8·19　電動機の絶縁抵抗測定

8-5 負荷電流を測定する

電気回路の負荷電流は通常，図8・20のように，回路を開き電流計を接続して測定しますが，クランプ形電流計を使えば回路を切り開くことなく，簡単に測定することができます（図8・21）．

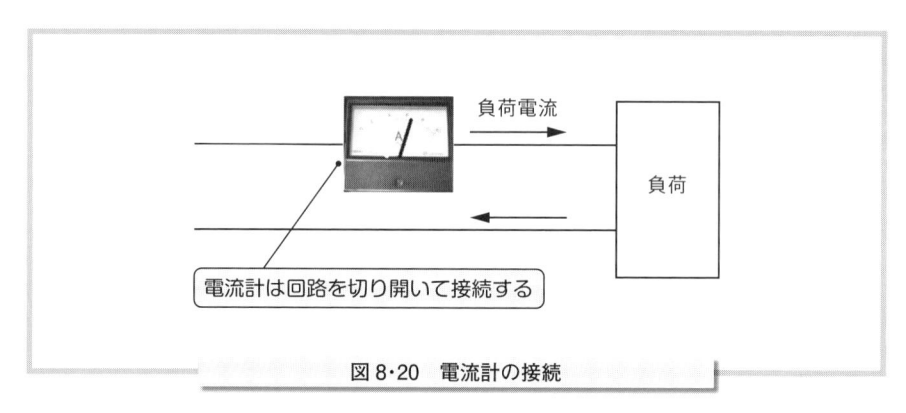

図8・20　電流計の接続

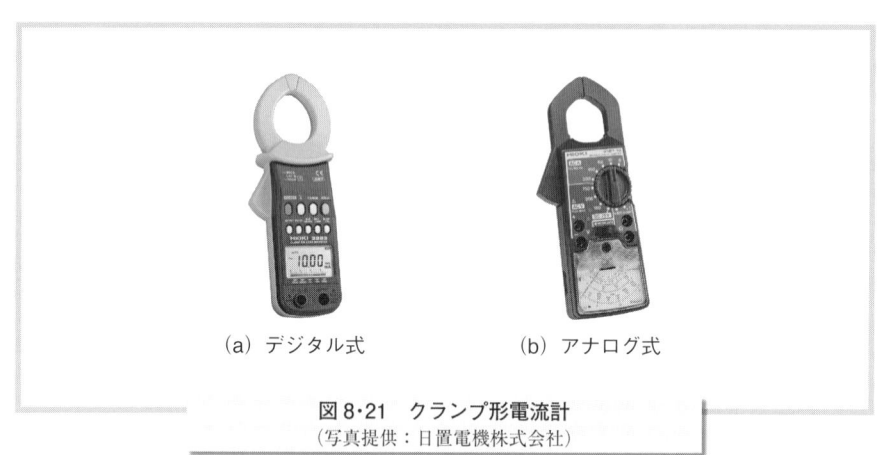

(a) デジタル式　　(b) アナログ式

図8・21　クランプ形電流計
（写真提供：日置電機株式会社）

クランプ形電流計で回路の負荷電流を測定するには，図8・22のように，電線を1本だけ先端部にあるトランスコアに挟み込んで測定します．アナログ式は負荷電流の変動を指針の連続的な動きで見ることができます．また，デジタル式には，電動機の始動電流など，変動する電流の最大値を測定できるタイプもあります．

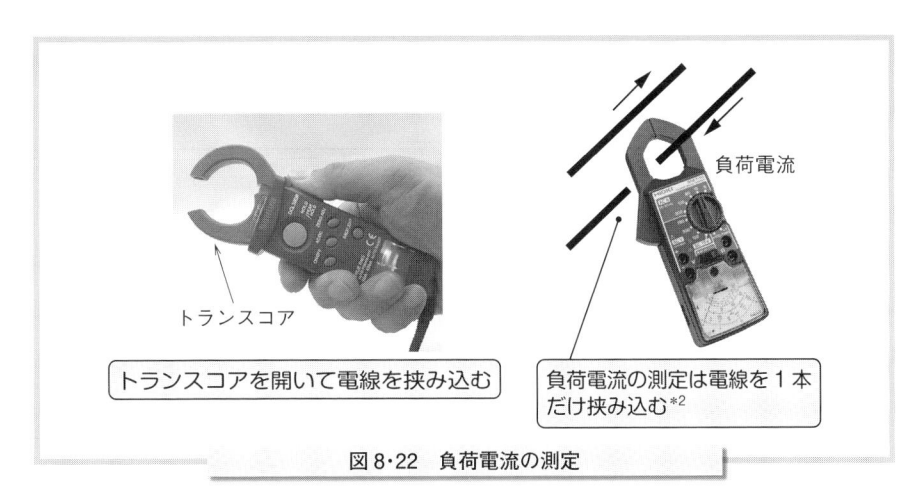

8-5 負荷電流を測定する

図8・22　負荷電流の測定

トランスコア
トランスコアを開いて電線を挟み込む
負荷電流
負荷電流の測定は電線を1本だけ挟み込む*2

　電源線を一括で挟み込むと，電路の漏れ電流を測定することができます（**図8・23**）．この測定には小さな電流も測定できるデジタル式のクランプ形電流計を使います．

　停電にして電路の絶縁測定が困難な場合は，この方法で漏れ電流を測定し，電路と大地間の絶縁状態を調べることが可能です．また，その場で表示部が読みにくい場合は，ホールドスイッチを使ってデータを保持し，手元で読みます．

　クランプ形電流計は，交流以外に直流電流を測定できるものや，付属のプローブを使って電圧や抵抗の測定ができるものもあります．

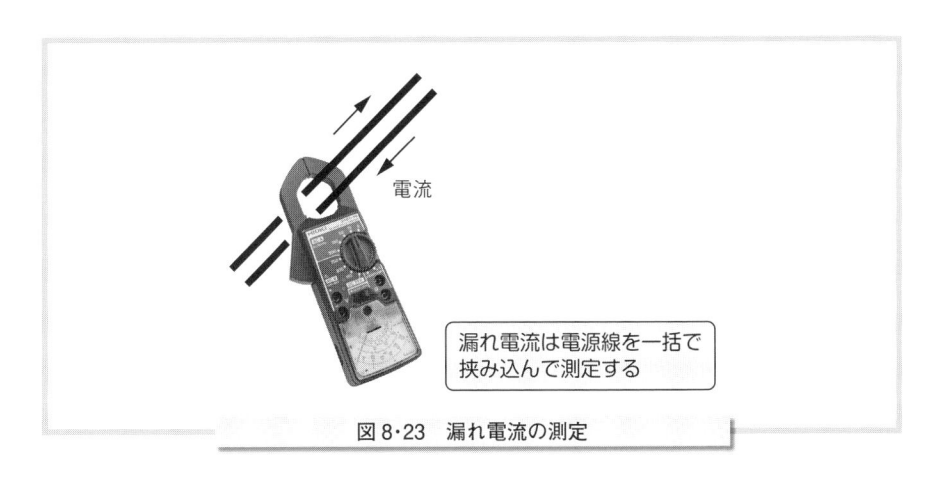

電流
漏れ電流は電源線を一括で挟み込んで測定する

図8・23　漏れ電流の測定

---

*2　クランプ形電流計で電線を挟み込むことを一般に「クランプする」といいます．

8-6 アースの点検と接地抵抗値

電路で使用する電気機器は，絶縁が劣化した場合に感電や火災の危険を防止するため，機器の金属製枠に接地工事を施す必要があります．表8・5に示すように，機器の金属製枠に施設する接地の種類は，使用電圧によりA種，C種，D種に分類されています．A種接地は高圧や特別高圧の機器に施設します．C種接地は300Vを超える低圧機器，D種接地は300V以下の低圧機器に施設します．また，各接地工事の接地抵抗値は電気設備技術基準により，A種接地とC種接地は10Ω以下に，D種接地は100Ω以下にすることが定められています．ただし，低圧機器に施すC種接地とD種接地は，電路に地絡を生じた場合（漏電した場合）に0.5秒[*3]以内（電気設備技術基準）に電路を自動的に遮断する装置（漏電遮断器）を施設すると，接地抵抗値を500Ω以下にすることができます．

表8・5 電気機械器具に施設する接地の種類

機械器具の使用電圧の区分		接地工事の種類と接地抵抗値	
低　圧	300V以下	D種接地工事	100Ω以下
	300V超過	C種接地工事	10Ω以下
高圧又は特別高圧		A種接地工事	10Ω以下

直流や交流の電圧は，電圧値により電気設備技術基準で，低圧，高圧，特別高圧の3種類に分類されています（表8・6）．例えば，交流の100Vや200Vは低圧に分類されます．

表8・6 電圧の種別（参考）

	交　流	直　流
低　圧	600V以下	750V以下
高　圧	600V超　7000V以下	750V超　7000V以下
特別高圧	7000V超	

接地抵抗は接地抵抗計（アーステスタ）で測定します．接地抵抗計には測定時に使用する補助接地棒2本とリード線が3本付属されています（図8・24）．

[*3] 内線規程では0.2秒以内としています．

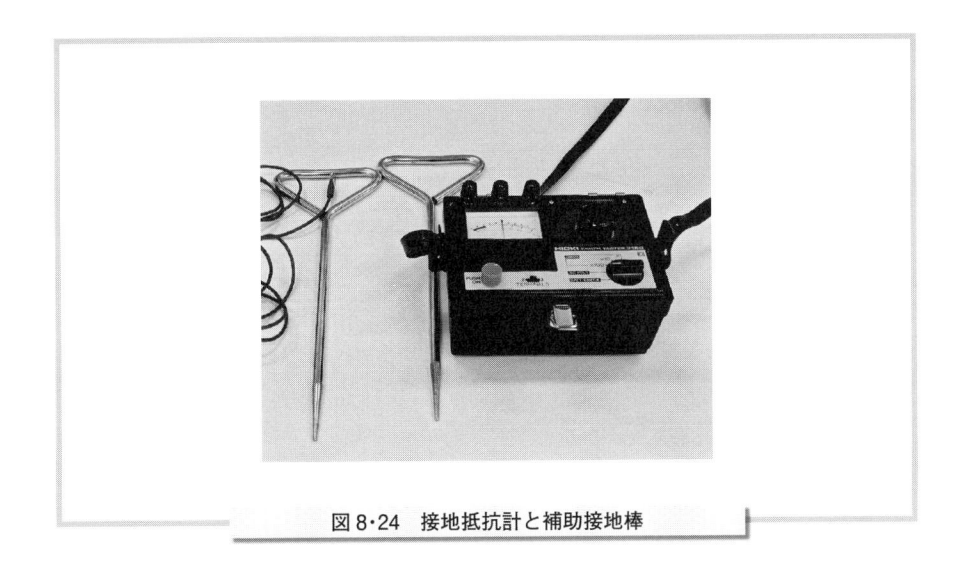

図8・24 接地抵抗計と補助接地棒

　接地抵抗計による測定は，図8・25のように，E端子から被測定接地極へ，P端子とC端子からそれぞれ補助接地極へリード線をつないで測定します．被測定接地極と二つの補助接地極は一直線に10m程度離して配置し，測定します（最低でも5m以上ずつ離します）．

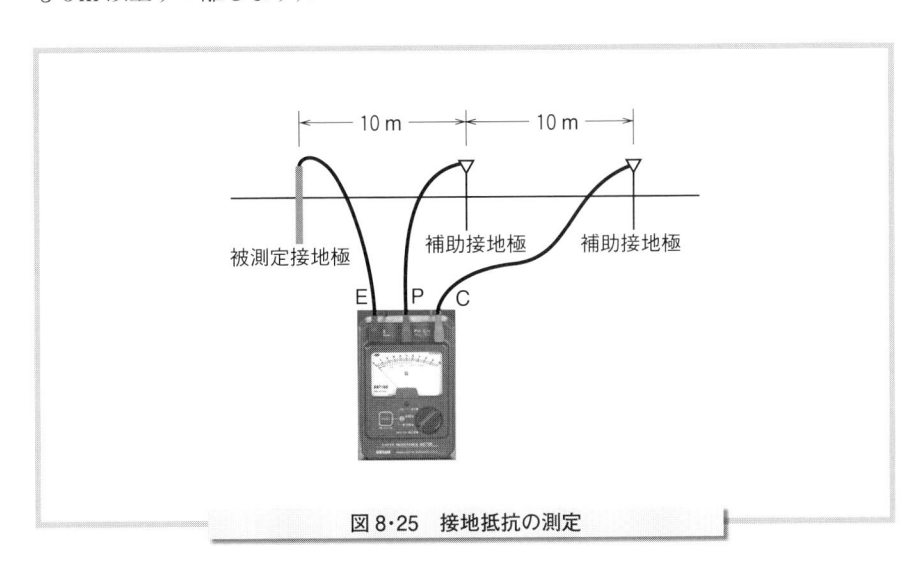

図8・25 接地抵抗の測定

　補助接地棒を打ち込めないような場所では，簡易測定（二極法）によって接地

抵抗を測定します．簡易測定はE端子を被測定接地極へつなぎ，P端子とC端子を短絡して，すでに低抵抗で接地されている箇所へ接続します（**図8・26**）．

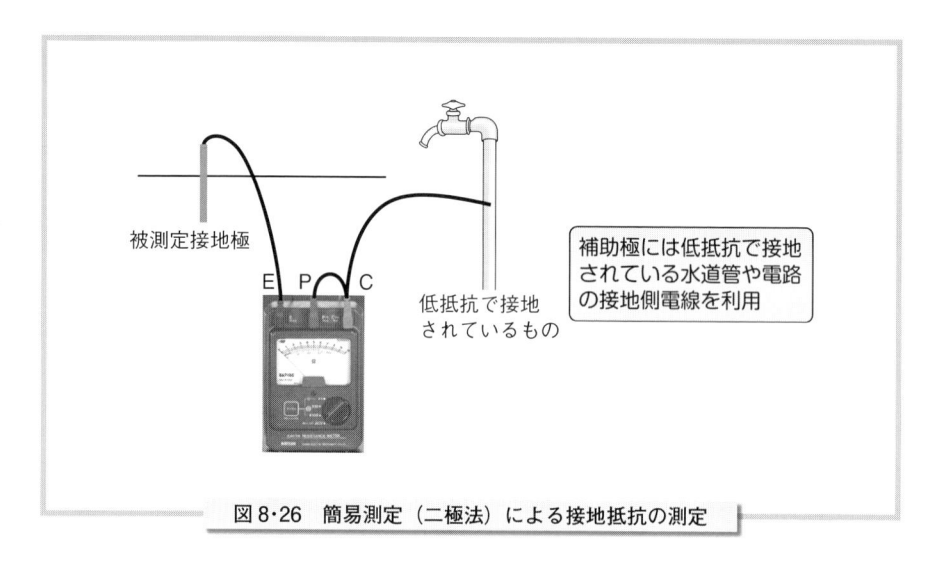

図8・26 簡易測定（二極法）による接地抵抗の測定

また，**図8・27**のような簡易測定専用の接地抵抗計も市販されています．この接地抵抗計は，クリップを電路の接地側電線などに接続し，プローブを被測定接地極に当てて測定します．

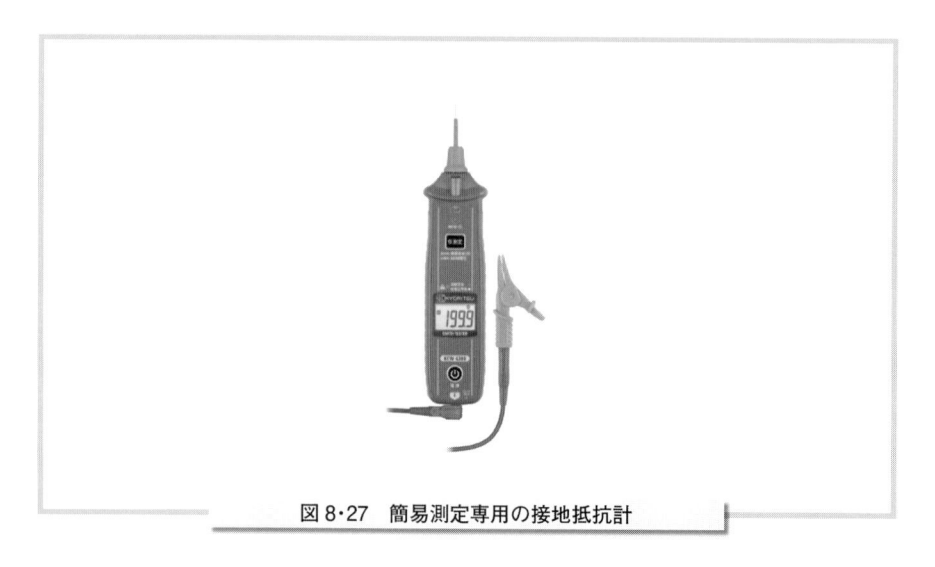

図8・27 簡易測定専用の接地抵抗計

8-7 三相の相順序の検査

　三相電源は各相を第1相から順に，R・S・T あるいは L1・L2・L3 などの記号で表します．一般に，低圧三相配線は，第1相に赤，第2相に白，第3相に青（黒）の電線を使い，電線の色で相順序が区別できるようにします（**図 8・28**）．

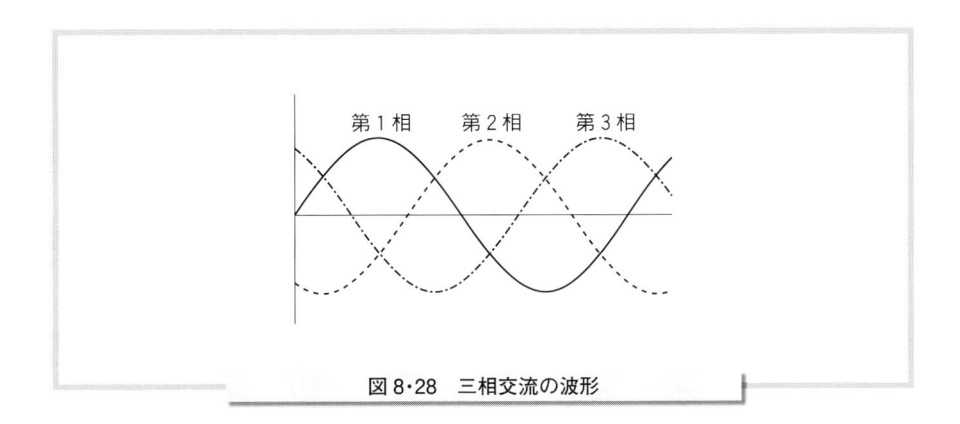

図 8・28　三相交流の波形

　三相電動機には U・V・W の電源用端子があり，これに三相電源を**図 8・29** のように R・S・T の順で接続すると電動機は正回転します．なお，電動機の回転方向は，軸の反対側から見て時計回りが正回転とされます．また，**図 8・30** のように，この3本の電源線のうち2本を入れ換えると電動機は逆回転します．

　実際の配線で，電動機を逆回転させるためには，配線の途中では入れ換えず，電動機本体の接続端子で入れ換えます．なお，低圧三相電源は，一般に S 相（白線）が**接地側電線**[*4]になっているので，この線は入れ換えず，赤と青（黒）の線を入れ換えて逆回転させます．

　三相電源の各電線の色と相順序が正しいかどうかは，検相器（相回転計，相順器ともいう）を使って調べます．検相器は円盤の回転方向で相順序を調べるものや，LED の表示あるいは音の違いで知らせるものなどがあります．

[*4] 低圧電路は変圧器の二次側配線のうち1本が B 種接地され，対地電圧は 0V になっています．これを接地側電線と呼び，電線の絶縁被覆には白色を使います．三相3線式 200V 配線では，通常，S 相（第2相）が接地されています．接地側電線以外の線は，電圧側電線，あるいは非接地側電線と呼び，電線の絶縁被覆は白色以外を使います．

図8·29 三相電動機の正回転

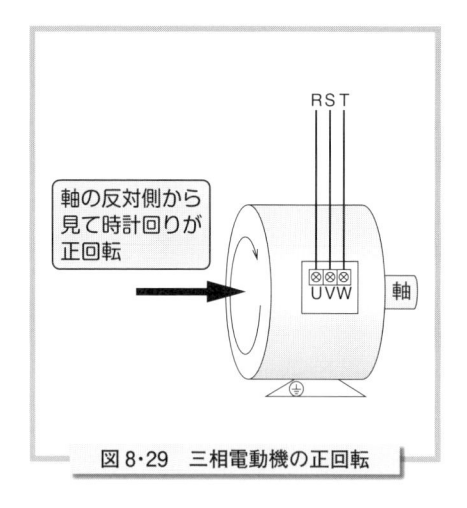

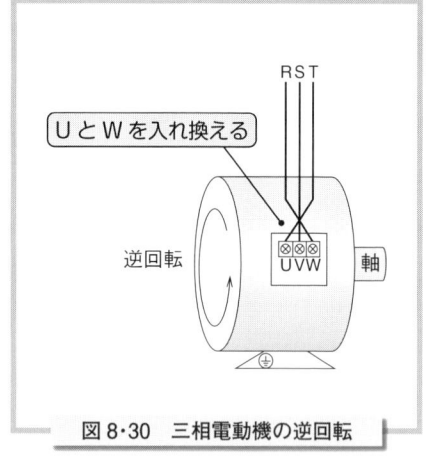

図8·30 三相電動機の逆回転

　図8·31 の検相器は円盤の回転方向で相順序を調べるタイプで，相回転計とも呼ばれます．これは，相順序が正相のときは円盤が矢印の方向に回転し，逆相の場合は逆回転します．

図8·31　検相器（円盤の回転方向で相順序を調べるタイプ）
（写真提供：日置電機株式会社）

　図8·32 の検相器はLEDの点灯で相順序を知らせるタイプです．また，三相電源の各相が正常であれば，R，S，T の各LEDがすべて点灯し，欠相した場合は，その相のLEDだけ消灯して欠相状態も確認できる検相器です．

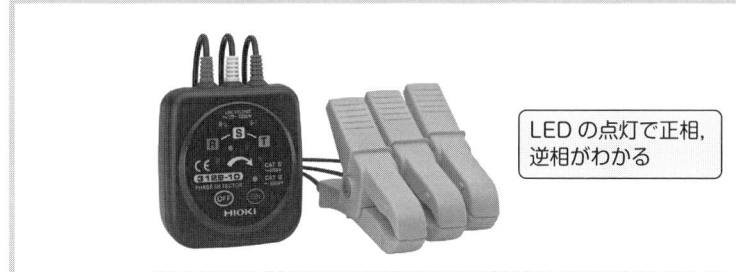

8-7 三相の相順序の検査

図8・32 検相器（LEDの点灯で相順序を調べるタイプ）
（写真提供：日置電機株式会社）

LEDの点灯で正相，逆相がわかる

◆ 相順序を調べる手順
① 検電器で三相電源の各線から接地側電線を探し，白のワニ口クリップを取り付ける（図8・33）
② 三相電源の残った2本の線にそれぞれワニ口クリップを取り付け，相順序を調べる（図8・34）[5]
・測定結果が正相の場合→赤のワニ口クリップを付けた線が第1相，青のワニ口クリップを付けた線が第3相になっている
・測定結果が逆相の場合→青のワニ口クリップを付けた線が第1相，赤のワニ口クリップを付けた線が第3相になっている．赤と青のワニ口クリップを入れ換えれば検相器の表示は正相になる

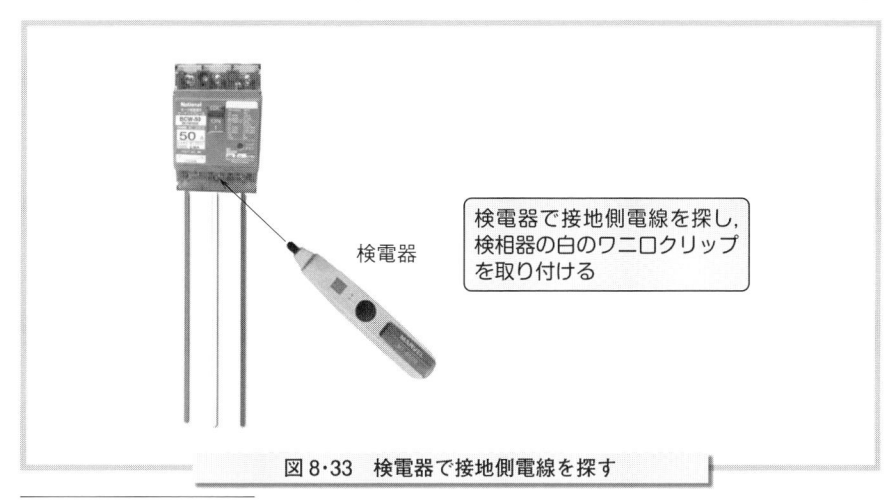

図8・33 検電器で接地側電線を探す

検電器で接地側電線を探し，検相器の白のワニ口クリップを取り付ける

[5] 検電器の機能をもつ検相器もあります．

図8・34 検相器を使って相順序を調べる

　なお，変圧器の低圧側から，三相電源と単相3線式配線を一緒に取り出している場合は，三相電源に接地側電線はありません．

　三相200V用コンセントへの三相電源の接続は，**図8・35**のようにコンセントを正面から見て，左の電極がR相（第1相），上の電極がS相（第2相），右がT相（第3相）になるように接続します．

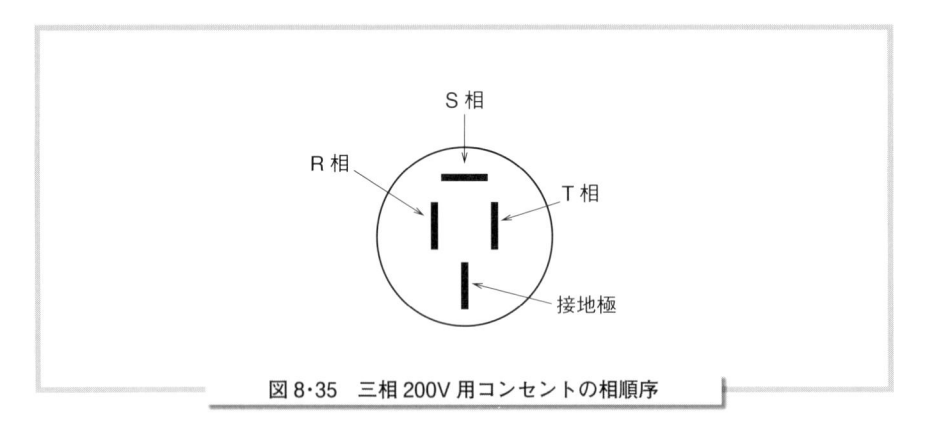

図8・35 三相200V用コンセントの相順序

索引

▶ ア 行

アクチュエータ ・・・・・・・・・・・・・・・・・・・ 63
アーク放電 ・・・・・・・・・・・・・・・・・・・・・・・ 29
圧着端子 ・・・・・・・・・・・・・・・・・・・・・・・・ 47
アンプユニット ・・・・・・・・・・・・・・・・・・・ 66

位置スイッチ機能 ・・・・・・・・・・・・・・・・・ 28
インタロック回路 ・・・・・・・・・・・・・・・・・ 133
インタロック接点 ・・・・・・・・・・・・・・・・・ 133

うず電流損 ・・・・・・・・・・・・・・・・・・・・・・ 68

液面制御 ・・・・・・・・・・・・・・・・・・・・・・・・ 172

押し操作 ・・・・・・・・・・・・・・・・・・・・・・・・ 26
オルタネイト形 ・・・・・・・・・・・・・・・・・・・ 57
オン・オフ制御 ・・・・・・・・・・・・・・・・・・・ 8

▶ カ 行

回転速度 ・・・・・・・・・・・・・・・・・・・・・・・・ 85
回転トルク ・・・・・・・・・・・・・・・・・・・・・・ 85
開放機能 ・・・・・・・・・・・・・・・・・・・・・・・・ 28
カム操作 ・・・・・・・・・・・・・・・・・・・・・・・・ 26

逆起電力 ・・・・・・・・・・・・・・・・・・・・・・・・ 30
ギヤードモータ ・・・・・・・・・・・・・・・・・・・ 85
切換え接点 ・・・・・・・・・・・・・・・・・・・・・・ 22
禁止回路 ・・・・・・・・・・・・・・・・・・・・・・・・ 133
近接スイッチ ・・・・・・・・・・・・・・・・・・・・ 68
近接操作 ・・・・・・・・・・・・・・・・・・・・・・・・ 26

クランプ形電流計 ・・・・・・・・・・・・・・・・・ 192
繰返し動作回路 ・・・・・・・・・・・・・・・・・・・ 143

計数カウンタ ・・・・・・・・・・・・・・・・・・・・ 78
計数制御 ・・・・・・・・・・・・・・・・・・・・・・・・ 12
計数制御回路 ・・・・・・・・・・・・・・・・・・・・ 145
警報用機器 ・・・・・・・・・・・・・・・・・・・・・・ 82
限時動作 ・・・・・・・・・・・・・・・・・・・・・・・・ 77
限時動作限時復帰 ・・・・・・・・・・・・・・・・・ 78
限時動作瞬時復帰 ・・・・・・・・・・・・・・・・・ 78
限時復帰 ・・・・・・・・・・・・・・・・・・・・・・・・ 77
検相器 ・・・・・・・・・・・・・・・・・・・・・・・・・・ 198
限定図記号 ・・・・・・・・・・・・・・・・・・・・・・ 26

光電スイッチ ・・・・・・・・・・・・・・・・・・・・ 66
交流電圧の測定 ・・・・・・・・・・・・・・・・・・・ 185
交流電源 ・・・・・・・・・・・・・・・・・・・・・・・・ 13

▶ サ 行

サイリスタ ・・・・・・・・・・・・・・・・・・・・ 33,34
サージ吸収回路 ・・・・・・・・・・・・・・・・・・・ 30
サージキラー ・・・・・・・・・・・・・・・・・・・・ 30
サーマルリレー ・・・・・・・・・・・・・・・・・・・ 75
三相かご形誘導電動機 ・・・・・・・・・・・・・ 161
三相かご形誘導モータ ・・・・・・・・・・・・・ 84
残留偏差 ・・・・・・・・・・・・・・・・・・・・・・・・ 9

直入れ始動法 ・・・・・・・・・・・・・・・・・・・・ 166
磁気形近接スイッチ ・・・・・・・・・・・・・・・ 69
シーケンス制御 ・・・・・・・・・・・・・・・・・・・ 7
時限制御 ・・・・・・・・・・・・・・・・・・・・・・・・ 12
時限動作回路 ・・・・・・・・・・・・・・・・・・・・ 139
自己保持回路 ・・・・・・・・・・・・・・・・・・・・ 128
自己保持形ソレノイド ・・・・・・・・・・・・・ 89
自動制御 ・・・・・・・・・・・・・・・・・・・・・・・・ 2
始動操作用 ・・・・・・・・・・・・・・・・・・・・・・ 58
自動引外し機能 ・・・・・・・・・・・・・・・・・・・ 28

索 引

自動復帰機能 ・・・・・・・・・・・・・・・・・・・・・・・ 28
遮断機能 ・・・・・・・・・・・・・・・・・・・・・・・・・・・・ 28
主回路 ・・・・・・・・・・・・・・・・・・・・・・・・・・・・・・ 150
受光器 ・・・・・・・・・・・・・・・・・・・・・・・・・・・・・・ 66
主接点 ・・・・・・・・・・・・・・・・・・・・・・・・・・・・・・ 72
手動制御 ・・・・・・・・・・・・・・・・・・・・・・・・・・・・ 2
手動操作 ・・・・・・・・・・・・・・・・・・・・・・・・・・・・ 26
手動操作自動復帰形 ・・・・・・・・・・・・・・・・・ 56
瞬時動作限時復帰 ・・・・・・・・・・・・・・・・・・・ 78
順序制御 ・・・・・・・・・・・・・・・・・・・・・・・・・・・・ 11
順序動作回路 ・・・・・・・・・・・・・・・・・・・・・・・ 136
条件制御 ・・・・・・・・・・・・・・・・・・・・・・・・・・・・ 11
シリンダ ・・・・・・・・・・・・・・・・・・・・・・・・・・・・ 92
新入力優先回路 ・・・・・・・・・・・・・・・・・・・・・ 106
真理値表 ・・・・・・・・・・・・・・・・・・・・・・・・・・・・ 113

スイッチング素子 ・・・・・・・・・・・・・・・・・・・ 34
ステッピングモータ ・・・・・・・・・・・・・・ 84,86
スナップアクション機構 ・・・・・・・・・・・・ 65
スパイラルチューブ ・・・・・・・・・・・・・・・・ 180
すべり ・・・・・・・・・・・・・・・・・・・・・・・・・・・・・・ 85
スローアクション機構 ・・・・・・・・・・・・・・ 65

制　御 ・・・・・・・・・・・・・・・・・・・・・・・・・・・・・・ 2
制御回路 ・・・・・・・・・・・・・・・・・・・・・・・・・・・・ 150
制御器具番号 ・・・・・・・・・・・・・・・・・・・・・・・ 48
制御機構 ・・・・・・・・・・・・・・・・・・・・・・・・・・・・ 4
制御対象 ・・・・・・・・・・・・・・・・・・・・・・・・・・・・ 4
制御盤 ・・・・・・・・・・・・・・・・・・・・・・・・・・・・・・ 33
積分制御 ・・・・・・・・・・・・・・・・・・・・・・・・・・・・ 9
絶縁抵抗計 ・・・・・・・・・・・・・・・・・・・・・・・・・ 189
接地側電線 ・・・・・・・・・・・・・・・・・・・・・・・・・ 197
接　点 ・・・・・・・・・・・・・・・・・・・・・・・・・・・・・・ 22
接点機能 ・・・・・・・・・・・・・・・・・・・・・・・・・・・・ 28
接点の転移現象 ・・・・・・・・・・・・・・・・・・・・・ 29
接点保護回路 ・・・・・・・・・・・・・・・・・・・・・・・ 31
セレクタスイッチ ・・・・・・・・・・・・・・・・・・・ 61

操作機構図記号 ・・・・・・・・・・・・・・・・・・・・・ 24
ソリッドステート・リレー ・・・・・・・・・・ 34

ソレノイド ・・・・・・・・・・・・・・・・・・・・・・・・・ 88

▶ タ　行

タイマ ・・・・・・・・・・・・・・・・・・・・・・・・・・・ 33,77
タイムチャート ・・・・・・・・・・・・・・・・・・・・ 96
縦描き ・・・・・・・・・・・・・・・・・・・・・・・・・・・・・・ 36
断続制御用電磁弁 ・・・・・・・・・・・・・・・・・・・ 90
タンブラスイッチ ・・・・・・・・・・・・・・・・・・ 59
断路機能 ・・・・・・・・・・・・・・・・・・・・・・・・・・・・ 28

チャタリング ・・・・・・・・・・・・・・・・・・・・・・・ 176
直流電圧の測定 ・・・・・・・・・・・・・・・・・・・・・ 185
直流電源 ・・・・・・・・・・・・・・・・・・・・・・・・・・・・ 13
直列優先回路 ・・・・・・・・・・・・・・・・・・・・・・・ 136

抵抗値の測定 ・・・・・・・・・・・・・・・・・・・・・・・ 186
停止操作用 ・・・・・・・・・・・・・・・・・・・・・・・・・ 58
テスタ ・・・・・・・・・・・・・・・・・・・・・・・・・・・・・・ 184
電気時計操作 ・・・・・・・・・・・・・・・・・・・・・・・ 26
電　源 ・・・・・・・・・・・・・・・・・・・・・・・・・・・・・・ 4
電磁開閉器 ・・・・・・・・・・・・・・・・・・・・・・・・・ 74
電磁接触器 ・・・・・・・・・・・・・・・・・・・・・・・・・ 72
電磁弁 ・・・・・・・・・・・・・・・・・・・・・・・・・・・・・・ 90
電磁リレー ・・・・・・・・・・・・・・・・・・・・・・・・・ 33
電動機操作 ・・・・・・・・・・・・・・・・・・・・・・・・・ 26

同期モータ ・・・・・・・・・・・・・・・・・・・・・・・・・ 86
投光器 ・・・・・・・・・・・・・・・・・・・・・・・・・・・・・・ 66
トグルスイッチ ・・・・・・・・・・・・・・・・・・・・ 60
トータルカウンタ ・・・・・・・・・・・・・・・・・・ 79
突入電流 ・・・・・・・・・・・・・・・・・・・・・・・・・ 30,32
トライアック ・・・・・・・・・・・・・・・・・・・・・・・ 34
トラッキング ・・・・・・・・・・・・・・・・・・・・・・・ 176
トランジスタ ・・・・・・・・・・・・・・・・・・・・ 33,34
トランスファ接点 ・・・・・・・・・・・・・・・・・・ 22

▶ ナ　行

日本工業規格 ・・・・・・・・・・・・・・・・・・・・・ 4,23

日本電機工業会 ·················· 42

▶ ハ 行

半導体素子 ····················· 33
ハンドル操作 ···················· 26

引き操作 ······················· 26
非常操作 ······················· 26
非常操作用 ····················· 58
ひねり操作 ····················· 26
微分制御 ······················· 10
表示灯 ························· 81
表示用機器 ····················· 81
比例制御 ······················· 9
比例積分制御 ··················· 9
ヒンジ機構 ····················· 76

フィードバック制御 ············· 7
負荷開閉機能 ··················· 28
プッシュ・プル形 ··············· 57
プッシュロック・ターンリセット形 ···· 58
プリセットカウンタ ············· 80
ブレーク接点 ··················· 22
フロートスイッチ ··············· 70
フロートレススイッチ ········ 71,172

並列優先回路 ·············· 133,135

方向制御用電磁弁 ··············· 91
補助接点 ······················· 72
ボタンスイッチ ················· 42

▶ マ 行

マイクロスイッチ ············ 26,63
マーカーチューブ ··············· 47
マッシュルームヘッド型 ········· 26

ミニチュアリレー ··············· 76

無接点シーケンス ··············· 34
無接点リレー ··················· 33

メーク接点 ····················· 22

文字記号 ······················· 42
モータ ························· 84
モーメンタリ動作形 ············· 56

▶ ヤ 行

有接点リレー ··················· 33
誘導性負荷 ····················· 30
誘導モータ ····················· 84

容量性負荷 ····················· 30
横描き ························· 36

▶ ラ 行

リニアモータ ··············· 84,86
リミットスイッチ ··············· 65
リレーシーケンス ··············· 34

レベルスイッチ ················· 70

論理回路 ······················ 112
論理式 ························ 115

▶ 英数字

AND 回路 ····················· 114
a 接点 ························· 22

b 接点 ························· 22

c 接点 ························· 22

D 制御 ························· 10

索 引

I 制御 …………………………… *9*

JEM 規格 ……………………… *42*
JIS ……………………………… *4,23*

NAND 回路 …………………… *120*
NOR 回路 ……………………… *122*
NOT 回路 ……………………… *118*

OR 回路 ………………………… *116*

PID 制御 ……………………… *10*
PI 制御 ………………………… *9*
P 制御 ………………………… *9*

T 接続 ………………………… *37*

XOR 回路 ……………………… *124*

2 位置制御 …………………… *9*
2 値信号 ……………………… *112*

〈著者略歴〉

藤瀧和弘（ふじたき　かずひろ）
東京都立職業能力開発センターで電気工事科などの講師を務める．また，職業能力開発センター・キャリアアップ講習のシーケンス制御実技，電気工事士筆記，実技講習などの講師を担当．
ウェブサイト「かずわん先生の電気工事士技能試験教室」を運営．

〈主な著書〉

『マンガでわかる　電気』
『マンガでわかる　シーケンス制御』
『マンガでわかる　電池』（以上オーム社）
『図解入門　よくわかる電気の基本としくみ』
『図解入門　よくわかるシーケンス制御の基本と仕組み』（以上秀和システム）
『一発合格第1種電気工事士技能試験公表問題』
『一発合格第2種電気工事士筆記試験予想問題集』
『ぜんぶ絵で見て覚える　第2種電気工事士筆記試験すい〜っと合格』
『ぜんぶ絵で見て覚える　第2種電気工事士技能試験すい〜っと合格』（以上電波新聞社）

- 本書の内容に関する質問は，オーム社ホームページの「サポート」から，「お問合せ」の「書籍に関するお問合せ」をご参照いただくか，または書状にてオーム社編集局宛にお願いします．お受けできる質問は本書で紹介した内容に限らせていただきます．なお，電話での質問にはお答えできませんので，あらかじめご了承ください．
- 万一，落丁・乱丁の場合は，送料当社負担でお取替えいたします．当社販売課宛にお送りください．
- 本書の一部の複写複製を希望される場合は，本書扉裏を参照してください．
JCOPY ＜出版者著作権管理機構　委託出版物＞

実務に役立つ
シーケンス制御入門

2012年 5月20日　　第1版第1刷発行
2025年 3月10日　　第1版第8刷発行

著　　者　藤瀧和弘
発 行 者　村上和夫
発 行 所　株式会社 オーム社
　　　　　郵便番号　101-8460
　　　　　東京都千代田区神田錦町3-1
　　　　　電　話　03(3233)0641(代表)
　　　　　URL　https://www.ohmsha.co.jp/

Ⓒ 藤瀧和弘 2012

印刷　中央印刷　製本　協栄製本
ISBN978-4-274-21204-8　Printed in Japan

絵ときでわかるシリーズ

基礎知識を豊富な図と2色刷でわかりやすく解説した基本書

髙橋 寛 監修

絵ときでわかる 電気理論
福田 務・栗原 豊・向坂栄夫・星野達哉 共著
A5判／240頁／定価(本体2500円【税別】)

絵ときでわかる 電気回路
岩澤孝治・中村征壽・白川 真 共著
A5判／212頁／定価(本体2300円【税別】)

絵ときでわかる 電気磁気
福田 務・坂本 篤 共著
A5判／184頁／定価(本体2200円【税別】)

絵ときでわかる 電気電子計測（改訂2版）
熊谷文宏 著
A5判／212頁／定価(本体2500円【税別】)

絵ときでわかる シーケンス制御
山崎靖夫・郷 冨夫 共著
A5判／192頁／定価(本体2300円【税別】)

絵ときでわかる 情報通信
橋本三男・磯上辰雄・山本 誠 共著
A5判／224頁／定価(本体2500円【税別】)

絵ときでわかる ディジタル回路
内山明治・堀江俊明 共著
A5判／184頁／定価(本体2200円【税別】)

絵ときでわかる オペアンプ回路
内山明治・村野 靖 共著
A5判／204頁／定価(本体2300円【税別】)

絵ときでわかる トランジスタ回路
飯髙成男・田口英雄 共著
A5判／204頁／定価(本体2300円【税別】)

絵ときでわかる パワーエレクトロニクス
粉川昌巳 著
A5判／172頁／定価(本体2300円【税別】)

絵ときでわかる モータ技術
飯髙成男・岡本裕生・關 敏昭 共著
A5判／194頁／定価(本体2500円【税別】)

もっと詳しい情報をお届けできます。
○書店に商品がない場合または直接ご注文の場合も右記宛にご連絡ください。

ホームページ http://www.ohmsha.co.jp/
TEL／FAX TEL.03-3233-0643 FAX.03-3233-3440

(定価は変更される場合があります)

なるほどナットク！ シリーズ 電気・電子分野

B6判／定価(本体1200円【税別】)

なるほどナットク！
アンテナがわかる本　　　後藤尚久 著

私たちの身の回りにはさまざまなアンテナがあり,生活を豊かにしてくれています.そんなアンテナの原理や基礎,種類をやさしく解説し,最近注目されているRFIDアンテナやアダプティブアレーアンテナ等についても言及しています.

なるほどナットク！
モーターがわかる本　　　内田隆裕 著

家電製品などに組み込まれ,日常的に使っているモーターですが,なぜ回るのか？　一体全体,モーターを使うメリットは何なのか？　等々,疑問のお持ちの方も多いはず.本書でその疑問を払拭して下さい.いざ,モーターの世界へ！

なるほどナットク！
電気がわかる本　　　松原洋平 著

電気は目に見えず,触れることのできない（感電は別?!）ある種不思議なものですが,私たちの生活に欠くことはできません.その不思議な電気について,基本的な部分から応用分野にまでやさしく解説します.

なるほどナットク！
電子回路がわかる本　　　飯高成男 監修／宇田川弘 著

電子回路は抵抗やコンデンサ,ダイオード,ICなどのいわゆる電子素子から構成され,これらを組み合わせることで,さまざまな機能を実現しています.パソコン,携帯電話,ゲーム機など多くの電子機器に組み込まれる電子回路のしくみを,楽しい電子工作などの話を絡めてやさしく解説します.

なるほどナットク！
電気回路がわかる本　　　飯田芳一 著

オームの法則から電磁気学まで,道具（法則）を駆使して難問（回路）解決！これであなたも電気回路の名探偵になれる!？

なるほどナットク！
センサがわかる本　　　都甲潔・宮城幸一郎 共著

光に温度,速度にバイオ,匂いに味覚……,センサの種類はさまざまあり,人の五感を凌駕するセンサさえ登場しています.その働きとしくみはどうなっているのでしょう？　味わいながら1冊どうぞ！

なるほどナットク！
電池がわかる本　　　内田隆裕 著

機器の小型化は動力源としての電池の需要を生み出し,その市場は拡大しています.しかし,あまりにも多くの電池があふれ出し,使う側に混乱を来しているのではないでしょうか？　本書で電池の正しい知識と使用法をご提示します.

なるほどナットク！
電波がわかる本　　　後藤尚久 著

電子レンジから携帯電話や地上波デジタル放送など通信分野でも大活躍の電波.本書はわかりにくいものの代表格,"電波"を知るうえで,必要不可欠な電磁気学の基礎から話題のCDMA,OFDMなどの通信方法に至るまでやさしく解説しています.

なるほどナットク！
シーケンス制御がわかる本　　　大浜庄司 著

さまざまなところで使われ,自動化・省力化に活躍するシーケンス制御.ただ,その全容を理解するのに苦労を強いられていませんか？　そんな貴方の悩みを解決する1冊です.

もっと詳しい情報をお届けできます。
◎書店に商品がない場合または直接ご注文の場合は右記宛にご連絡ください。

ホームページ http://www.ohmsha.co.jp/
TEL／FAX TEL.03-3233-0643　FAX.03-3233-3440

(定価は変更される場合があります)

F-0509-20

電気設備工学ハンドブック

一般社団法人 電気設備学会 編

■B5判・734頁・上製・箱入　■定価(本体18000円【税別】)

主要目次

序編　電気設備一般
- 第1章　電気設備と建築電気設備
- 第2章　建築電気設備の役割

第Ⅰ編　基礎編
- 第1章　法令規則と基本事項
- 第2章　電力関連基礎理論
- 第3章　情報関連理論
- 第4章　防災関係基礎理論
- 第5章　関係基礎理論

第Ⅱ編　装置編
- 第1章　機器，装置一般
- 第2章　電力機器と装置
- 第3章　情報機器と装置
- 第4章　防災機器と装置
- 第5章　搬送機器と装置

第Ⅲ編　設計編
- 第1章　設計一般
- 第2章　用途と計画の要点
- 第3章　設備項目と設計内容
- 第4章　監理
- 第5章　設計図書と資料
- 第6章　積算業務

第Ⅳ編　施工編
- 第1章　施工一般
- 第2章　電気設備工事概要
- 第3章　施工の技術
- 第4章　施工の管理
- 第5章　工法，工具
- 第6章　施工品質の検証
- 第7章　現場検査及び竣工引渡
- 第8章　施工資料

第Ⅴ編　運営管理編
- 第1章　運営管理一般
- 第2章　設備の運転管理
- 第3章　設備の保全管理
- 第4章　施設の運営管理技術

電気設備技術者必携！役立つハンドブック

電気設備の設計、施工、運営・管理に携わる方を主な対象に、設計の背景となる基礎理論から、設備機器、装置の知識、設計・施工の手法、運営・管理まで、電気設備全般を、基礎、装置、設計、施工、運営管理のフェーズから体系的にまとめたハンドブック。電気設備の設計・管理に必要な事項に素早くアクセスできる構成。

もっと詳しい情報をお届けできます。
◎書店に商品がない場合または直接ご注文の場合は右記宛にご連絡ください。

ホームページ http://www.ohmsha.co.jp/
TEL/FAX TEL.03-3233-0643　FAX.03-3233-3440

(定価は変更される場合があります)